Sebastian Röhl

Intraoperative Modellierung und Registrierung für ein laparoskopisches Assistenzsystem

Intraoperative Modellierung und Registrierung für ein laparoskopisches Assistenzsystem

Intraoperative Modellierung und Registrierung für ein laparoskopisches Assistenzsystem

von
Sebastian Röhl

Dissertation, Karlsruher Institut für Technologie (KIT)
Fakultät für Informatik
Tag der mündlichen Prüfung: 11. Juli 2013
Referenten: Prof. Dr.-Ing. Rüdiger Dillmann, Prof. Dr.-Ing. Heinz Wörn

Impressum

Karlsruher Institut für Technologie (KIT)
KIT Scientific Publishing
Straße am Forum 2
D-76131 Karlsruhe

KIT Scientific Publishing is a registered trademark of Karlsruhe
Institute of Technology. Reprint using the book cover is not allowed.

www.ksp.kit.edu

Print on Demand 2013
ISBN 978-3-7315-0104-6

Kurzfassung

Die minimal-invasive Chirurgie stellt eine komplexe medizinische Disziplin mit zahlreichen Vorteilen für den Patienten dar, stellt Chirurgen allerdings auch vor neue Herausforderungen. Wünschenswert ist deshalb ein computergestütztes Assistenzsystem, das den Chirurgen unterstützt, indem es während des Eingriffes auf der Basis einer präoperativen Planung eine intraoperative Navigation, vergleichbar zu einem Navigationssystem in einem Auto, zur Verfügung stellt. Ein wesentliches Problem bei der Realisierung eines solchen Assistenzsystems für die laparoskopische Chirurgie ist die Tatsache, dass sich das beobachtete Operationsumfeld zwischen den präoperativen Aufnahmen und der eigentlichen Operation verändert hat und sich auch während des Eingriffes aufgrund von Weichgewebedeformationen kontinuierlich verändert. Um weiterhin die präoperative Planung nutzen zu können, muss diese an die Änderungen angepasst werden. Dazu müssen intraoperativ Sensordaten erfasst und in ein intraoperatives Modell integriert werden, das diese Änderungen repräsentiert. Dieses Modell muss im Anschluss mit einem präoperativen Planungsmodell registriert werden, um die Änderungen der Szene auf die Planung zu übertragen. Im Rahmen dieser Arbeit werden Methoden vorgestellt, um solch ein Modell aus Bildern eines Stereo-Endoskops und Messwerten eines Kraft-Sensors zu generieren. Ein Fokus liegt dabei auf einem Verfahren zur intraoperativen Rekonstruktion der Oberfläche. Weiterhin werden Methoden zur initialen Registrierung von prä- und intraoperativen Modellen sowie zur Aufrechterhaltung der Registrierung präsentiert. Alle Methoden wurden in ein Gesamtsystem integriert und ausführlich bezüglich Genauigkeit, Robustheit und Geschwindigkeit evaluiert.

Danksagung

Diese Arbeit entstand während meiner Promotion am Humanoids and Intelligence Systems Lab des Instituts für Anthropomatik des Karlsruher Instituts für Technologie. Während dieser Zeit war ich Mitgleid des Graduiertenkollegs „Intelligente Chirurgie" sowie des Sonderforschungsbereichs „Cognition-guided Surgery". Während dieser Zeit habe ich von vielen Personen Unterstützung erhalten, bei denen ich mich bedanken möchte.

Zu allererst möchte ich mich bei meinem Doktorvater Prof. Rüdiger Dillmann bedanken, der es mir ermöglicht hat, an seinem Lehrstuhl zu promovieren, und mich und meine Arbeit immer voll unterstützt hat. Weiterhin möchte ich mich bei Prof. Wörn für die Übernahme des Korreferats sowie Prof. Bellosa und Prof. Burghart für die Mitwirkung als Prüfer herzlich bedanken.

Ein besonderer Dank gilt natürlich Steffi, die schon meine Diplomarbeit am Lehrstuhl betreut und es mir erst ermöglicht hat, diese im Rahmen einer Dissertation fortzusetzen. Auch während der Promotion hat sie mich als Gruppenleiterin trotz Babypause weiter intensiv betreut und und mir in allen Belangen weitergeholfen. Meinem Bürokollegen Stefan möchte ich auch besonders danken, der mit mir angefangen hat zu promovieren, immer ein guter Gesprächs- und Reisepartner war und meine Produktivität durch seine Anwesenheit immer deutlich steigerte. Ein großes Dankeschön gebührt auch Sebastian B., der insbesondere meine Arbeit zuerst als Hiwi, dann als Studienarbeit und letztendlich als Kollege vor allem softwaretechnisch sehr unterstützt hat. Ohne ihn gäbe es keine Simulationsumgebung und kein MediAssist 2.0 und wird mir auch als treuer Mensa- und Sneakgänger in Erinnerung bleiben. Auch Darko möchte ich als letztem Mitglied der Gruppe „Chirurgische Assistenzsysteme" herzlich für seine Zusammenarbeit sowie die interessanten Diskussionen über Gott, die Welt und Ernährungsstrategien danken.

Auch dem Rest der Medizingruppe möchte ich meinen Dank aussprechen. Dies ist zu allererst Roland, der vor allem in organisatorischen Fragen mit seiner Erfahrung immer helfen konnte. Daneben möchte ich Yoo-Jin und Michael für die tollen Klausurtagungsziele und die schönen, wenn auch zu seltenen Gesprächen in der Küche danken sowie Sebastian S., bei dessen Diplomarbeit auch erste Erfahrungen als Betreuer sammeln konnte. Dem restlichem Kollegium möchte ich ebenfalls danken. Hervorheben möchte ich dabei Tobias, der mich oft beim Klettern und Snowboarden begleitet hat, David, mit dem ich sehr gut zusammengearbeitet habe und der mir damit indirekt die Konferenzreise nach Thailand ermöglicht hat, Alex für die Unterstützung beim Praktikumsversuch, Sven für seine Hilfe bei der Betreuung des Webservers, vor allem nach dem Hackerangriff, sowie dem ehemaligen Mitarbeiter Pedram für seine Erfahrung bei der Bildverarbeitung und seiner IVT-Bibliothek. Das Sekretariat möchte ich besonders hervorheben. Isa, Diana und Christine waren immer zur Stelle, haben komplizierte Reisekostenabrechnungen bewältigt und bei sonstigen organisatorischen Fragen immer schnell und kompetent geholfen.

Neben den Kollegen vor Ort wurde ich auch von zahlreichen Kollegen aus Heidelberg unterstützt. Vor allem Hannes hat dabei mit seiner medizinischen Kompetzen, seiner Begeisterungsfähigkeit, seinen Ideen und seinem Einsatz viel Konstruktives beigetragen und auch lange CT-Experimente in Heidelberg zu einer schönen Erfahrung gemacht. Oftmals unterstützt wurden wir dabei von Anna-Laura und Martin, die ebenfalls mit vollem Elan dabei waren. Ein besonderer Dank geht auch an Claudia, die Graduiertenkollegs-Sekretärin, die mir auch in vielen Dingen helfen konnte, Tobias, der in der Anfangsphase meiner Promotion das Graduiertenkolleg als Postdoc geleitet hat sowie Beat, der als verantwortlicher Mediziner lange Zeit die Fäden im Hintergrund gezogen hat. Daneben möchte ich den DKFZlern Lena, Alex und Anja für die gemeinsamen Experimente und Konferenzreisen sowie ihre Vergleichsstudie danken. Als weitere ehemalige Graduiertenkollegsmitglieder aus Karlsruhe möchte ich noch Oliver und Evgeniya dankend erwähnen, die immer treue Mensagefährten und Diskussionspartner waren.

Während meiner Promotion wurde ich von zahlreichen Studenten als Hiwis, Studien-, Bachelor- oder Diplomarbeiter unterstützt. Ganz besonders bedanken möchte ich mich bei Jannick Steinbring, Christoph Küderle, Christian Wegend, Michael Baumann, Jochen Görtler, Patrick Spengler, Daniel Reichard, Alejandro Cabrera Cuevas und Karin Schmidt.

Auch meinen ganzen Freunden möchte ich herzlich danken, die mich beispielsweise immer in die Mensa begleitet haben, mir die Urlaube versüßt haben oder auf dem Volleyballfeld mit mir standen. Schlussendlich gilt mein Dank natürlich auch meinen Eltern, die es mir erst ermöglicht haben, es bis zu meinem Promotionsabschluss zu schaffen, und mich auch immer in allen Belangen unterstützt haben.

Karlsruhe, im Juli 2013   *Sebastian Röhl*

INHALTSVERZEICHNIS

1 Einleitung

1.1 Fragestellung

Die minimal-invasive Chirurgie stellt eine komplexe medizinische Disziplin mit zahlreichen Vorteilen für den Patienten dar. Im Gegensatz zu einem offenen Eingriff führt der Chirurg nur einige wenige Schnitte durch oder nutzt natürliche Körperöffnungen, um die Instrumente und eine Kamera, das sogenannte Endoskop, einzuführen. Der Eingriff selbst wird über das Videobild der Kamera überwacht. Dies reduziert das Trauma für den Patienten sowie das Infektionsrisiko und führt zu einer schnelleren Erholung, konfrontiert den Chirurgen aber mit Problemen wie der erschwerten Hand-Auge-Koordination, dem Verlust der dreidimensionalen Sicht auf den Operationsort und der eingeschränkten Mobilität ohne haptisches Feedback. Damit erhöht sich auch in der Regel die Dauer eines Eingriffes, was zu Mehrkosten in der Klinik führt.

Wünschenswert ist deshalb ein computergestütztes Assistenzsystem, das dem Chirurgen die Arbeit erleichtert, indem es während des Eingriffes auf der Basis einer präoperativen Planung eine intraoperative Navigation, vergleichbar zu einem Navigationssystem in einem Auto, zur Verfügung stellt. Ein Beispiel für hilfreiche Navigationsinformationen ist die Visualisierung der Lage von Zielstrukturen wie Tumore oder Risikostrukturen wie Nervenfasern oder Blutadern. Abhängig von der aktuellen Operationssituation und des Operationsfortschrittes soll dem Arzt assistiert werden, indem man ihn beispielsweise zur genauen Position des Tumors führt, ihm mögliche Zugangswege vorschlägt und ihn bei Handlungen in der Nähe der Risikostrukturen warnt.

Um solch eine Navigation realisieren zu können, muss eine präoperative Planung des Patienten mit den wichtigsten Ziel- und Risikostrukturen sowie dem Ablauf der Operation erstellt werden. Während des Eingriffes müssen zusätzlich intraoperativ Sensordaten akquiriert und aufbereitet werden, die die präoperative Planung aktua-

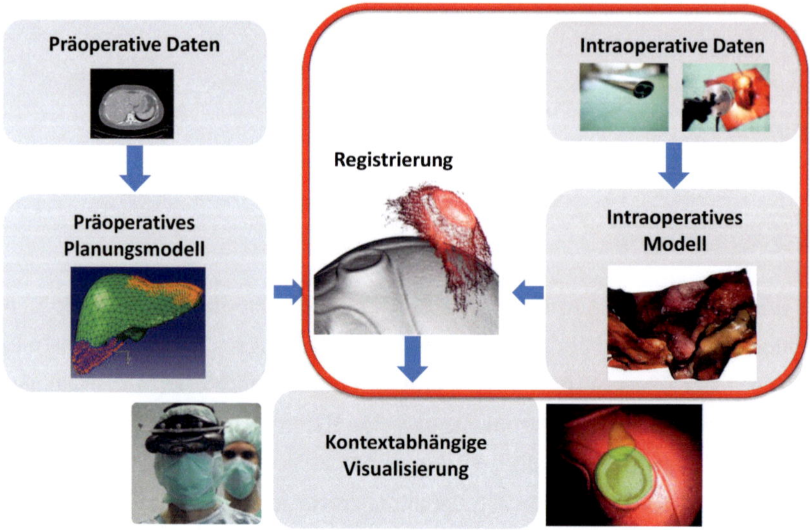

Bild 1.1: Überblick über das laparoskopische Assistenzsystem MediAssist (Teilbereich der Dissertation hervorgehoben)

lisieren und komplettieren. Schlussendlich müssen aus den registrierten Planungsdaten und den intraoperativen Sensordaten kontextbezogen Assistenzfunktionen generiert und in intuitiver Weise visualisiert werden. Dazu ist es auch wichtig zu wissen, in welcher Phase der Operation sich der Chirurg befindet, welche Schritte schon durchgeführt wurden und was die nächsten Aufgaben sind.

Insbesondere in der Neuro-Chirurgie haben sich in den vergangenen Jahren Assistenzsysteme entwickelt, die auch in der Praxis zum Einsatz kommen. Intraoperative Navigation basierend auf präoperativer Planung kommt beispielsweise bei Biopsien, Tumorentfernungen oder der Rekonstruktion beschädigter Bereiche zum Einsatz [11]. Erst durch Navigation kann hier sicher gestellt werden, dass bei den hochkomplizierten Eingriffen keine kritischen Gehirnareale verletzt werden.

In anderen Bereichen, z.B. der laparoskopischen Chirurgie, bei der Eingriffe im Bereich des Bauchraums, z.B. an der Leber, den Nieren oder der Bauchspeicheldrüse, im Mittelpunkt stehen, sind solche Systeme allerdings noch nicht im klinischen Einsatz. Um auch hier die Navigation in den OP zu bringen, wird am Lehrstuhl das laparoskopische Assistenzsystem MediAssist entwickelt, das eine präoperative

Planung in Form von Modellen der Zielorgane mit intraoperativen Sensordaten und einer Wissensbasis über den Eingriff verknüpfen und abhängig vom aktuellen Operationskontext Assistenzen generieren soll (Abb. 1.1).

Ein wesentliches Problem bei der Realisierung eines solchen Assistenzsystems für die laparoskopische Chirurgie ist die Tatsache, dass sich das beobachtete Operationsumfeld zwischen den präoperativen Aufnahmen und der eigentlichen Operation verändert hat und sich auch während des Eingriffes kontinuierlich verändert. Diese Änderungen sind dabei deutlich gravierender als in den Bereichen, die in der Neuro-Chirurgie im Mittelpunkt stehen, da dort der Schädelknochen den Operationsort meist sehr gut fixiert. Ursachen dafür sind eine andere Lagerung des Patienten, periodische natürliche Bewegung, z.B. durch den Herzschlag oder die Atmung, oder künstliche Veränderung während des Eingriffes wie Verlagerung, Deformation oder Entfernung des Gewebes durch Instrumente. Dies führt dazu, dass die präoperativen Informationen gar nicht oder nur teilweise genutzt werden können. Deswegen ist es für eine vernünftige Nutzung dieser Informationen unabdingbar, diese an die Veränderungen der Umgebung vor und während des Eingriffes anzupassen. Dazu müssen intraoperativ Sensordaten, die diese Änderungen erfassen, gewonnen und mit der präoperativen Planung registriert werden. Dies stellt heutzutage noch ein ungelöstes Problem in der medizinischen Informatik dar.

1.2 Zielsetzung und Beitrag

Ziel dieser Dissertation ist es, Lösungskonzepte und Methoden zu entwickeln, um ein präoperatives Planungsmodell an den Operationsverlauf zu adaptieren (Abb. 1.1). Dazu werden intraoperative Sensordaten benötigt, die kontinuierlich die Änderungen des Operationsgebietes aufgrund von Weichgewebedeformationen erfassen. Eine wesentliche Herausforderung dieser Arbeit besteht deshalb darin, ein intraoperatives Modell aus unterschiedlichen Sensorquellen zu generieren, das die Veränderungen des Operationsgebietes im von den Sensoren erfassbaren Bereich repräsentiert. Dieses intraoperative Modell muss dann mit dem präoperativen Planungsmodell registriert werden, so dass insbesondere die Lage der anatomischen Merkmale wie Ziel- oder Risikostrukturen weiterhin korrekt bestimmt werden kann. So ist es dann beispielsweise möglich, Ziel- oder Risikostrukturen per Erweiterter

Bild 1.2: Oberflächenrekonstruktion aus Bildern eines Eingriffes mit dem daVinci-Telemanipulator: a:) Linkes Kamerabild; b): Disparitätsbild, das die Entfernung eines Punktes als Grauwert kodiert; c): rekonstruierte Punktwolke

Realität an der korrekten Stelle in das Endoskopbild einzublenden und rechtzeitig Warnhinweise zu geben, falls der Chirurg in der Nähe dieser Strukturen operiert.

Aus dem intraoperativen Modell können auch kontextbezogen Assistenzfunktionen generiert werden, indem zusätzlich die aktuelle Operationsphase analysiert wird. Weiterhin dient die so gewonnene Registrierung als Randbedingung für ein biomechanisches Modell, das in einer weiteren Arbeit am Institut entwickelt wird. Dies wird genutzt, um das Weichgewebeverhalten des Zielorgans in Bereichen, die nicht von intraoperativen Sensoren erfasst werden, zu simulieren. Damit ist auch eine Aussage über die Position von tiefer liegenden Strukturen während des Eingriffes möglich.

Folgende Komponenten für das MediAssist-System wurden in dieser Dissertation entwickelt:

1. **Intraoperatives Oberflächenmodell aus Stereo-Endoskopbildern:**
   Eine Möglichkeit, die Veränderungen des Operationsgebietes aufgrund von Weichgewebedeformationen zu erfassen, ist die intraoperative Rekonstruktion der Organoberfläche. Bei minimal-invasiven Eingriffen kann diese Information aus den Endoskopbildern extrahiert werden. Im Rahmen der Promotion wurde dazu ein Verfahren entwickelt, das aus Bildern eines Stereo-Endoskops in Echtzeit eine dicht besetzte Punktwolke erzeugt, aus der ein Oberflächenmodell gewonnen werden kann (Abb. 1.2). Einen wesentlichen Einfluss bezüglich Genauigkeit und Robustheit der Oberflächenrekonstruktion hat dabei die Kalibrierung des Stereo-Kamera-Systems. Deswegen wurde zusätzlich ein Konzept entwickelt, um schnell eine gute Kamerakalibrierung

zu erzeugen, indem aus einer Reihe von erstellten Kalibrierungen anhand unterschiedlicher Kriterien die beste ausgewählt werden kann.

2. **Integration eines Kraft-Momenten-Sensors in ein laparoskopisches Instrument zur intraoperativen Kraftmessung:**

   Neben den Kamerabildern sollen weitere intraoperative Sensordaten erzeugt werden, die für die Registrierung mit präoperativen Planungsdaten und die Erzeugung von kontextbezogenen Assistenzfunktionen genutzt werden können. Dazu wurde ein kommerziell erhältlicher Kraft-Sensor in einen laparoskopischen Greifer integriert. Der Fokus dieser Teilkomponente liegt dabei auf der Messung der Kraft, die einerseits dem Chirurgen visualisiert werden kann, um ihn beispielsweise vor zu großen Kräften zu warnen. Des weiteren kann die gemessene Kraft auch als Randbedingung für das biomechanische Modell dienen.

3. **Registrierung des Oberflächenmodells und der Kraftmessung mit einem präoperativen Planungsmodell:**

   Um die präoperative Planung anzupassen, muss sie mit dem intraoperativen Modell, bestehend aus Oberflächenrekonstruktion und Kraftmessung, registriert werden. Wichtig ist dabei zuerst, alle Modelle initial miteinander zu registrieren, um sie in einem gemeinsamen Koordinatensystem darzustellen. Im Anschluss kann dann eine Feinregistrierung der Modelle erfolgen. Im Rahmen dieser Promotion wurde dazu eine Methodik zur initialen Grobregistrierung mittels des optischen Trackingsystems sowie ein rigides oberflächenbasiertes Registrierungsverfahren umgesetzt. Weiterhin ist eine Aufrechterhaltung der Registrierung von Bedeutung, um schnell Änderungen der intraoperativen Szene auf die präoperative Planung zu übertragen. Dazu wurde ein Ansatz entwickelt, bei dem eine zeitliche Korrespondenzanalyse der Kamerabilder durchgeführt wird, um so die Verschiebungen der Pixel über die Zeit zu rekonstruieren. Diese Information kann mit dem Oberflächenmodell kombiniert und somit auf das präoperative Planungsmodell übertragen werden.

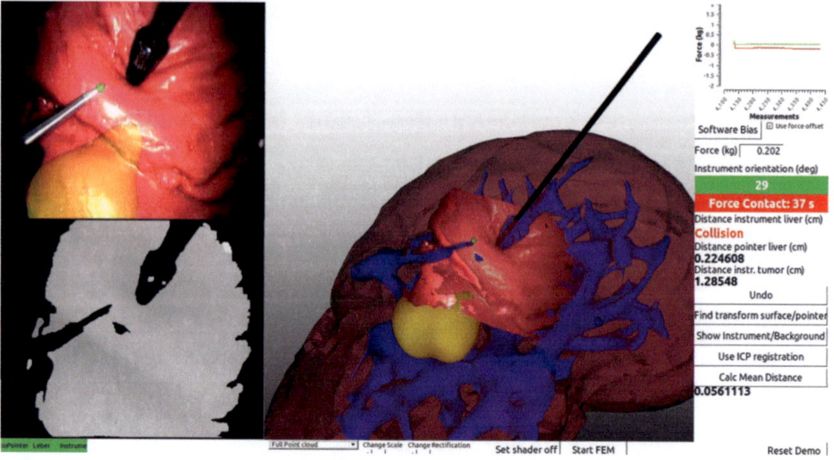

Bild 1.3: Registrierung der Oberflächenrekonstruktion mit der Kraftmessung und einem präoperativen Planungsmodell; Integration in die Testumgebung

4. **Evaluation der intraoperativen Modellierung und Registrierung in einer Testumgebung:**

   Um die einzelnen Komponenten zu evaluieren, wurde einerseits eine Testumgebung bestehend aus einem optischen Trackingsystem, dem Stereo-Endoskop, dem Instrument mit Kraft-Sensor, einem passiven Pointer sowie verschiedenen Silikonmodellen der Leber verwendet. Alle Sensoren sowie die einzelnen Prozessketten wurden in ein gemeinsames Framework integriert (Abb. 1.3). Weiterhin wurde für die Oberflächenrekonstruktion und die zeitliche Korrespondenzanalyse eine rein virtuelle Testumgebung erstellt, um die Verfahren bezüglich Genauigkeit und Robustheit evaluieren zu können.

1.3 Aufbau der Arbeit

Die vorliegende Arbeit ist in 8 Kapitel unterteilt. In Kapitel 2 werden medizinische Grundlagen und Problemstellungen sowie der Stand der Technik bei intraoperativen Assistenzsystemen erläutert. Kapitel 3 beschreibt den Stand der Forschung bezüglich der in dieser Arbeit vorgestellten Methoden. In Kapitel 4 wird die Rekonstruktion des Oberflächenmodells aus Stereo-Endoskopbildern als Teil der intraoperativen Modellierung behandelt. Vorgestellt wird dabei zum Einen der Ansatz zur Erzeugung einer akkuraten und robusten Kamerakalibrierung sowie der Workflow zur Oberflächenrekonstruktion. In Kapitel 5 steht die Integration des Kraft-Sensors in ein laparoskopisches Instrument sowie die Kalibrierung des Sensors im Instrument im Mittelpunkt. Kapitel 6 behandelt die intraoperative Registrierung von Oberflächenmodell, Instrument mit Kraftsensor und präoperativem Modell. Unterschieden wird dabei zwischen der initialen Registrierung, um eine Überlagerung der einzelnen Modelle zu erreichen, und der Aufrechterhaltung der Registrierung, um auch kleine Änderungen, wie beispielsweise durch Instrumente induzierte Deformationen, zu erfassen. Die in der Arbeit vorgestellten Methoden werden in Kapitel 7 ausführlich evaluiert und die Ergebnisse diskutiert. In Kapitel 8 wird die Arbeit zusammengefasst und ein Ausblick auf zukünftige Arbeiten gegeben.

2 Computer-assistierte minimal-invasive Chirurgie

2.1 Minimal-invasive Chirurgie (MIC)

Bei der minimal-invasiven Chirurgie (MIC) handelt es sich um eine noch recht junge Technik, bei der im Gegensatz zur traditionellen offenen Chirurgie über natürliche Körperöffnungen oder kleine Schnitte spezielle Instrumente sowie ein Endoskop eingeführt werden [115, 163]. Das Endoskop liefert dabei ein aktuelles Bild des Körperinneren, über das die Instrumente kontrolliert werden können (Abb. 2.1). Während der Chirurg die Instrumente bedient, wird das Endoskop von einem Assistenten geführt. Die Szene wird von einer Kaltlichtquelle beleuchtet, deren Licht über Lichtleiter im Endoskop in den Körper gelangt. Das Endoskop kann dabei starr oder flexibel sein, abhängig vom Anwendungsgebiet. Es ist in der Regel monokular, auch wenn es mittlerweile Stereo-Systeme gibt, die z.B. in der roboter-assistierten Chirurgie zum Einsatz kommen [172].

Seit ihrem Durchbruch in den 80er Jahren hat sich die MIC in vielen Bereichen der Chirurgie etabliert. Entscheidend dafür war der Einsatz von Video-Endoskopen und die Darstellung des Körperinneren auf einem externen Bildschirm [46]. Damit konnten einerseits alle an der OP beteiligten Personen den Eingriff verfolgen, andererseits muss der Chirurg nicht mehr direkt in das Endoskop schauen. Die erste beispielhafte Anwendung der modernen MIC fand man in der laparoskopischen Chirurgie. So wurde 1983 zum ersten Mal eine Gallenblase minimal-invasiv entfernt. 1987 geschah dies zum ersten Mal mithilfe eines Video-Endoskops. Mittlerweile sind minimal-invasive Eingriffe in vielen Bereichen schon Standard, z.B. in der Arthroskopie, der Herzchirurgie oder der Neurochirurgie.

Fortschritte in der MIC führen dabei immer wieder zu neuen Operationstechniken. Ein Beispiel dafür ist NOTES (natural orifice transluminal endoscopic surgery), bei der die Eingriffe nur noch über natürliche Körperöffnungen (Mund, Anus, Vagina) durchgeführt werden [12]. Ein weiteres Beispiel ist SPL (single port laparosco-

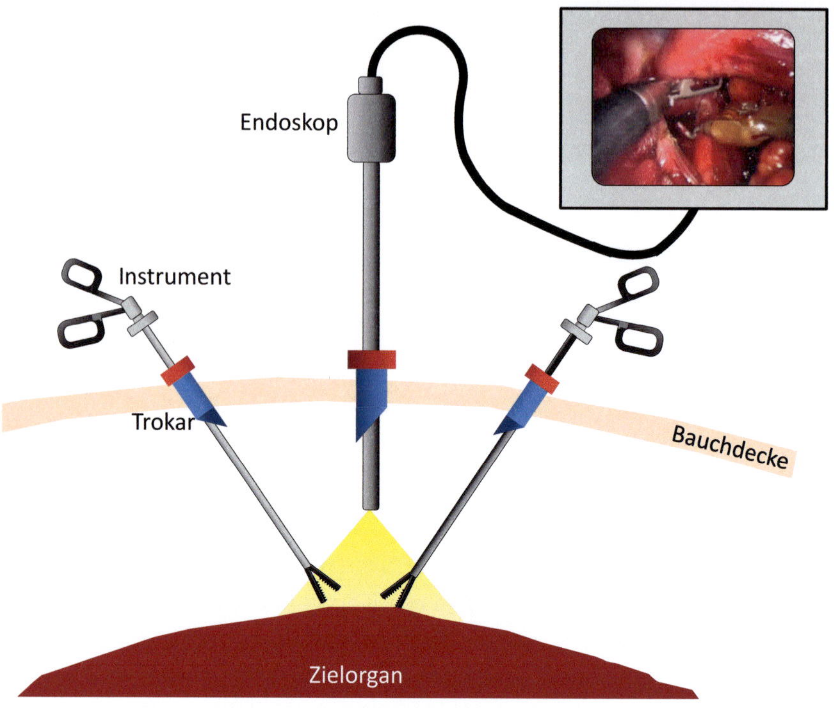

Bild 2.1: Typisches OP-Setting für die MIC

py). Hier werden Kamera und speziell angefertigte gebogene Instrumente über einen einzelnen Port, z.B. den Bauchnabel, eingeführt und damit operiert. Beide Techniken sind im Wesentlichen noch im Forschungsstadium, werden allerdings in einigen Bereichen auch schon klinisch eingesetzt.

2.1.1 Laparoskopie

Die Laparoskopie ist ein Teilbereich der MIC, bei der es um Eingriffe an den Organen im Bauchraum, z.B. Leber, Niere, Prostata, Darm oder Magen, geht. Neben der Viszeralchirurgie kommen laparoskopische Techniken in der Urologie und der Gynäkologie zum Einsatz. Typische Eingriffe sind Teil- oder Komplettresektionen von Organen, z.B. aufgrund von Tumoren oder Entzündungen [162].

In der Laparoskopie werden typischerweise zwei bis vier Einschnitte in die Bauchdecke gemacht, um die Instrumente einzuführen. Für mehr Übersicht beim

Operieren wird die Bauchhülle mit Gas gefüllt (Pneumoperitoneum). Dadurch bläht sich der Bauch auf und der Arbeitsraum vergrößert sich. Oftmals wird der Patient auch gekippt gelagert, damit die Organe beim Operieren nicht im Weg sind. In die Einschnitte werden sogenannte Trokare platziert, die den Einschnitt abdichten und durch die die Instrumente eingeführt werden können. Das Endoskop und die Instrumente sind in der Regel starr [163].

Während des Eingriffes kontrolliert der Chirurg die Instrumente, ein Assistent bedient dabei auf Anweisungen des Chirurgen das Endoskop. Beide können das Kamerabild über einen oder mehrere externe Monitore beobachten. Daneben ist weiteres OP-Personal vor Ort, das beispielsweise die Optik des Endoskops reinigt, die Instrumente austauscht oder Gewebeproben zur Untersuchung weiterleitet. Ein Anästhesist kümmert sich um die Narkotisierung, die Beatmung und die Vitalparameter des Patienten.

2.1.2 Vor- und Nachteile der MIC

Im Gegensatz zur offenen Chirurgie haben sich bei minimal-invasiven Eingriffen einige Vorteile vor allem für den Patienten gezeigt [115]. Dies hatte zur Folge, dass in einigen Bereichen, z.B. der Gallenblasenentfernung, der Adipositaschirurgie (Magenverkleinkerung) oder der Fundoplicatio (Eingriff an der Speiseröhre), standardmäßig minimal-invasiv operiert wird [77]. Ein wesentlicher Grund ist, dass aufgrund der kleinen Einschnitte die Wundheilung deutlich beschleunigt ist. Der Patient leidet unter wesentlich geringeren postoperativen Schmerzen und muss damit weniger Schmerzmittel einnehmen, ist schneller geheilt und es bleiben nur einige wenige Zentimeter lange Narben übrig. Insbesondere wird weniger Muskelgewebe verletzt und der Blutverlust ist geringer. Aufgrund der beschleunigten Heilung ist der Patient auch wieder schneller mobil und kann das Krankenhaus verlassen. Dies führt wiederum zu einer deutlichen Kostenreduktion aufgrund der kürzeren Krankenhausaufenthalte. Zusätzlich ist das Infektionsrisiko während des Eingriffes im Vergleich zu einem offenen Eingriff deutlich reduziert, was wiederum das Patientenrisiko minimiert.

Trotz der zahlreichen Vorteile haben sich minimal-invasive Techniken nicht in allen Bereichen durchgesetzt. Das hat insbesondere mit der erhöhten Herausforderung für den Chirurgen zu tun. Im Folgenden sollen die wesentlichen Nachteile genannt und kurz beschrieben werden [115, 163, 46, 77].

- Reduzierter Sichtbereich: Durch die eingeschränkte Bewegbarkeit des Endoskops ist nur ein kleiner Bereich des Operationsgebietes erfassbar. Es ist somit schwierig, einen Überblick über das Operationsgebiet zu erhalten.

- Eingeschränkte Instrumentenbewegung: Die Bewegung der Instrumente beim Operieren sind auf die rotatorischen und einen translatorischen Freiheitsgrad beschränkt. Zusätzlich findet eine Bewegungsumkehr statt, d.h. der Instrumentengriff und die Instrumentenspitze bewegen sich in gegensätzliche Richtungen. Weiterhin kommt es zu einer Art Hebeleffekt, da die Instrumente nicht zu gleichen Teilen innerhalb und außerhalb des Körpers sind.

- Erschwerte Hand-Auge-Koordination: Aufgrund der Länge und der eingeschränkten Bewegung der Instrumente sowie des mangelnden dreidimensionalen Eindruckes ist eine gezielte Führung der Instrumente herausfordernd. Erschwerend hinzu kommt eine mitunter nicht ideal ausgerichtete Kameraoptik sowie die oftmals verminderte Bildqualität aufgrund von Verzerrungen, einer ungleichmäßigen Ausleuchtung und Störungen wie Glanzlichter oder Rauch im Bild.

- Kein haptisches Feedback: Aufgrund der stabförmigen Instrumente und der Reibung im Trokar ist das taktile Empfinden des Chirurgen stark eingeschränkt. Er ist beispielsweise nicht mehr in der Lage, das Gewebe abzutasten, um beispielsweise Tumore zu identifizieren.

- Unergonomische Haltung des Chirurgen: Um die Instrumente bedienen zu können, muss sich der Chirurg einerseits über den Patienten beugen, andererseits muss er auch das Kamerabild im Blick haben. ist die Instrumentenführung deutlich eingeschränkt. Dies führt zu einer unnatürlichen Haltung, die teilweise über mehrere Stunden durchgehalten werden muss.

- Erschwerte Planung der Operation: Aufgrund des engen Arbeitsbereiches und der wenigen Einschnitte, die vorgenommen werden, muss insbesondere die Position der Einschnitte genau geplant werden, damit die Zielstrukturen erreicht werden können.

- Schwierige Identifikation von Risiko- und Zielstrukturen: Aufgrund des eingeschränkten Sichtfeldes und der fehlenden Haptik ist es besonders herausfordernd, Risikostrukturen wie Blut- oder Nervengefäße im Kamerabild zu identifizieren.

- Erschwerte Behandlung von Komplikationen: Falls während des Eingriffes etwas Unvorhergesehenes passiert, z.B. eine starke Blutung auftritt, ist es deutlich schwieriger, darauf zu reagieren. Im Zweifelsfall muss dann die restliche Operation offen durchgeführt werden.

- Nachteile für den Patienten: Ein Problem ist die Lagerung des Patienten. Um mehr Platz im Bauchraum zu schaffen, wird der Patient oft stark gekippt gelagert. Dies kann den Kreislauf des Patienten belasten und mitunter für bestimmte Patienten einen solchen Eingriff unmöglich machen. Aufgrund des fehlenden taktilen Empfinden kann es auch eher zu Verletzungen durch zu hohe Krafteinwirkung kommen. Weiterhin kann die Dehnung der Muskeln durch das Einblasen von Gas nach der Operation zu Schmerzen führen.

Mögliche Folgen dieser Probleme sind eine deutlich erhöhte physische und psychische Belastung des Chirurgen, eine längere Operationsdauer und eine weniger präzise Operation. So kann es eher passieren, dass Teile eines Tumors übersehen und damit nicht entfernt werden. Nur erfahrene Chirurgen sind deshalb für minimal-invasive Eingriffe geeignet. Deswegen liegt ein besonderer Fokus in der Ausbildung zukünftiger Chirurgen. So gibt es mittlerweile zahlreiche Chirurgiesimulatoren, die zukünftige Chirurgen an minimal-invasive Eingriffe heranführen sollen. Weiterhin bieten diese herausfordernden Eingriffe eine gute Motivation, Assistenzsysteme zu entwickeln, die den Chirurgen während des Eingriffes unterstützen, indem sie ihn zur Zielstruktur an Risikobereichen vorbei navigieren.

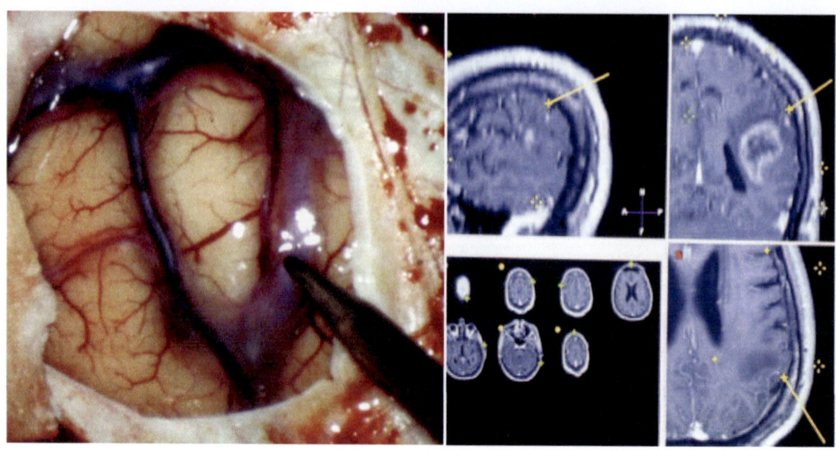

Bild 2.2: Intraoperative Verfolgung eines Instrumentes und Visualisierung in präoperativen CT-Bildern in der Neuro-Chirurgie (Dank an Dr. Uwe Spetzger für die Bereitstellung)

2.2 Computer-assistierte Chirurgie

Bei der computer-assistierten Chirurgie geht es darum, den Chirurgen während der Planung, Ausführung und Nachbereitung einer Operation mittels computergenerierter Daten zu unterstützen [151, 121]. Im Mittelpunkt steht dabei die prä- und intraoperative Bildgebung, die Visualisierung dieser Bilder sowie die Modellierung und Simulation von Operationen. Im Englischen wird synonym dazu auch oft von „image-guided surgery" gesprochen, was noch einmal den Anteil der Bildgebung betont.

Im Folgenden soll im Wesentlichen die Navigation während der Operation betrachtet werden. Unter Navigation versteht man die Verknüpfung von prä- und intraoperativen Daten sowie die Extraktion von Richtungsinformationen, um den Chirurgen zu Zielstrukturen zu führen und ihn vor Risikostrukturen zu warnen. Ein Beispiel für eine intraoperative Navigation ist die Übertragung einer präoperativ erstellten Zugangsplanung zu einem Tumor in die OP und die Visualisierung dieser Zugangsplanung zusammen mit intraoperativen Bilddaten. Somit kann dann nach erfolgreicher Registrierung beispielsweise auch die Position des aktuell benutzten Instruments in Relation zur Planung angezeigt werden (Abb. 2.2). Dies kann man mit einem Navigationssystem in einem Auto vergleichen, bei der eine Straßenkarte

(Patient), ein Ziel (Tumor) sowie der Weg dorthin (Zugangsplanung) mit der aktuellen Position des Autos (Instrumenten- und Kameraposition) sowie Informationen über Baustellen oder hohes Verkehrsaufkommen (Risikobereiche und -situationen) aktualisiert wird. Ein klinisches Navigationssystem zeichnet sich dadurch als passives Assistenzsystem aus, das dem Chirurgen zusätzliche Informationen über den Patienten liefert, ohne selbst aktiv zu handeln [109, 13]. Daneben werden auch Chirurgieroboter, sogenannte aktive Assistenzsysteme, eingesetzt [125]. Hier wird der Chirurg direkt unterstützt, indem beispielsweise das Endoskop automatisch nachgeführt wird oder der Roboter in Form eines Master-Slave-Systems Handlungen des Chirurgen nachführt. Eine Kombination von aktiver und passiver Navigation ist möglich.

Um eine Navigation zu ermöglichen, müssen folgende Komponenten vorhanden sein:

- Eine **präoperative Planung** der Operation mithilfe von Bilddaten, in der Regel tomographischen Daten, aus denen ein virtuelles Modell des Patienten generiert wird, indem wesentliche Planungsinformationen enthalten sind

- Ein **intraoperatives Lokalisierungssystem**, das ein gemeinsames Weltkoordinatensystem vorgibt, in dem der Patient, die präoperative Planung sowie intraoperative Sensorik und die Instrumente repräsentiert werden können

- Künstliche **Trackingmarker**, die vom Lokalisierungssystem erfasst werden können und damit die Position und Orientierung des Patienten und der Instrumente im Raum festlegen

- Eine **intraoperative Registrierung**, das das virtuelle präoperative Planungsmodell mit dem realen Patienten, den Instrumenten und optional intraoperativen Sensordaten in Übereinstimmung bringt, indem alle Modalitäten in das Weltkoordinatensystem transfomiert werden

- Eine **intraoperative Visualisierung**, die das Ergebnis der Registrierung darstellt, optional in einer intraoperativen Bildgebung

Erste Ansätze, computer-gestützt zu operieren, entstanden Anfang der 80er Jahre in der Neuro-Chirurgie. Ein wesentlicher Grund dafür war das Aufkommen der Computer-Tomographie, die eine deutlich höhere Genauigkeit gegenüber den bisherigen Bildgebungsmodalitäten besaß, die Bilder digital lieferte und durch die Volumenakquisition eine drei-dimensionale Planung ermöglichte. Der zweite wichtige Grund war die Verbreitung günstiger, kompakter und leistungsfähiger Computer-Systeme, die diese digitalen Bilder auch verarbeiten konnten und damit eine Planung der Operation ermöglichten. Die Neuro-Chirurgie ist ideal als Einsatzbereich geeignet, da hier zum einen höchste Genauigkeit beim Operieren erforderlich ist, um das Gehirn nicht unnötig zu schädigen, und zum anderen durch den Schädelknochen der Operationsbereich sehr gut fixiert ist und sich nur in kleinen Bereichen ändert. Als Vorläufer der modernen Navigation kann man die sogenannten stereotaktischen Rahmen ansehen, die am Kopf des Patienten befestigt werden und eine sehr präzise Ansteuerung bestimmter Punkte auf der Kopfoberfläche und im Gehirn ermöglichen. So war es auch kein Wunder, dass 1980 das erste computer-gestützte Navigationssystem solch einen stereotaktischen Rahmen nutzte, um eine Zugangsplanung in den OP zu transferieren [121].

Ende der 80er Jahre hatte sich daneben die sogenannte rahmenlose Stereotaxie etabliert. Hier wurde der Patientenkopf nicht mehr fixiert sondern es wurden Systeme entwickelt, die die Position von Landmarken auf dem Patienten sowie in den Bilddaten bestimmten. Die Registrierung zwischen Bilddaten und Patient erfolgte über die Berechnung der Transformation zwischen den beiden Landmarkendatensätzen. Um diese Landmarken zu bestimmen und die Position des Patienten im Anschluss zu verfolgen, wurden unterschiedliche Trackingsysteme entwickelt 2.3.1 [109].

Heutzutage haben sich Navigationssysteme in der Neuro- und der Hals-Nasen-Ohren-Chirurgie fest etabliert [11]. In anderen Bereichen sind solche Systeme allerdings noch nicht im klinischen Alltag angekommen. Ein wesentlicher Grund dafür sind stärkere Deformationen der Operationsumgebung, z.B. im Bauchraum, was die Verfolgung des Patienten und die Registrierung der präoperativen Bilddaten mit dem Patienten deutlich erschwert. Insbesondere sind präoperative Bilddaten aufgrund einer oftmals vollkommen unterschiedlichen Lagerung des Patienten im Gegensatz zur Operation nur noch sehr eingeschränkt verwendbar. Auch gibt es zahlreiche Fehlerquellen, angefangen mit der Auflösung der Bilddaten, der Genauigkeit des Trackingsystems sowie des Registrierungsprozesses. Weiterhin sind solche Systeme mit mehr Aufwand beim Operieren verbunden und erfordern ein gut eingelerntes OP-Personal, das mit der Informationsflut zurecht kommt. Auch muss man immer zwischen den zusätzlichen Kosten und dem Nutzen für den Patienten (präzisere Operation, weniger Risiken), den Chirurgen (weniger anstrengendes, schnelleres Operieren, leichte Interaktion mit dem System) und das Krankenhaus (Kostenreduktion durch Operationszeitverkürzung, flexiblem Einsatz, schneller Erholung des Patienten und Vermeidung von weiteren Operationen) abwägen. Es besteht also noch ein großer Forschungsbedarf und insbesondere eine gute Kooperation zwischen Technikern und Ärzten, um die navigierte Chirurgie auch in weiteren Disziplinen zu etablieren [121, 33].

2.3 Intraoperative Sensorsysteme in der MIC

Um einen Eingriff navigiert durchführen zu können, müssen intraoperativ Sensordaten akquiriert werden, die eine Registrierung zwischen präoperativer Planung und Patient ermöglichen. Ziel ist es dabei einerseits, alle benötigten Modalitäten in einem gemeinsamen Weltkoordinatensystem darzustellen, andererseits muss die Planung auch gegebenenfalls an Änderungen, die während des Eingriffes auftreten, angepasst werden. Diese Änderungen müssen auch durch Sensordaten repräsentiert werden. Im Folgenden sollen die typischen Sensoren, die bei computer-gestützten minimal-invasiven Eingriffen zum Einsatz kommen können, kurz vorgestellt werden.

2.3.1 Trackingsysteme

Der Kern eines jeden Navigationssystems ist eine Sensorik, die in der Lage ist, die Position und Orientierung von Patient, weiterer Sensorik und Aktorik, z.B. die Instrumente, in Echtzeit zu erfassen und zu verfolgen. Eine solche Sensorik wird in der Regel als Lokalisierungs- oder Trackingsystem bezeichnet. Das Trackingsystem definiert dabei ein gemeinsames Weltkoordinatensystem, in das der Patient, die präoperative Bildgebung und gegebenenfalls Instrumente sowie zusätzliche Sensorik abgebildet werden können. Damit kann eine direkte Relation zwischen ihnen hergestellt werden, was beispielsweise eine Darstellung der Instrumentenposition in den präoperativen Bilddaten ermöglicht. Nötig ist dafür ein Lokalisator, dessen

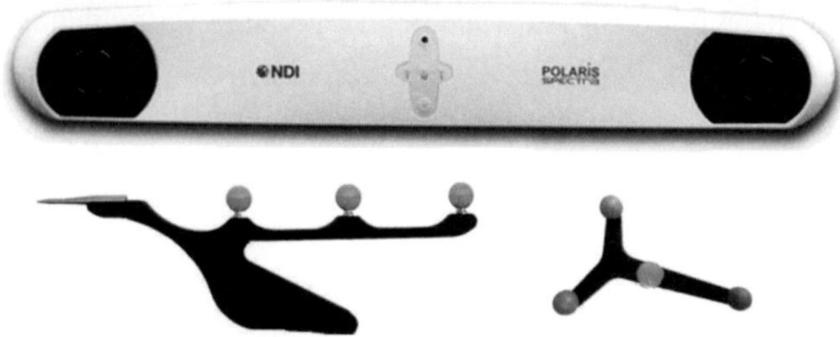

Bild 2.3: Optisches Trackingsystem Polaris Spectra von NDI, ein passives Zeigegerät sowie ein typischer Trackingkörper

Position vom Trackingsystem erfasst werden kann und dessen Relation zu der ihm zugeordneten Modalität bekannt ist.

Mitte der 80er Jahre kam die Idee auf, zuerst bestimmte Punkte auf dem Patienten zu lokalisieren und diese dann in den Bilddaten wiederzufinden, um eine Bild-Patienten-Registrierung durchzuführen. Dies wird auch als rahmenlose Stereotaxie (frameless stereotaxy) bezeichnet. Erste Ansätze nutzten mechanische Arme, um Positionen auf dem Patienten anzufahren. Allerdings nahmen diese viel Platz weg, waren schwierig zu bedienen und konnten nicht mehrere Objekte gleichzeitig verfolgen. Alternativ dazu wurden Ultraschall-Lokalisierer entwickelt. Diese Systeme waren aber aufgrund von Schallgeschwindigkeitsschwankungen abhängig von Luftfeuchtigkeit, Temperatur und Hindernissen nicht sonderlich robust [121].

Stand der Technik und weit verbreitet im klinischen Einsatz sind heutzutage optische Trackingsysteme (Abb. 2.3). Bei diesen Systemen werden Marker in den Bildern eines Kamerasystems, das aus mindestens zwei Kameras besteht, detektiert. Damit diese Marker leicht in den Kamerabildern identifiziert werden können, ist ihre Oberfläche in der Regel stark reflektierend. Alternativ können auch aktive Leuchtdioden oder ein bekanntes geometrisches Muster, das in den Raum projiziert wird, verwendet werden. Die Marker sind in der Regel kugelförmig, damit sie aus jeder Kameraperspektive gleich im Kamerabild aussehen. Aufgrund der bekannten Kamerageometrie kann man aus der Position der Marker in den Bildern auf deren 3D-Position rückschließen. Ein Trackingkörper besteht dabei immer aus mindestens drei nicht kollinear angebrachten Markern, damit die Position und Orientierung des Trackingkörpers eindeutig bestimmt werden kann [16].

Optische Trackingsysteme erreichen eine sehr hohe Genauigkeit bei einem vergleichsweise großen Arbeitsraum. Sie sind ziemlich robust gegenüber verschiedenen Beleuchtungen und weisen eine sehr hohe Verlässlichkeit auf. Problematisch ist allerdings, dass das Trackingsystem die Trackingkörper sehen muss, wodurch diese insbesondere nicht innerhalb des Patienten eingesetzt werden können. Weiterhin sind die Trackingkörper relativ groß, was zu einer Behinderung des Chirurgen führen kann. Auch nimmt die Lokalisierungsgenauigkeit der zu verfolgenden Strukturen ab, je weiter der Trackingkörper von diesen Strukturen entfernt ist [121].

Alternativ dazu wurden in den letzten Jahren magnetische Trackingsysteme entwickelt. Diese bestehen aus einem fest montierten Transmitter und mehreren an den zu verfolgenden Objekten angebrachten Reveivern. Der Transmitter erzeugt drei orthogonale Magnetfelder, die in den Receivern, die aus drei orthogonal angeordneten Antennen bestehen, Strom induzieren. Das Messsignal hängt dabei von der Position und Orientierung des Receivers ab. Der wesentliche Vorteil solcher Systeme ist, dass die Receiver nicht vom Transmitter gesehen werden müssen, d.h. es können auch Hindernisse im Weg sein. Damit ist ein Einsatz im Körperinneren möglich. Da die Receiver weiterhin sehr klein sind, können sie insbesondere auch in die Spitze flexibler Instrumente, z.B. Katheter, integriert werden. Allerdings ist aufgrund von metallischen Objekten im OP die Robustheit nicht so hoch wie bei optischen Systemen. Die Genauigkeit ist ebenfalls nicht ganz so hoch, was aber durch die Möglichkeit, sie sehr nah an den interessanten zu verfolgenden Strukturen zu platzieren, teilweise wieder ausgeglichen wird. Insgesamt gilt, dass solche Systeme für den Einsatz im OP geeignet sind und sich in Zukunft sicherlich weiter verbreiten werden [121, 16].

2.3.2 Endoskopie

Die wichtigste intraoperative Datenquelle bei minimal-invasiven Eingriffen ist das Endoskop. Es ermöglicht, das Innere des Patienten zu betrachten. Das Endoskop ist je nach Anwendungsgebiet schlauch- oder röhrenformig und wird über natürliche Körperöffnung, z.B. über den Mund bei einer Untersuchung der Lunge, oder kleine Einschnitte, z.B. bei laparoskopischen Eingriffen, in den Körper des Patienten eingeführt. Neben einem optischen Kanal enthält jedes Endoskop einen Lichtleiter, um die betrachtete Szene zu beleuchten. Bei manchen Endoskopen sind weiterhin

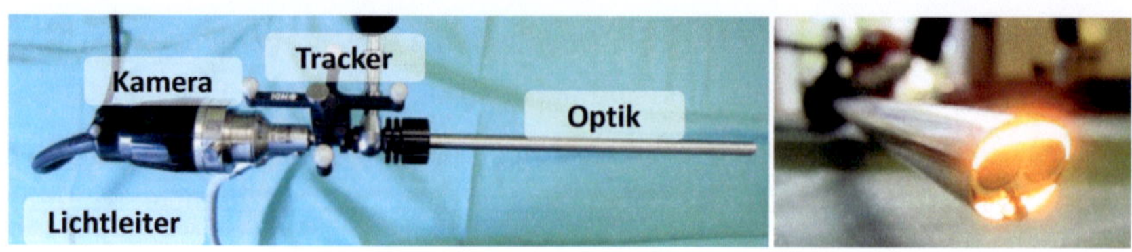

Bild 2.4: Aufbau eines Stereo-Endoskopes (mit optionalem Tracker zur Verfolgung der Position durch ein Trackingsystem)

Spül- und Instrumentenkanäle vorhanden [163]. Im Folgenden sollen nur starre Systeme betrachtet werden, da flexible Endoskope in der Laparoskopie in der Regel nicht zum Einsatz kommen.

Starre Endoskope haben in der Regel eine Länge von 20 - 40 cm bei einem Durchmesser von 2 - 12 mm, wobei Endoskope mit geringem Durchmesser nur in der Diagnose zum Einsatz kommen, um beispielsweise Gewebeproben zu entnehmen. Das optische System besteht aus dem Objektiv in der Spitze, einem Stablinsensystem, das das im Objektiv wahrgenommene Bild durch den Endoskopschaft weiter leitet, und dem Okular, durch das entweder der Arzt schaut oder an das eine Video-Kamera angeschlossen werden kann, die das Bild aufnimmt. Das Objektiv kann dabei unterschiedlich ausgerichtet werden, um möglichst viele Bereiche im Körperinneren zu erfassen. Typischerweise werden Blickrichtungen von 0° - 60° verwendet. Weiterhin kann sich Blickwinkelbreite und Brennweite von Optik zu Optik unterscheiden. Als Lichtquelle wird meistens sogenanntes Kaltlicht (Halogen- oder Xenon-Lampen) verwendet, das einen hohen Weißanteil enthält und das über eine Glasfaserleitung im Endoskop transportiert wird.

Die ersten Endoskope wurden schon Anfang des 19. Jahrhunderts entwickelt und eingesetzt. Ihre Anwendung beschränkte sich aber bis in die 80er Jahre im Wesentlichen auf die Diagnose, da nur der Arzt das Körperinnere im Okular sehen konnte und er in der Benutzung von Instrumenten stark eingeschränkt war. Erst mit der Entwicklung der Video-Endoskopie konnten sie auch für kompliziertere Eingriffe verwendet werden. Lange Zeit gab es nur monokulare Endoskope, d.h. Endoskope mit nur einer Optik. Aufgrund der damit verbundenen eingeschränkten Tiefenwahrnehmung wurden Anfang der 90er Jahre die ersten Stereo-Endoskope entwickelt und 1992 zum ersten Mal klinisch eingesetzt [14].

Stereo-Endoskope enthalten einen zweiten optischen Kanal (Abb. 2.4). Der Abstand der Optiken beträgt dabei typischerweise zwischen 1 und 5 mm. Damit wird die Szene aus zwei leicht unterschiedlichen Perspektiven betrachtet, wodurch ein räumlicher Eindruck entsteht. Die Bildschärfe bei diesen Optiken ist sehr hoch, allerdings ist die Bildhelligkeit im Vergleich zu Mono-Endoskopen aufgrund des geringeren Durchmessers der Optiken reduziert. Zusätzlich haben Stereo-Endoskope einen größeren Gesamtdurchmesser als vergleichbare Mono-Endoskope. Die Darstellung der Bilder kann beispielsweise mittels eines Brillensystems, vergleichbar zum 3D-Kino, oder mit 3D-Monitoren erfolgen.

Neben diesen Systemen gibt es auch Endoskope, bei denen die Kameras nicht am hinteren Ende sondern direkt in der Endoskopspitze als Chip integriert sind [181]. Damit entfällt das empfindliche Stablinsensystem. Mittlerweile sind auch solche Endoskope kommerziell erhältlich.

Endoskope stellen aufgrund ihres nötigen Einsatzes in der MIC die naheliegenste Quelle zur intraoperativen Erfassung von Informationen über das Operationsgebiet dar. In der Vergangenheit wurden deswegen zahlreiche Forschungsarbeiten durchgeführt, die diese Informationen aus den Endoskopbildern extrahieren sollen. Mögliche Informationen sind z.B. die Extraktion der Position von Instrumenten, die Erzeugung von Tiefeninformationen (Kap. 3.1), um beispielsweise Abstände zu berechnen, oder die chirurgische Handlungsanalyse, in der erkannt wird, was der Chirurg gerade macht und ob eventuell eine Risikosituation vorliegt. Daneben kann das Endoskopbild auch genutzt werden, um darin Assistenzfunktionen, z.B. die Position einer Zielstruktur, zu visualisieren. Einen Überblick über aktuelle Entwicklungen und Anwendungen in diesem Bereich findet man beispielsweise bei Mirota et al. [99].

2.3.3 Weitere Sensorik

Neben Endoskopen kommen weitere Sensorsysteme zum Einsatz, um intraoperativ Informationen über das Operationsgebiet zu erhalten. Oftmals liefern sie komplementäre Informationen zum Endoskopbild, beispielsweise Informationen über den inneren Aufbau von Gewebe. Allerdings ist solch ein Einsatz immer mit einem zusätzlichen Hardware-Aufwand verbunden und deren Nutzen muss damit gegenüber diesem Aufwand und den damit verbundenen Kosten abgewägt werden.

Ein wesentlicher Aspekt solcher Systeme ist ihre Datenakquisition möglichst in Echtzeit. Im Folgenden werden einige Systeme kurz vorgestellt [121, 45].

- **Fluoroskopie/klassisches Röntgen:** Die Fluoroskopie ist die erste intraoperative Bildgebungsmodalität und hat auch heutzutage noch eine große Bedeutung in der computer-assistierten Chirurgie. Im Wesentlichen stehen dabei Eingriffe an Knochenstrukturen im Mittelpunkt. Vorteile sind die relativ einfache Registrierung mit präoperativen Daten mittels des Trackingsystems, ihre Echtzeitfähigkeit und die geringen Kosten. Nachteilig sind die 2D-Projektionen, bei denen eventuell wichtige Strukturen überlagert werden, die Beschränkung auf Knochen aufgrund des geringen Weichgewebekontrastes sowie die Strahlenbelastung für Patient und OP-Personal. Mittlerweile sind auch 3D-Fluoroskopie-Systeme im klinischen Einsatz. Dabei rotiert der C-Bogen um den Patienten herum und erzeugt in regelmäßigen Abständen Röntgenaufnahmen.

- **Ultraschall:** Beim Ultraschallverfahren werden Schallwellen gepulst in den Körper des Patienten gesendet, die dort abhängig vom Gewebe reflektiert werden. In Navigationssystemen kommen getrackte Ultraschallsonden zum Einsatz. Vorteile sind die geringen Kosten, der schonende Einsatz und die Darstellung in Echtzeit. Nachteilig ist die schlechte Bildqualität und die damit verbundene anspruchsvolle Interpretation der Bilder sowie die relativ geringe Eindringtiefe im Bereich weniger Zentimeter. Bei minimal-invasiven Eingriffen kommt hinzu, dass die Ultraschallsonde ebenfalls in den Körper eingeführt werden und direkt auf dem Zielorgan aufliegen muss. Das erschwert insbesondere die Verfolgung der Sonde und damit die Genauigkeit der Registrierung des Ultraschallbildes mit präoperativen Aufnahmen. Mittlerweile sind auch 3D-Ultraschallsysteme im Einsatz, die den Nachteil der schlechten Bildqualität reduzieren.

- **Intraoperatives CT/MRT:** Bei den intraoperativen tomographischen Verfahren werden dreidimensionale Daten des Patienten erzeugt. Sie bieten damit eine sehr hohe Bildqualität und können aufgrund ihrer Vergleichbarkeit relativ leicht mit präoperativen Bildern registriert werden. Allerdings ist der damit verbundene Aufwand sehr hoch. Die Geräte verbrauchen viel Platz und sind sehr teuer. Bei der CT kommt die Strahlenbelastung hinzu, während bei der MRT spezielle nichtmetallische OP-Geräte und Instrumente nötig sind. Deswegen sind solche Systeme bisher noch nicht weit verbreitet.

- **Kraftmessung:** Aufgrund des fehlenden haptischen Feedbacks bei minimal-invasiven Eingriffen macht der Einsatz von Kraftsensorik durchaus Sinn. Die Idee ist es dabei, miniaturisierte Kraft-Momenten-Sensoren in laparoskopische Instrumente zu integrieren (Kap.3.2). Das gemessene Signal kann dann einerseits als Kraftrückkopplung für den Chirurgen genutzt werden, andererseits können daraus auch weitere Assistenzen wie beispielsweise Warnungen bei zu hohen Kräften erzeugt werden. Dennoch werden solche Sensoren noch nicht klinisch eingesetzt. Ein wesentlicher Grund ist der hohe Miniaturisierungsaufwand und die damit verbundenen Kosten.

2.4 Assistenzsysteme in der MIC

Aufgrund der zahlreichen Herausforderungen für den Chirurgen (siehe Kap. 2.1.2) können Assistenzsysteme eine große Bedeutung für die MIC erlangen. Deswegen wurden in der Vergangenheit zahlreiche Ansätze für Assistenzsysteme entwickelt. Erfolgreich in der Klinik etabliert haben sich im Wesentlichen Systeme in der Neuro-, der Mund-Kiefer-Gesichts- und der Hals-Nasen-Ohren-Chirurgie sowie der Orthopädie [13], während in der Laparoskopie Assistenzsysteme wesentlich weniger stark verbreitet sind. Insbesondere Navigationssysteme findet man in diesem Bereich noch nicht, da aufgrund der Weichgewebedeformationen und des damit verbundenen nicht-rigiden Settings solche Systeme einen hohen Anspruch bezüglich Genauigkeit und Robustheit haben und hardware- wie softwaretechnisch noch einige Probleme zu lösen sind [77]. Im Folgenden sollen einige Systeme und Anwendungen kurz vorgestellt werden. Ein Schwerpunkt bildet dabei der Einsatz von Robotern und navigierte Operationen unter der Verwendung präoperativer Bilddaten in der Chirurgie.

2.4.1 Passive Navigationssysteme

Unter passiven Navigationssystemen versteht man Systeme, bei denen der Chirurg nur durch zusätzliche Informationen über das Operationsgebiet und den Operationsablauf in seinen Handlungen unterstützt wird. Dies kann beispielsweise die Position eines Instrumentes in einem präoperativen Bild oder die Einblendung einer Tumorposition im Kamerabild des Endoskops sein. Die wesentliche Abgrenzung zu aktiven Systemen ist, dass der Chirurg die Operation selbstständig durchführt, d.h. es gibt keine Aktorik, die ihn in seinem Tun unterstützt oder Teilaufgaben automatisch löst. Die ersten Navigationssysteme wurden dabei schon Ende der 80er Jahre entwickelt. In den nächsten 10 Jahren wurden zahlreiche Systeme vorgestellt und in den Kliniken integriert. Schon 2002 identifizierten Potts et al. [125] 22 Systeme, die zum Großteil kommerziell erhältlich waren. Im Folgenden sollen ein paar Beispiele gegeben werden.

Eine der ersten Firmen am Markt war die Brainlab GmbH, die Ende der 80er Jahre gegründet wurde. Ihr aktuelles System, das „ Curve^{TM} Imge-Guide Surgery System", besteht aus einem optischen Navigationssystem, einem C-Arm für intraoperative Fluoroskopie-Aufnahmen, einem Touchscreen, sowie der Möglichkeit, präoperative CT-Bilder, daraus erstellte Modelle und intraoperative Endoskopbilder zu kombinieren [19]. Die Registrierung erfolgt oberflächenbasiert mittels eines speziellen Laserpointers. Während des Eingriffes kann dann beispielsweise der Position geröntgt und daraus die aktuelle Position eines Tumors bestimmt und mit der präoperativen Planung abgeglichen werden. Das Ergebnis ist dann eine Visualisierung der Tumorposition in Relation zu den Instrumenten. Wesentliche Vorteile sind die Benutzerfreundlichkeit des Systems, die einfache und schnelle intraoperative Registrierung sowie die hohe Präzision. Einsatzbereiche finden sich in der Mund-Kiefer-Gesichts-Chirurgie, der Orthopädie, z.B. bei Eingriffen an der Wirbelsäule oder am Knie, sowie in der Neuro-Chirurgie [54].

Ein vergleichbares System ist das „ StealthStation System" von Medtronic. Es besteht ebenfalls im Kern aus einem Trackingsystem, wobei hier entweder ein optisches oder magnetisches System gewählt werden kann. Vorteile sind seine hohe Flexibilität beim Einsatz intraoperativer Sensorik sowie der recht kompakte Aufbau. Die Anwendungen sind vergleichbar mit denen des Brainlab-Systems [96].

Ein Navigationssystem, das ohne prä- oder intraoperative Bilder auskommt, ist das „ Hip Navigation System" von Stryker. Das Ziel ist es, eine künstliche Hüfte navigiert einzusetzen, ohne dass vor oder während der Operation Bilder zur Navigation akquiriert werden müssen. Die Registrierung des Implantats mit dem Patienten erfolgt intraoperativ über einige vordefinierte anatomische Landmarken, die mittels eines Pointers aufgenommen werden [72] Dadurch reduziert sich der Aufwand vor und während der Operation bei vergleichbaren Ergebnissen gegenüber einer herkömmlichen Navigation. Allerdings sind solche Systeme nicht mehr so flexibel einsetzbar und führen bei abnormaler Patienten-Anatomie zu schlechteren Registrierungsergebnissen.

In der Laparoskopie sind bisher keine Navigationssysteme kommerziell erhältlich. Baumhauer et al. [13] gab 2008 einen Überblick über damalige Ansätze und erläuterte die wesentlichen Probleme und Herausforderungen. Im Folgenden werden ein paar aktuelle Arbeiten vorgestellt.

Einen Ansatz zur navigierten Operation von Speiseröhrenkrebs stellt Kenngott vor [77]. Benutzt wurde ein optisches sowie ein magnetisches Trackingsystem und eine spezielle Vakuummatraze zur Fixierung des Patienten. Das System war dabei mit dem daVinci Telemanipulator kombinierbar. Das System wurde im Tierversuch auf seine Genauigkeit untersucht und lieferte vielversprechende Ergebnisse.

Leiri et al. [87] stellten ein System vor, dass eine präoperative Planung basierend auf CT-Bildern mittels eines optischen Trackingsystems intraoperativ mit dem Patienten registriert und das Ergebnis in Endoskopbildern visualisiert. Als Szenario wurde die Splenektomie (Milzentfernung) an Kindern ausgewählt. Dazu wurde während des Eingriffes die präoperative Planung markerbasiert mit dem Patienten registriert und das Endoskopbild mit einem 3D-Modell der Milz und der Bauchspeicheldrüse überlagert. Allerdings wurden intraoperative Sensordaten, z.B. Ultraschall, und Weichgewebedeformation, z.B. aufgrund der Atembewegung, noch nicht berücksichtigt.

Im Bereich der partiellen Nephrektomie (Nierenentfernung) stellten Pratt et al. ein semi-automatisches Registrierungs- und Visualisierungstool vor [126]. Ziel des Projektes wa es, den daVinci Telemanipulator mit einem Navigationssystem zu kombinieren und das Ergebnis direkt in der Konsole des Chirurgen zu visualisieren (Abb. 2.5). Auch hier wurden Weichgewebedeformationen noch nicht berück-

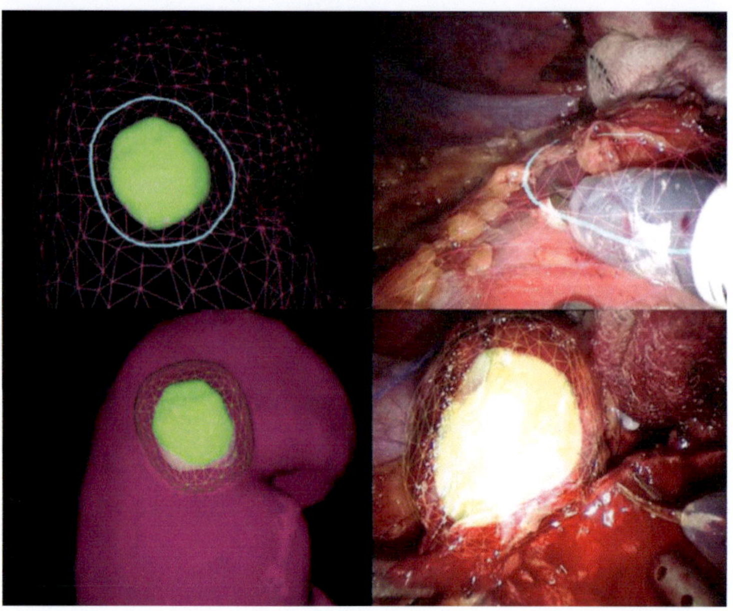

Bild 2.5: Darstellung eines Tumors mit Resektionsrand in einem präoperativen Volumenmodell der Niere sowie intraoperative Überlagerung des Endoskopbildes (aus [126], ©Springer)

sichtigt. Aufbauend auf dieser Arbeit soll ein Endoskop-Tracking, Ultraschall als weitere Modalität sowie eine Weichgewebemodellierung zur Deformationssimulation integriert werden.

Eine Verfolgung von anatomischen Merkmalen auf dem Zielorgan ohne Verwendung eines Trackingsystems wurde von Su et al. vorgestellt [171]. Hier wurden im Kamerabild sowie im präoperativen Planungsmodell anatomische Landmarken ausgewählt, diese zueinander registriert und anschließend über die Zeit bildbasiert verfolgt. Als Ergebnis wurde ebenfalls das Kamerabild mit dem präoperativen Modell überlagert.

Lango et al. [83] stellten Arbeiten vor, die magnetisches Tracking mit intraoperativem Ultraschall kombinieren. Dabei wurde in den meisten Arbeiten Eingriffe an der Leber als Anwendung betrachtet. Wesentliche Elemente, die hier betrachtet wurden, sind dabei die Kalibrierung des Ultraschallkopfes, die Registrierung mit präoperativen Daten sowie die Genauigkeit des magnetischen Trackings. In den hier zusammengefassten Arbeiten wurde ebenfalls noch keine Weichgewebekompensation betrachtet.

Eine sehr beliebte Anwendung ist die navigierte Leber-Biopsie. Dabei wird eine Nadel unter Verwendung einer präoperativen Planung in einen Lebertumor eingeführt. Ultraschallbasiert kombiniert mit einem optischen Trackingsystem, führen dies beispielsweise Schwaiger et al. durch [155]. Untersucht wurden mehrere Navigations-Verfahren an Silikonmodellen der Leber. Allerdings ist die Forschung hier eher in Richtung konventioneller Chirurgie ausgerichtet. Einen Vergleich zwischen einem computergestützten nadelbasierten Navigationssystem und klassischer CT-basierter Navigation führen Müller et al. durch [110]. Hier wurden Experimente an Schweinen durchgeführt; die Ergebnisse beider Navigationsarten waren vergleichbar.

Das erste System im Bereich der Weichgewebe-Chirurgie, das zumindest in den USA kurz vor dem kommerziellen Durchbruch ist und in klinischen Studien zum Einsatz kommt, ist das „ Explorer System" von Pathfinder Therapeutics. Es ermöglicht eine präoperative Planung des Eingriffes, eine intraoperative Registrierung mittels eines Laserscanners oder eines getrackten Pointers sowie die 3D-Visualisierung anatomischer Strukturen oder Planungsinformationen wie einer Resektionslinie. Allerdings werden hier bisher keine minimal-invasiven Eingriffe oder nicht-rigide Registrierungsverfahren betrachtet [176]. Ein weiteres System, das „ CAS-One Vario" - System der CAScination AG, kommt mittlerweile in einigen Kliniken im Bereich der offenen navigierten Leberchirurgie zum Einsatz. Visualisiert werden zum Beispiel Instrumente in Relation zu einem patientenindividuellen virtuellen Modell Leber mit Risiko- und Zielstrukturen [120].

Grundsätzlich kann festgehalten werden, dass bestehende Systeme die Weichgewebeproblematik bisher nicht oder nur unzureichend gelöst haben. Insbesondere im Bereich Registrierung müssen noch nicht-rigide Verfahren entwickelt werden. Problematisch ist dabei auch die Evaluation der Genauigkeit, da es im nicht-rigiden Fall sehr schwer ist, diese zu bestimmen. Auch fehlt noch eine ausführliche klinische Evaluation. In Bereichen, in denen eine rigide Registrierung ausreicht, z. B in der Neuro-Chirurgie, sind Navigationssysteme allerdings nicht mehr aus der Klinik wegzudenken, da sie hier die Genauigkeit beim Operieren deutlich erhöhen.

2.4.2 Aktive Navigation durch Chirurgieroboter

Unter aktiver Navigation versteht man, dass hier nicht nur Sensorinformationen gewonnen und aufbereitet werden, sondern der Chirurg bei seiner Ausführung aktiv unterstützt wird. Es handelt sich also in diesem Sinne um Systeme, die auf der Aktor-Seite helfen. In der Regel sind das sogenannte Telemanipulationssysteme, d.h. die volle Kontrolle bleibt beim Arzt und es werden keine Handlungen autonom ausgeführt. Eine Kombination mit passiven Navigationssystemen ist nicht nur denkbar, sondern in vielen Fällen auch erwünscht. In der Vergangenheit wurden zahlreiche Robotersysteme vorgestellt. Einen Überblick über entwickelte Robotersysteme in der Medizin findet man in der „ Medical Robotics Database" [124]. Hier sind mittlerweile über 450 Projekte gelistet, die im Laufe der Jahre entstanden. Kommerziell erhältlich ist allerdings nur ein Bruchteil davon. Aktuelle Überblicksartikel sind beispielsweise von Najarian et al. [113], Kenngott et al. [78], Dogangil et al. [38] und Gomes [51]. Im Folgenden sollen einige Systeme vorgestellt werden, die in einem minimal-invasiven Szenario zum Einsatz kommen.

Eine beliebte Anwendung sind Endoskop-Führungs-Systeme. Die Idee hierbei ist es, dass das Endoskop nicht mehr von einem zusätzlichen Assistenten sondern automatisch auf Befehl des Chirurgen oder automatisch gesteuert wird. Damit soll einerseits ein ruhigeres Bild erzeugt sowie die für den Chirurgen wichtigen Bereiche antizipiert und damit schneller angesteuert werden. Insgesamt sollen durch den Wegfall des Assistenten die Kosten reduziert werden.

Das erste Robotik-System, das eine klinische Zulassung erhielt, war das „Aesop" System, das 1993 auf den Markt kam. Es handelte sich um einen Roboterarm mit sieben Freiheitsgraden, der am OP-Tisch befestigt wurde und das Endoskop steuerte. Die Kontrolle des Roboterarms erfolgte über Fußpedale oder Sprachbefehle. Ein Einsatzbereich dieses Systems befand sich z.B. in der Gynäkologie [97]. Ein vergleichbares System ist das „SoloAssist" System von AktorMed Solo Surgery. Es besteht ebenfalls aus einem Roboterarm, in den das Endoskop eingespannt werden kann. Gesteuert wird es über einen Joystick, der an ein beliebiges endoskopisches Instrument angebracht werden kann. Es wird im Wesentlichen in laparoskopischen Szenarios eingesetzt [81]. Weitere kommerziell vertriebene Systeme sind beispielsweise der „LapMan" von Medsys Inc. [123], das „Viky" System von EndoControl [44] oder der „EndoAssist" von Prosurgics [80].

Neben der Steuerung der Bildgebung gibt es mittlerweile auch einige Systeme, die die Positionierung und Kontrolle der Instrumente unterstützen. Ein bekanntes Beispiel ist „Cyberknife" von Accuray Inc. Es besteht aus einem Roboter-Manipulator mit sechs Freiheitsgraden, einem fluoroskopiegestützten Navigationssystem und einer Strahlenquelle. Ziel dieses Systems ist es, Tumore gezielt aus verschiedenen Richtungen zu bestrahlen, so dass sich die Strahlen an der Tumorposition bündeln. Intraoperativ wird dabei die Tumorposition mittels des Fluoroskopie-Systems bestimmt und mit dem Roboterarm registriert. Eine Erfassung der Atembewegung, um mögliche Verschiebungen des Tumors zu bestimmen, wird ebenfalls durchgeführt. Damit ist eine computer-assistierte Bestrahlungsplanung und Positionierung des Roboters möglich. Das Robotersystem kann teilautonom arbeiten, d.h. selbstständig die Instrumente positionieren und den Tumor bestrahlen. Es ist damit ein gutes Beispiel für die Kombination von passiver Navigation mit einem Chirurgieroboter in der Radiochirurgie [150].

Ein Chirurgieroboter, der in der Wirbelsäulenchirurgie eingesetzt wird, ist das „Renaissance System" von Mazor Robotics. Hier wird ein Roboter am Rücken des Patienten fixiert und mittels zweier Fluoroskopieaufnahmen rigide registriert. Während des Eingriffes kann der Roboter die Instrumente auf Basis einer mit den intraoperativen Sensordaten aktualisierten präoperativen Planung aus CT-Bildern positionieren. Die Genauigkeit liegt dabei im Millimeterbereich. Das System kann in der offenen wie auch in der MIC eingesetzt werden und wurde klinisch in mehreren Studien untersucht [170].

Der bekannteste Chirurgie-Roboter ist sicherlich der „daVinci" von Intuitive Surgical (Abb. 2.6). Ursprünglich für Eingriffe am schlagenden Herzen entwickelt hat er insbesondere in der Urologie seinen Durchbruch erlebt. Er besteht aus zwei bis drei mit Instrumenten ausgestatteten Roboterarmen, einem zusätzlichen Arm für die Endoskopsteuerung und einer Konsole, an der der Chirurg sitzt und den Roboter bedient. Es ist damit ein Master-Slave-System, d.h. der Chirurg behält die volle Kontrolle über die Positionierung der Instrumente. Unterstützend wirkt der Roboter beispielsweise, in dem er kleine Bewegungen des Chirurgen ausgleicht und damit die Position der Instrumente stabilisiert. Dabei liefert das

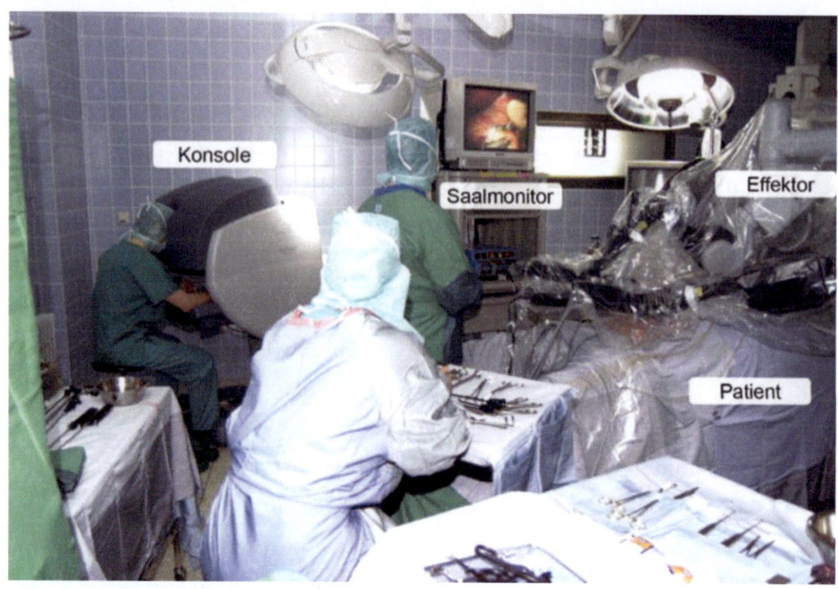

Bild 2.6: Das „daVinci System" im klinischen Einsatz (aus [77], ©Hannes Kenngott)

verwendete Stereo-Endoskop einen dreidimensionalen Eindruck der Szene. Die Instrumente sind abwinkelbar, was ihren Einsatzbereich vergrößert. Vorteilhaft sind bei diesem System seine hohe Flexibilität. So wurden in der Literatur zahlreiche minimal-invasive Eingriffe mit dem „daVinci" durchgeführt. Weiterhin ist ein roboter-gestützter Eingriff deutlich angenehmer für den Chirurgen durchzuführen. Nachteilig bei diesem System sind die hohen Kosten insbesondere auch der Wartung, die lange Vorbereitungszeit, um den Roboter zu positionieren und der große Platzbedarf. Außerdem bietet das derzeitige System keine intraoperative Navigationsunterstützung und keine Kraftrückkopplung [115].

Zusammenfassend kann man sagen, dass sich Chirurgieroboten trotz der großen Euphorie Ende der 90er in der MIC noch nicht flächendeckend durchgesetzt haben. Wesentliche Gründe liegen in den hohen Kosten verbunden mit den längeren Operationszeiten und dem oftmals nicht nachweisbaren Nutzen für den Patienten. Insbesondere in der Laparoskopie müssen solche Roboter mit passiven Navigationssystemen gekoppelt werden, um tatsächlich bessere Behandlungsergebnisse zu ermöglichen [78, 47].

2.5 Zusammenfassung

Die MIC hat sich mittlerweile in vielen Bereichen, beispielsweise der Viszeralchirurgie, etabliert. Während diese Technik für den Patienten zahlreiche Vorteile hat, stellt sie die Chirurgen vor neue Herausforderungen. Um die Arbeit des Chirurgen zu erleichtern, wurden deshalb in der Vergangenheit zahlreiche Systeme entwickelt, die ihm während des Eingriffes assistieren. Eine Kernkomponente stellt dabei die Entwicklung von Navigationssystemen dar, die eine präoperative Planung der Operation mit intraoperativen Sensordaten verknüpft und somit die Planung in den OP integriert. Zentral ist dabei immer eine Art Trackingsystem, das die Position des Patienten und der verwendeten Instrumente in Relation zur Planung erfasst. Weitere intraoperative Sensoren, die Informationen über den aktuellen Zustand der Operation liefern, sind beispielsweise Endoskope, Ultraschall oder intraoperative Fluoroskopie. Aus diesen Daten sollen intraoperativ Assistenzfunktionen generiert und dem Chirurgen geeignet visualisiert werden.

Insbesondere in der Neuro-Chirurgie wurden schon einige Navigationssysteme entwickelt, die kommerziell vertrieben werden. Dagegen sind noch keine laparoskopischen Navigationssysteme im Einsatz. Der wesentliche Grund dafür sind die starken Weichgewebedeformationen, die nicht-rigide Registrierungstechniken erfordern, während im Kopfbereich die Operationsumgebung aufgrund des Schädelknochens stark fixiert ist. Auch in der Chirurgierobotik haben sich bisher nur wenige Systeme am Markt etabliert. Wesentliche Gründe dafür sind hohe Kosten sowie der fehlende Nachweis von Behandlungsvorteilen.

Zukünftige Forschung muss zum Ziel haben, die intraoperative Navigation auch in der Laparoskopie zu etablieren. Idealerweise kann diese Navigation in den Workflow bestehender Chirurgieroboter wie dem „daVinci System" integriert werden, da hier eine deutlich kontrolliertere Umgebung im Vergleich zu herkömmlichen minimal-invasiven Eingriffen mit einer klaren Definition von intraoperativer Sensorik (Stereo-Endoskopie) und Aktorik (spezielle Instrumente) vorliegt. Sie sind damit perfekt für die Nutzung von intraoperativer Navigation geeignet. Gleichzeitig könnte dies den Nutzen der Roboter erhöhen, da mit ihrem Einsatz weitere Vorteile wie eine genauere Bestimmung der Lage von Zielstrukturen fest verknüpft sind.

3 Stand der Forschung

Im folgenden Kapitel werden wichtige Forschungsarbeiten im Bereich der intraoperativen Oberflächenrekonstruktion, des Einsatzes von Kraftsensorik in der Chirurgie sowie der intraoperativen Registrierung von prä- und intraoperativen Modellen vorgestellt.

3.1 Intraoperative Oberflächenrekonstruktion

Bei der intraoperativen Oberflächenrekonstruktion geht es darum, Informationen über die dreidimensionale Struktur der beobachteten intraoperativen Szene zu erhalten. Diese Informationen können dazu genutzt werden, um ein intraoperatives Modell der Szene zu erstellen, das über die Zeit die Änderungen der Szene, beispielsweise durch Weichgewebedeformationen hervorgerufen, repräsentiert. Dieses Modell kann zur Registrierung von präoperativen Planungsmodellen genutzt werden, um die Planung an die sich verändernde intraoperative Szene anzupassen. Das Registrierungsergebnis kann als Ausgangslage für die Generierung von situations-, orts- und zeitabhängigen Assistenzfunktionen dienen, die dem Chirurgen beispielsweise mittels Erweiterter Realität zur Verfügung gestellt werden. Die verschiedenen in der Literatur vorgestellten Ansätze unterscheiden sich dabei im Wesentlichen in der Wahl der Sensorik, die zur Datenakquisition verwendet wird, der Wahl der Rekonstruktionstechnik, die für den ausgewählten Sensor genutzt werden kann, sowie der Wahl der Repräsentation der Oberfläche.

Der am meisten eingesetzte Sensor zur Oberflächenrekonstruktion ist dabei das Video-Endoskop, das Kamerabilder aus dem Inneren des Körpers liefert. Daneben werden klassische Ein- oder Mehr-Kamerasysteme, Laserscanner sowie intraoperativer Ultraschall genutzt. Die Rekonstruktionstechniken hängen stark von der gewählten Sensorik ab und unterscheiden sich im Wesentlichen in der Wahl der Merkmale, die zur Rekonstruktion genutzt werden, in der Merkmalsdichte, der

Strukturiertheit der resultierenden Punktwolke sowie im Umgang mit verrauschten Daten. Die erzeugte Oberfläche kann dabei nach [101] in diskreter oder kontinuierlicher Form repräsentiert werden. Beispiele für eine diskrete Repräsentation wäre die Darstellung als Punktwolke oder Dreiecksnetz. Bei den kontinuierlichen Formen kann zwischen der impliziten Darstellung in Form von algebraischen Funktionen, z.B. radialen Basis-Funktionen, und der expliziten Darstellung als parametrische Funktion, z.B. in Form von Splines oder Bézier-Kurven, unterschieden werden. Im Folgenden soll ein Überblick über die intraoperative Sensorik, die zur Oberflächenrekonstruktion genutzt werden kann, gegeben werden. Zu den einzelnen Sensoren sollen weiterhin unterschiedliche Rekonstruktionstechniken, die in den letzten Jahren entwickelt wurden und einen entscheidenden Beitrag geleistet haben, vorgestellt werden.

3.1.1 Sensorik für die offene Chirurgie

In der offenen Chirurgie hat man den Vorteil, dass man Hardware verwenden kann, die nicht speziell für den Medizinbereich entwickelt wurden und weniger komplex ist. Da diese Hardware nicht-invasiv ist u, sind Probleme wie die Sterilisierung weniger kritisch. Des weiteren kann man damit auch Standardrekonstruktionsverfahren, die speziell auf die Hardware zugeschnitten sind oder schon in anderen Anwendungen erfolgreich genutzt wurden, leicht einsetzen.

Ein häufig genutzter Sensor ist der Laserscanner. Beim Laserscanner wird ein Lichtmuster auf die zu rekonstruierende Oberfläche projiziert. Dies kann eine einzelne Laserlinie oder ein komplexeres Muster sein. Die Umgebung wird dabei von einer Kamera erfasst. Die Verzerrung des Musters im Kamerabild spiegelt dabei die Form des Objektes wider. Über die aus der Kalibrierung des Sensors bekannte Relation zwischen Kamera und Laser kann mittels eines Triangulationsverfahrens der Abstand des Musters zur Kamera berechnet werden. Ein Vorteil des Laserscanners ist, dass die Rekonstruktion sehr einfach zu berechnen und dabei die Genauigkeit im Submillimeterbereich liegt. Auch ist der Rauschanteil im Vergleich zu anderen Bildgebungsmodalitäten sehr gering [175]. Aufgrund dieser Vorteile gehört der Laserscanner auch zu den Sensoren, die schon früh im Bereich der intraoperativen Oberflächenerfassung eingesetzt wurden.

In der Chirurgie wurden Laserscanner-Systeme bisher hauptsächlich bei neurologischen Eingriffen genutzt. Ziel ist es meist, die Oberfläche des Gehirns zu rekonstruieren und mit präoperativen Aufnahmen des Schädels zu registrieren. Grimson et al. [55] stellten 1996 eine der ersten Arbeiten vor, die einen Laserscanner verwenden, um präoperative MRT- oder CT-Aufnahmen des Patienten intraoperativ zu registrieren. Schon dieses erste System wurde klinisch evaluiert und es konnten als Ergebnis interne Strukturen im Kamerabild visualisiert werden. Die Gewinnung von Oberflächeninformationen mithilfe eines Laserscanners zur intraoperativen Kompensation des "Brain Shifts"wurde unter anderem von Miga et al. [98] im Jahr 2003 durchgeführt. Die rekonstruierte Punktwolke wurde zur nicht-rigiden intraoperativen Registrierung mit präoperativen MRT-Aufnahmen genutzt. Vergleichbare Arbeiten um die Jahrtausendwende findet man weiterhin bei Raabe et al. [129], Audette et al. [9] und Grevers et al. [53]. Jüngere Arbeiten, die einen Laserscanner verwenden, stammen beispielsweise von Marmulla et al. [93], Sinha et al. [160], Shamir et al. [158] und Cao et al. [27].

Neben der Neurochirurgie kamen Laserscanner-Systeme auch in der offenen Leberchirurgie zum Einsatz. Ein System stellt beispielsweise Cash et al. vor [29]. Ebenfalls im Bereich der offenen Leberchirurgie bewegen sich die Arbeit von Herline et al. [63] und Dumpuri et al. [41], die vergleichbare Methoden verwenden. Ein weiterer Einsatzbereich ist die Nierenchirurgie, bei der der Einsatz eines Laserscanners beispielsweise von Altamar et al. [5] untersucht wurde.

Neben Laserlicht kann auch normales Licht genutzt werden, um ein Lichtmuster auf den Patienten zu projizieren, was in dem Fall als Strukturiertes Licht bezeichnet wird. Eine Anwendung findet man bei Nagelhus-Hernes et al. [112]. Die resultierende Punktwolke wurde dabei als approximierender B-Spline modelliert, um das erhöhte Rauschen im Vergleich zu einer Laserscanner-Aufnahme ausgleichen zu können. Ebenfalls Strukturiertes Licht nutzt Jin et al. [71]. Ein LCD-Projektor projiziert dabei ein Streifenmuster auf den Patienten, das in mehreren Aufnahmen in horizontaler Richtung verschoben und von einem Stereo-Kamerasystem erfasst wird. Die Anwendung war dabei die Rekonstruktion des Kehlkopfes. Ein weiteres System rekonstruiert die Oberfläche, um eine effektive Port-Planung für minimal-invasive Eingriffe zu erreichen [188]. Dabei wurde mit dem Projektor die

Oberfläche vor und nach der Insufflation des Bauchraumes rekonstruiert, um so die Verschiebung der Ports modellieren zu können.

Als weitere Alternative kann man das "Time of Flight"(ToF)-Prinzip nutzen, bei dem die Laufzeit eines Lichtsignales von der Emission bis zur Detektion gemessen werden. Damit kann man den Abstand des Punktes, an dem der Laserstrahl reflektiert wird, berechnen. Schaller et al. [147]nutzen solch eine Kamera, um intraoperativ die Bauchoberfläche zu rekonstruieren. Diese Informationen soll zur Atembewegungskompensation der Lunge genutzt werden. Vorteile der Technik ist die direkte Extraktion von Tiefeninformationen in der Kamera ohne zusätzlichen Berechnungsaufwand und die damit verbundene hohe Update-Rate (20-80 Hz). Allerdings ist die Auflösung der Kamera noch recht gering und die rekonstruierten Oberflächen sind stark verrauscht. Einen Workflow zur Extraktion und Bearbeitung der Punktwolke haben Seitel et al. [157] vorgestellt. Eine Kernkomponente ist dabei die Nutzung einer Variante des Bilateralfilters auf den vorsegmentierten Abstandsbildern.

Bei den bisher vorgestellten Verfahren wurde immer eine dichte Repräsentation der Oberfläche erzeugt. Alternativ dazu können mit optischen oder magnetischen Trackingsystemen sowie künstlichen Markern einzelne ausgewählte Punkte der Oberfläche detektiert und verfolgt werden. Schicho et al. [149] verglichen den Einsatz eines Laserscanners mit einem markerbasierten Ansatz. Hierbei zeigte der markerbasierte Ansatz eine höhere Genauigkeit. Getrackte Laserpointer können zusätzlich verwendet werden, um Oberflächenpunkte zu extrahieren [152]. Solche Systeme sind mittlerweile kommerziell erhältlich und werden in den Kliniken eingesetzt [57]. Allerdings können solche Ansätze nur sehr unvollständig eine sich verformende Oberfläche modellieren und sind damit im Wesentlichen für rigide oder annähernd rigide Probleme, z.B. im Bereich der Neurochirurgie, geeignet.

Zusammenfassend kann man sagen, dass die Sensorik in der offenen Chirurgie schon sehr weit entwickelt ist und auch klinisch schon zum Einsatz kommt. Insbesondere der Einsatz von Laserscannern ist erprobt. Die so rekonstruierten Oberflächen sind sehr genau und robust. Allerdings erschwert der erhöhte Hardware-Aufwand einen praktischen Einsatz. Insbesondere sind solche Techniken nur schwer in ein minimal-invasives Szenario, wie es in dieser Arbeit im Mittelpunkt steht, zu transferieren.

3.1.2 Sensorik für die minimal-invasive Chirurgie

In der minimal-invasiven Chirurgie ist es deutlich schwieriger, Sensorik zu entwickeln und zu nutzen, die in der Lage ist, Tiefeninformationen zu extrahieren. Das Hauptproblem ist die nötige Miniaturisierung der Sensoren. Typische Trokare haben einen Durchmesser von 3 mm bis 15 mm, wobei ein größerer Trokardurchmesser gleichbedeutend mit einer größeren Verletzung des Patienten ist. Es können damit keine klassischen Laser-oder Kamerasysteme, wie sie im vorigen Abschnitt vorgestellt werden, verwendet werden. Die am häufigsten eingesetzte Sensorik zur Gewinnung von Tiefeninformationen ist das Video-Endoskop (siehe Kap. 2.3.2). Ein wesentlicher Vorteil ist, dass durch den Einsatz von Endoskopen kein zusätzlicher Hardware-Aufwand entsteht, da sie standardmäßig vom Arzt zur Durchführung des Eingriffes genutzt werden. Es ergeben sich allerdings bei der Extraktion von Oberflächeninformationen aus den Bilddaten einige zusätzliche Probleme, die Sensoren, die in der offenen Chirurgie eingesetzt werden, nicht in dieser Form haben (siehe Kap. 4.1). Dies erhöht den Anspruch, eine robuste und genaue Rekonstruktion der Oberfläche zu erzeugen, deutlich und zeigt, dass hier die Entwicklung von an diese Bedingungen angepassten Algorithmen eine bedeutende Rolle spielt. Bei der Wahl der Algorithmen steht insbesondere die Online-Bildverarbeitung in Echtzeit oder annähernd Echtzeit als Ziel fest. Dies führt insgesamt zu einer hochkomplexen Problemstellung mit zahlreichen Lösungsansätzen. Die meisten heute genutzten Endoskope sind Mono-Endoskope, d.h. sie verwenden nur eine Kamera. Es gibt sie in starrer und flexibler Ausführung, wobei ein Großteil der in den folgenden Abschnitten vorgestellten Methoden nur die starre Form nutzen. Grund dafür ist, dass bei den meisten Endoskopen die Kamera nicht in der Spitze sondern am Ende des Endoskops integriert ist, was die Bildqualität in flexiblen Optiken reduziert und eine Kalibrierung der Kamera erschwert. Daneben kommen zunehmend Stereo-Endoskope zum Einsatz. Ein wesentlicher Vorreiter ist dabei das daVinci-System, das ein Stereo-Endoskop integriert [58]. Allerdings ist die Verbreitung in der herkömmlichen minimal-invasiven Chirurgie noch sehr gering. Noch mehr im Bereich der Forschung angesiedelt sind Systeme, die aktive Sensorik benutzen, um Tiefeninformationen zu generieren. Hier steht meist der erhöhte Hardware-Aufwand sowie die schwierige Kalibrierung dieser Systeme bei gleichzeitig noch nicht vergleichbarer Bildqualität einer klinischen Nutzung im Weg.

Einen guten Überblick über aktuelle Arbeiten in diesem Gebiet findet man bei Stoyanov [166]. Hier werden unterschiedliche Ansätze zur Oberflächenrekonstruktion vorgestellt. Daneben stehen Arbeiten zum Weichgewebe-Tracking, zur Instrumentenverfolgung und zu weiteren Bildverbesserungsmaßnahmen im Mittelpunkt. Motiviert wird die Arbeit dabei durch die Verknüpfung dieser Techniken mit der im medizinischen Umfeld noch recht jungen biophotonischen Bildgebung, die neben strukturellen auch funktionelle Informationen der Szene liefern kann. Das Fazit hier ist, dass vor allem im Bereich der Robustheit der Verfahren und ihrer Evaluation noch einiges an Handlungsbedarf besteht. Eine weitere Zusammenfassung der bildgestützten Navigation im Bereich der minimal-invasiven Chirurgie liefert Mirota et al. [99]. Hier werden potentielle Anwendungen der Verarbeitung von endoskopischen Bildern aufgezeigt bezüglich Rekonstruktion, Registrierung und Visualisierung von anatomischen Strukturen. Ebenfalls bemängelt wird die unzureichende Evaluation der vorgestellten Systeme. Den Fokus auf der Verarbeitung von endoskopischen Bildern zur Generierung intraoperativer Assistenz haben Lee et al. [86]. Schwerpunkte dieser Arbeit sind die Betrachtung von verschiedenen Verfahren zum Weichgewebe-Tracking, zur Oberflächenrekonstruktion, zur Weichgewebesimulation sowie zur Assistenzgenerierung mittels Erweiterter Realität. Eine Kernaussage der Arbeit ist, dass eine dichte Rekonstruktion der Oberfläche ein wichtiges Element für die akkurate Registrierung von präoperativen Daten im Rahmen eines Assistenzsystems darstellt. Ein weiterer Übersichtsartikel ist von Maier-Hein et al.[91]. Hier werden verschiedene optische Techniken zur Oberflächenrekonstruktion vorgestellt und miteinander verglichen. Unterschieden wird dabei zwischen passiven Systemen (Stereo, Structure from Motion, Shape from Shading, Simultaneous Localization and Mapping) und aktiven System (Structured Light, Time of Flight). Das Fazit dieser Arbeit ist, dass es bisher kein System zur Oberflächenrekonstruktion in den klinischen Alltag geschafft hat. Um dies zu erreichen, muss insbesondere die Robustheit der Verfahren deutlich gesteigert werden. Weiterhin müssen die Verfahren besser in den klinischen Workflow integriert werden. Das Problem der nicht-rigiden Registrierung wird ebenfalls noch einmal herausgestellt. Schlussendlich ist es laut den Autoren auch eine große Herausforderung, diese Verfahren zu evaluieren.

In den folgenden Abschnitten sollen die angewendeten Prinzipien zur Oberflächenerzeugung sowie wichtige Arbeiten, die in der Vergangenheit im Kontext der minimal-invasiven Chirurgie entstanden sind, vorgestellt werden. Die Strukturierung des Abschnittes folgt dabei der in [166] vorgestellten Struktur.

Stationäre Mono-Endoskopie

Im Fall eines nichtbewegten Mono-Endoskops können keine absoluten Tiefeninformationen gewonnen werden, da ein passives Einkamerasystem aufgrund seines Aufbaus keine eindeutige Beziehung zwischen Bildpixel und 3D-Punkt herstellen kann. Ein Ansatz, um relative Tiefeninformationen zu gewinnen, ist das sogenannte SShape from Shading"(SfS). Das Ziel dieser Technik ist die Extraktion dieser Informationen allein aus der unterschiedlichen Schattierung der Szene abhängig von ihren Reflektionseigenschaften und der allgemeinen Helligkeit. Bei der Modellierung dieses Problems wird dabei von einer punktförmigen Lichtquelle, die den gleichen Ursprung hat wie die Kamera, sowie einer sogenannten Lambertschen Oberfläche, bei der Licht gleichmäßig in alle Richtungen reflektiert wird, ausgegangen. Dieses Verfahren ist besonders gut im Bereich homogener Texturen und gleichmäßigen Tiefenänderungen geeignet [166]. Nachteilig ist, dass keine absolute Entfernung des Endoskops zur Oberfläche bestimmt werden kann, dass gerade durch die ungleichmäßige Ausleuchtung und Glanzlichter die Lambertsche Bedingung nur bedingt gilt und dass die meisten Methoden aufgrund ihrer iterativen Berechnungsweise noch nicht echtzeitfähig sind [86]. Dennoch gibt es einige Arbeiten in diesem Bereich. Einen Überblick über angewendete Verfahren findet man beispielsweise bei Mountney et al. [105] oder Lee et a. [86].

Schon in den 90er Jahren beschäftigte sich Rashid und Burger [130] mit dem Thema und entwickelten dafür einen Ansatz, der von der Theorie her in Endoskopen genutzt werden kann, allerdings noch einige Defizite bei der Modellierung der Kamera aufwies. Kurze Zeit später stellten Deguchi und Okatani [114] einen ähnlichen Ansatz speziell für Endoskope vor. Sie entwickelten dafür ein perspektivisches Modell des Endoskops mit einer Lichtquelle in der Nähe der Optik. Tankus et al. [174] erweiterten einen Ansatz für den perspektivischen Fall und wendeten diesen auf synthetische Bilder sowie Bilder von Magen- oder Darmuntersuchungen an. Allerdings konnte noch keine endgültige Aussage bezüglich der Genauigkeit bei realen Bildern getroffen werden. Yang und Han [190] stellten ebenfalls einen perspektivischen Ansatz für die Gastro-Endoskopie vor, der von Wang et al. [186] weiterentwickelt wurde. Obwohl diese Methoden auf Geschwindigkeit optimiert wurden, lag ihre Laufzeit für die untersuchten Szenarien bei mehreren Sekunden bei einer Auflösung von 260x260 Pixeln. Die Genauigkeit bei realen Aufnahmen ist ebenfalls unbekannt.

Generell kann man sagen, dass der Einsatz von SfS in der Endoskopie aufgrund der genannten Schwierigkeiten insbesondere im laparoskopischen Bereich noch nicht praktikabel ist. Insbesondere die Robustheit bei Lichtveränderungen oder starken Deformationen ist noch nicht zufriedenstellend. Im Bereich der Diagnostik, z.B. bei Magen- und Darmuntersuchungen, sind die Anwendungen allerdings sehr vielversprechend und auf die dort vorhandenen Gegebenheiten zugeschnitten. Denkbar ist allerdings die Kombination dieses Ansatzes mit merkmalsbasierten oder stereoskopischen Ansätzen, da sich diese teilweise gegenseitig ergänzen [82].

Bewegte Mono-Endoskopie

Im Fall eines bewegten Endoskops kann zwischen zwei Techniken unterschieden werden, die allerdings stark miteinander verwandt sind. Der erste Ansatz ist SStructure from Motion"(SfM). Das Ziel ist es dabei, stabile Merkmale über die Zeit zu verfolgen, während sich das Endoskop bewegt. Damit kann einerseits die Bewegung der Kamera geschätzt und andererseits die Szene rekonstruiert werden. Durch diese Technik wird quasi eine zweite Kamera simuliert, wobei die Projektionsmatrix der Kamera, die die internen Kameraparameter sowie die Kamerapose enthält, aus den gefundenen Korrespondenzen bestimmt werden muss [60]. Ein wesentlicher Nachteil ist, dass nur für die Merkmalspunkte Tiefeninformationen gewonnen werden, was zu einer dünn besetzten Punktwolke führt. Alternativ zum merkmals-basierten Ansatz kann auch der sogenannte Optische Fluss genutzt werden. Der Optische Fluss beschreibt dabei die scheinbare Bewegung der einzelnen Bildpunkte über mehrere Bilder hinweg. Damit wird für jedes Bild ein dichtes Verschiebungsfeld bestimmt, das diese Änderung beschreibt. Hiermit sind auch dicht besetzte Punktwolken möglich. Ähnlich dazu ist das sogenannte SLAM (Simultaneous Localization and Mapping) - Problem. Zusätzlich wird hier eine Kartierung der beobachteten Szene vorgenommen. Alternativ zur Schätzung der Kameraposition aus den Bilddaten kann auch ein externes Tracking-System verwendet werden, dass das Endoskop verfolgt. Grundsätzlich besteht bei beiden Ansätzen die Anforderung, dass die beobachtete Szene rigide ist, d.h. dass während der Kamerabewegung keine Deformationen in der Szene auftreten. Beliebte Anwendungsgebiete sind deswegen die Bronchoskopie, Kolonoskopie oder Rhinoskopie [166], aber auch in der Laparoskopie gibt es Ansätze. Einen Überblick über angewandte Verfahren findet man beispielsweise bei Mountney et al. [105].

Eine der ersten Arbeiten zu diesem Thema findet sich bei Mori et al. [102]. Hier wurde ein flexibles Bronchoskop getrackt, indem Methoden des optischen Flusses und die Epipolargeometrie als Randbedingung genutzt und das Ergebnis mit einem korrelations-basierten Ansatz verfeinert wurde. Ziel war dabei die Registrierung von realen und virtuellen Endoskopaufnahmen. Um das Tracking robuster zu machen, wurde in der Folge ein magnetisches Trackingsystem zur Verfolgung der Kameraposition eingesetzt. Zusätzlich wurde ein Atemwegs-Phantom für die Evaluation entwickelt, in dem die Atembewegung simuliert werden kann. Die berichtete Abweichung zwischen realen und virtuellen Bildern lag hierbei zwischen 0,5 und 2,3 mm, die Laufzeit bei 1 s pro Bild. Eine vergleichbare Arbeit findet man auch bei Helferlty et al [62].

Modellwissen über die Anatomie in die Rekonstruktion ließen Mirota et al. [100] einfließen. Der Anwendungsbereich ist die endonasale Schädelbasischirurgie. Das Verfahren detektiert und verfolgt Merkmale in den Kamerabildern, um die Kamera-position zu schätzen und eine dünne Rekonstruktion der Szene zu erzeugen. Die Evaluation wurde an mehreren Aufnahmen von Schweinen durchgeführt. Bei den Aufnahmen wurde das Endoskop von einem optischen Trackingsystem verfolgt und die Ergebnisse des bildbasierten Trackings mit dem optischen Tracking verglichen. Erste Ergebnisse versprachen eine Genauigkeit von unter 1 mm, was allerdings laut den Autoren noch genauer untersucht werden muss. Eine Untersuchung unterschied-licher Merkmalsdetektoren und -deskriptoren führte Mountney et al. [103] durch. Im Mittelpunkt stand dabei die Stabilität dieser Merkmale insbesondere bei Weichgewebedeformationen. Die Untersuchung ist dabei in ein Software-Framework eingebettet, das die Ergebnisse der einzelnen Merkmale fusionieren kann. Einen neuen Schätzer zur robusten Verfolgung von Merkmalen stellten Wang et al. [187] vor. Laut den Autoren funktioniert dieses Verfahren auch, wenn mehr als die Hälfte der gefundenen Merkmale Ausreißer sind. Der Schätzer wurde in ein System zur Bestimmung der Kameraposition und der Rekonstruktion der Oberfläche integriert und zusammen mit anderen Schätzmethoden evaluiert.

Burschka et al. [26] stellten in ihrer Arbeit einen SLAM-Ansatz für die Nasen-Nebenhöhlen-Chirurgie vor. Dazu mussten initial entweder manuell oder automatisch mindestens drei Landmarken identifiziert werden, um eine erste Schätzung der Kamerapose zu erhalten. Anschließend wurden Punktmerkmale in den Kameras detektiert und in Korrespondenz zueinander gesetzt. Diese Korrespondenzen wurden genutzt, um während der Bildaufnahme die Kamerapose aktualisieren zu können. Laut den Autoren ist das System in der Lage, vier bis sechs Merkmale mit einer Genauigkeit von 0,5 mm und einer Geschwindigkeit von 10 ms zu verfolgen. Der SLAM-Ansatz wurde von Mountney et al. [104] für Stereo-Endoskope im laparoskopischen Einsatzgebiet erweitert. Zusätzlich wurde ein Bewegungsmodell der Lunge hinzugefügt, um die Deformationen, die durch die Atembewegung hervorgerufen werden, zu kompensieren [107]. Evaluiert wurde das Verfahren in einer Simulationsumgebung, die echte Texturen, extrahiert aus laparoskopischen Eingriffen, benutzt.

Das Problem des Verlustes der Kamerapositionsschätzung bei schnellen Kamerabewegungen, Deformationen oder bei Verdeckungen versuchen Grasa et al. [52] mithilfe eines statistischen Ansatzes zu lösen. Hierfür wurden unterschiedliche Algorithmen miteinander kombiniert. In der Evaluation auf Basis einer laparoskopischen Bildsequenz wurde eine fixe Anzahl von 45 Merkmalen mit einer Laufzeit von 120 ms verfolgt. Malti et al. [92] versuchten, das Problem der durch Instrumente deformierten Oberflächen zu lösen, indem sie zuerst mittels SfM ein Oberflächenmodell erzeugten, das als Grundlage für eine Simulation der durch den Chirurgen verursachten Gewebedeformationen dienen soll. Hierbei wurden die Korrespondenzen als gegeben angenommen. In dieser Arbeit wurden keine quantitativen Aussagen bezüglich Genauigkeit und Geschwindigkeit gegeben.

Im Bereich der Herzchirurgie stellten Hu et al. [69] einen nicht-rigiden SfM-

Ansatz vor. Dazu wurde zuerst der Herzzyklus geschätzt, um im Anschluss für die Rekonstruktion die Bilder desselben Ausschnitts des Zyklus zu verwenden. Ein probabilistischer Ansatz wurde zur Rekonstruktion der Oberfläche mit einem iterativen Algorithmus zur Ausreißerdetektion kombiniert. Zur Evaluation wurde ein Herzphantom aus Silikon verwendet, das den Herzschlag simulieren kann. Das Verfahren wurde von den Autoren auch für die Leber verwendet [70]. Schwerpunkt auf die Merkmalsextraktion und -verfolgung auf Herzoberflächen legten Elhawary et al. [43]. Eine ausführliche quantitative Evaluation wurde ebenfalls in dieser Arbeit vorgestellt, die die Überlegenheit der vorgestellten Ansätze gegenüber vergleichbaren Ansätzen belegen soll.

Collins et al. [35] stellten ebenfalls einen Ansatz vor, der mit Deformationen umgehen kann. Ihre Kernannahme war, dass Deformationen nur sehr langsam auftreten und damit die Szene zwischen zwei Bilder als quasi rigide angenommmen werden kann. Als Lösung setzten sie ein Verfahren ein, das Deformationen über einen längeren Zeitraum durch einzelne rigide Registrierungen approximiert, die zeitlich gekoppelt sind. In einer Simulationsumgebung wurde ein virtuelles Nierenmodell deformiert und die Deformation mittels eines virtuellen Modells der Kamera aufgezeichnet.

Kaufman und Wang [75] stellten einen Ansatz vor, der SfM mit SfS kombiniert. Der SfS-Algorithmus rekonstruiert zu jedem Zeitpunkt eine Oberfläche, während der SfM-Algorithmus die zeitliche Registrierung der Oberflächen bewerkstelligt, indem einzelne Merkmale detektiert und verfolgt werden. Evaluiert wurde das Verfahren mit virtuellen Kolonoskopie-Bildern. Hierbei wurden künstliche Merkmale genutzt, die nachträglich in den Datensatz integriert wurden. Die Detektion und Verfolgung von Merkmalen in Kamerabildern wir hier nicht durchgeführt.

SfM und SLAM bieten zwar einige vielversprechende Ansätze zur Oberflächenrekonstruktion aus Mono-Endoskobildern, haben aber auch einige Nachteile. Ansätze, die auf dem Optischen Fluss basieren, erzeugen zwar ein dichtes Tiefenbild, haben aber insbesondere große Probleme bei der Robustheit. Merkmalsbasierte Ansätze sind zwar robuster, erzeugen aber nur eine dünn besetzte Punktwolke. Besonders problematisch ist, dass bei diesen Ansätzen die Kamera ständig bewegt werden muss, wenn man Tiefeninformationen gewinnen will, was während eines Eingriffes nicht immer praktikabel ist. Weiterhin reagieren die Verfahren sehr empfindlich auf

Deformationen, auch wenn es Ansätze zur Deformationskompensation gibt. Aufgrund der Deformationen oder der unterschiedlichen Beleuchtung des Szene gehen Merkmale auch gerne verloren, was im schlimmsten Fall zu einem kompletten Verlust des Trackings führt. Dieses dann wieder aufzunehmen, ist eine besonders große Herausforderung, für die es bisher nur Lösungsansätze gibt. Insgesamt bleibt festzuhalten, dass Mono-Endoskope in ihrem Einsatz zur Oberflächenrekonstruktion im Vergleich zu Stereo-Endoskopen deutlich limitierter bleiben [105].

Stereo-Endoskopie

Das Prinzip der Stereo-Rekonstruktion ist es, korrespondierende Strukturen in beiden Bildern, die die Projektion derselben 3D-Struktur in Kamerakoordinaten darstellt, zu suchen und diese einander zuzuordnen. Unterscheiden kann man dabei zwischen pixelbasierten Ansätzen, die für jeden Punkt einen korrespondierenden Punkt im anderen Bild suchen, merkmalsbasierten Ansätze, die einzelne markante Punkte, sogenannte Merkmale (Features), mittels eines Detektors finden und mittels eines Deskriptors beschreiben, sowie globalen Ansätzen, die versuchen, über eine globale Energieminimierung iterativ Korrespondenzen zu finden. Pixelbasierte Ansätze erzeugen eine dichte Rekonstruktion der Oberfläche und sind schnell zu berechnen, produzieren aber eine relativ hohe Anzahl von Fehlzuordnungen, da jeder Pixel unabhängig untersucht wird. Merkmalsbasierte Ansätze sind robuster und genauer, produzieren aber nur eine dünn besetzte Oberflächenrekonstruktion mit oftmals ungleichmäßig verteilten Merkmalen. Beide Verfahren leiden unter Glanzlichtern, Bereichen mit homogenen Texturen oder Artefakten, beispielsweise verursacht durch Rauch. Globale Verfahren sind am genauesten, aber aufgrund ihrer iterativen Struktur sehr laufzeitintensiv und komplex [138].

In der Vergangenheit wurden zahlreiche Methoden für ein Stereo-Kamera-Setting entwickelt und auch ausführlich evaluiert. Die bekannteste Evaluation wurde dabei vom Middlebury College entwickelt [148]. Mittlerweile wurden dort mehr als 100 Algorithmen zur Korrespondenzanalyse miteinander verglichen. Allerdings ist das hier verwendete Setting nicht einfach auf ein minimal-invasives Setting übertragbar. Die synthetischen Bildpaare, die zur Evaluation genutzt werden, weisen nicht die typischen Eigenschaften endoskopischer Bilder auf. Des weiteren steht hier

Echtzeitfähigkeit und subpixelgenaue Rekonstruktion nicht im Fokus und es werden auch keine Bildsequenzen oder merkmalsbasierte Ansätze betrachtet. Somit bietet diese Vergleichsstudie noch keine alleinige Aussagekraft für die Verwendung der Algorithmen in einem intraoperativen Szenario. Die in der Folge vorgestellten Verfahren wurden von den Autoren deshalb auch nicht in dieser Form evaluiert.

Eine der ersten Arbeiten im Bereich Stereo-Rekonstruktion aus Endoskopbildern wurde von Devernay et al. [37] durchgeführt. Dort wurde ein pixelbasiertes Verfahren sowie ein zeitliches Modell des Herzens genutzt, um die Oberfläche zu rekonstruieren und über die Zeit zu verfolgen. Kombiniert wurde die 3D-Rekonstruktion mit einem Verfahren zur Detektion der Instrumente, um diese herauszufiltern [108]. Ziel der Arbeit war die Entwicklung eines System zur Darstellung von Assistenzsystemen mittels Erweiterter Realität. Eine Evaluation des Verfahrens wurde nicht durchgeführt.

Ein merkmalsbasiertes Verfahren, das schon von Hut et al. [69] für Mono-Endoskope vorgestellt wurde, wurde von denselben Autoren auch auf Stereo-Endoskope übertragen [68]. Dazu wurde der Lukas-Kanade-Tracker auf Stereobilder erweitert. Mountney und Yang [106] versuchten ebenfalls, Merkmale über die Zeit zu tracken. Sie verfolgten dabei einen Ansatz, der während der Aufnahmen die diskriminativen Eigenschaften der Kamerabilder einlernt, um damit eine robustere Merkmalsverfolgung insbesondere bei Weichgewebedeformationen zu gewährleisten. Die Evaluation wurde mit synthetischen Bildern mit bekanntem "Ground Truthßowie realen Sequenzen mit manuell erstelltem "Ground Truth"durchgeführt, wobei das hier vorgestellte Verfahren mit vier weiteren Verfahren ohne Lernkomponente aus der Literatur verglichen wurde. Es zeigte sich, dass das Verfahren die Merkmale am Stabilsten verfolgt, allerdings wurden keine Angaben bezüglich der Genauigkeit gemacht.

Um die Weichgewebeverformung zu verfolgen, verwendeten Stoyanov et al. [168] auch einen merkmalsbasierten Ansatz. Dieser Ansatz wurde in einer späteren Arbeit [169] erweitert, um eine semi-dichte Rekonstruktion der Oberfläche zu erhalten. Dazu werden die Merkmale als Saatpunkte verwendet und ihre Tiefeninformationen in benachbarte Regionen propagiert. Um das Verfahren echtzeitfähig zu machen, wurde es auf die GPU portiert. Zur Evaluation wurde ein Silikonphantom des Herzens mit bekannten "Ground TruthDaten verwendet und drei weitere

Standardverfahren aus der Literatur zum Vergleich herangezogen. Kombiniert wurde das Verfahren mit einem SLAM-Ansatz, um für einen größeren Bildausschnitt dichte Tiefeninformationen zu erhalten [178]. Evaluiert wurde dieses kombinierte Verfahren mit einem Phantom des Verdauungstraktes, das aus mehreren Silikonphantomen besteht, sowie echten Aufnahmen aus Schweineversuchen. "Ground TruthInformationen wurden mittels optischer Tracker erzeugt.

Das Konzept parametrischer Modelle zur Beschreibung und Verfolgung der Herzoberfläche nutzten Lau et al. [85]. Hier wurde ein pixelbasiertes Rekonstruktionsverfahren mit einem B-Spline-Modell der Herzoberfläche kombiniert, um eine glatte Darstellung der Oberfläche zu erhalten. Zur Stabilisierung des Trackings wurden neun Kontrollpunkte verwendet, deren Position durch das Stereorekonstruktionsverfahren aktualisiert wurden. Eine vergleichbare Arbeit präsentierten Richa et al. [132]. Hier wurde ein parametrisches Modell der Herzoberfläche genutzt, das von einigen Kontrollpunkten gestützt wird, die mittels eines Stereo-Endoskops verfolgt wurden. Gleichzeitig wurde eine Bewegungsprädiktion des Herzens durchgeführt und das Ergebnis mit dem Modell fusioniert. Die Autoren konnten zeigen, dass das Tracking der Herzoberfläche über einen langen Zeitraum erfolgreich durchgeführt werden kann, auch wenn durch Instrumente teilweise sehr lange und große Überdeckungen erfolgen. Insbesondere ist das Verfahren in der Lage, eine verlorenes Tracking wiederzufinden. Aussagen zur Genauigkeit des Trackings sind aber nur unvollständig vorhanden. Außerdem ist dieses Verfahren nur für Organe geeignet, die eine periodische rhythmische Bewegung durchführen. Ebenfalls ein Verfahren zur Verfolgung der Herzoberfläche auf Basis von Stereo-Bildern entwickelten Bogatyrenko et al. [17]. In dieser Arbeit wurde eine Reihe von künstlichen Landmarken, die auf der Herzoberfläche aufgebracht sind, verfolgt. Die Oberfläche an sich wurde durch ein linear-elastisches Modell beschrieben; die Kontrollpunkte entsprachen dabei den getrackten Landmarken. Das Verfahren wurde in der Simulation und anhand eines Silikonphantoms des Herzens evaluiert und zeigte eine gute Robustheit gegenüber Trackingverlusten und Überdeckungen von einzelnen Kontrollpunkten. Die Laufzeit des Verfahrens lag bei ca. 10 ms.

Stoyanov et al. [167] stellten neben dem oben schon vorgestellten merkmalsbasierten Verfahren auch ein Verfahren vor, das eine dichte Oberflächenrekonstruktion erzeugt. Hierbei wurden die Bilder erst rektifiziert, um die Korrespondenzanalyse zu erleichtern, und dann im Anschluss Korrespondenzen mittels eines hierarchischen Verfahrens gefunden, das gefundene Korrespondenzen von niedrig aufgelösten in höher aufgelöste Bilder propagiert. Um Informationen über die Weichgewebedeformation zu erhalten, wurde zusätzlich eine zeitliche Korrespondenzanalyse durchgeführt. Eine quantitative Evaluation der Genauigkeit und Robustheit wurde allerdings nicht durchgeführt. Ebenfalls ein dichtes Tiefenbild erzeugten Vagvolgy et al. [180]. Dazu definierten die Autoren eine neue Minimierungsfunktion und lösten sie rekursiv mithilfe eines globalen Verfahrens auf rektifizierten Bildern. Kombiniert wurde das Ergebnis mit einem merkmalsbasierten Ansatz, der zur Stabilisierung der Rekonstruktion diente. Das so erzeugte Oberflächenmodell wurde mit einem präoperativ erstellten Modell aus CT-Bildern registriert. Die Geschwindigkeit lag bei etwas 100 ms bei einer Auflösung von 320x240. Auch hier ist keine quantitative Evaluation der Genauigkeit und Robustheit vorhanden.

Machucho et al. [89] kombinierten die Ergebnisse eines pixelbasierten Stereorekonstruktionsverfahrens mit Ultraschall. Dazu wurde die Ultraschallsonde in den Kamerabildern verfolgt. Durch die Nutzung beider Modalitäten sind die Autoren in der Lage, neben Oberflächeninformationen auch Informationen über das Innere des beobachteten Weichgewebes zu erhalten. Allerdings fehlte auch hier eine quantitative Evaluation.

Die Verwendung von Stereo-Endoskopen bietet die besten Möglichkeiten, intraoperativ robuste Informationen über die Oberfläche zu erhalten. Im Vergleich zu SfM hat man bei der Stereo-Rekonstruktion den Vorteil, dass die Relation der Kameras zueinander fest und aufgrund der Stereokamerakalibrierung bekannt ist. Außerdem kann man Deformationen leichter erfassen, da die Kamera nicht zwischen zwei Aufnahmen bewegt werden muss. Auch können hier im Gegensatz zu SfS-Ansätzen sofort absolute Tiefeninformationen erzeugt werden und die Ergebnisse sind nicht so empfindlich gegenüber Beleuchtungsänderungen. Nachteilig ist der geringe Abstand der Kameras, der sich in einem großen Reprojektionsfehler auswirkt, wenn korrespondierende Punkte nicht subpixelgenau bestimmt werden können. Des weiteren ist der Einsatz von Stereo-Endoskopen noch stark eingeschränkt. Beispielsweise gibt es noch keine flexiblen Stereo-Endoskope für Untersuchungen des Verdauungstraktes oder der Lunge und der Durchmesser ist im Vergleich zu Mono-Endoskopen deutlich höher. Das Hauptproblem der hier vorgestellten Verfahren ist, dass keines ausführlich quantitativ bezüglich Genauigkeit, Robustheit und Echtzeitfähigkeit evaluiert wurde. Somit ist eine Einschätzung der Qualität nur sehr schwer möglich. Weiterhin erzeugen vor allem die merkmalsbasierten Verfahren in der Regel nur eine dünn besetzte Punktwolke oder verwenden parametrische Modelle zur Prädiktion der restlichen Bereiche ohne rekonstruierte Tiefeninformationen über die Zeit, was für komplexere Szenen mit nicht periodisch auftretenden Deformationen schwierig umzusetzen ist.

Aktive Verfahren

Aktive Verfahren projizieren ein Muster in die Szene, das von einer Kamera erfasst wird. Über die Veränderung des Musters kann die Tiefe der darunter liegenden Struktur zur Kamera bestimmt werden. Sie sind damit vergleichbar zu dem in Abschnitt 3.1.1 vorgestellten Verfahren. Der wesentliche Unterschied ist, dass hier die Hardware aufgrund der nötigen Miniaturisierung deutlich aufwändiger und schwieriger zu kalibrieren ist. Auch hier kommen einzelne Laserpunkte, Strukturiertes Licht oder ToF-Kameras zum Einsatz. Der große Vorteil dieser Methoden ist, dass auch in untexturierten Regionen durch die Projektion Merkmale entstehen, die in den Bildern sehr einfach detektiert werden können.

Lathrob et al. [84] stellten ein System vor, das als Messprinzip die sogenannte konoskopische Holographie nutzt. Dieses Prinzip führt zu einer Genauigkeit im Submillimeterbereich. Dafür wurde eine kommerziell erhältliche "Conoprobe"mit einem Laparoskop verbunden. Der Chirurg kann manuell die Region auswählen, von der Oberflächenpunkte rekonstruiert werden. Das Gerät wurde auf seine Genauigkeit und Wiederholbarkeit der Messung mithilfe von Gewebeproben untersucht. Bei diesem System wurde eine relativ dünn besetzte Oberfläche mit 400-800 Punkten erzeugt. Ein vergleichbarer Sensor wurde von Kolenovic et al. [79] entwickelt. Dieser Sensor kann in den Kopf eines flexiblen Endoskops integriert werden. Eine weitere ähnliche Arbeit in diesem Gebiet stammt von Saucedo et al. [146]. Hierbei wurde die Phasendifferenz von drei Lasersignalen bestimmt, um auf die Tiefe schließen zu können.

Erste Ansätze zu der Verwendung von Strukturiertem Licht in einem minimal-invasiven Szenario findet man bei Keller et al. [76]. Das System bestand aus einem

Projektor und einer separaten Kamera und war annähernd echtzeitfähig. Nachteile waren die zusätzliche Verwendung eines Trokars für den miniaturisierten Projektor sowie die aufwändige und fehleranfällige Kalibrierung des Systems. Einen Laserprojektor, der eine Laserlinie aussendet, verwendeten Hayashibe et al. [61]. Der Projektor war ebenfalls nicht im Endoskop integriert. Bei diesem System wurde eine relativ dichte Oberfläche mit ungefähr 8000 Punkten erzeugt. Eine verwandte Arbeit dazu lieferten Rauth et al. [131]. Auch hier wurde ein Laserscanner miniaturisiert, der bis zu 42 000 Punkte rekonstruieren konnte. Kombiniert wurde der Ansatz mit künstlichen Markern. Allerdings konnte die Genauigkeit des Systems noch nicht ausreichend evaluiert werden. Albitar et al. [2]stellten ein quadratisches Muster vor, das für Strukturiertes Licht eingesetzt werden soll. Es besteht aus ca. 800 Einzelelementen und soll in ein Endoskop integriert werden. Erste Ergebnisse zeigten eine Genauigkeit im Submillimeterbereich bei 15 Bildern pro Sekunde. Clancy et al. [31] stellten einen neuen Lichtprojektor vor, der ebenfalls ein eigens entwickeltes Farb-Muster nutzt. Die Detektion in der Kamera hängt dabei von der Wellenlänge der Farbe der einzelnen Musterelemente ab. Ebenfalls Strukturiertes Licht verwendeten Gioux et al. [50].

Einen Prototypen eines ToF-Endoskops präsentierten Penne et al. vor [119]. Die Auflösung lag bei 64x48 Pixeln mit einer Update-Rate von 20 Hz, was eine Echtzeiterzeugung der Oberfläche möglich machte. Ein wesentlicher Vorteil im Vergleich zu den Ansätzen mit Strukturiertem Licht ist die Tatsache, dass Projektor und Kamera in einem Gerät integriert sind. Aufgrund des starken Rauschens in den Bildern, der niedrigen Auflösung, der temperaturabhängigen Änderung der Abstandsmessung und der Verwendung eines sicherheitskritischen Lasersystems ist dieses System noch nicht für den intraoperativen Einsatz geeignet, bietet aber vielversprechende Ansätze. Eine Weiterentwicklung dieses Endoskops wurde von Groch et al. [56] verwendet. Die Besonderheit ist hier, dass die Punktwolke des ToF-Endoskops mit Tiefeninformationen eines SfM-Ansatzes kombiniert wurde.

3.2 Einsatz von Kraftsensorik in der Chirurgie

Während optische Sensoren in der Chirurgie eine lange Tradition genießen und technisch auch schon sehr ausgereift sind, sind haptische Sensoren noch nicht im klinischen Einsatz etabliert [183, 184]. Aus chirurgischer Sicht ist das vor allem im Bereich der minimal-invasiven Chirurgie nachteilig. Während der Chirurg bei einem offenen Eingriff die Möglichkeit hat, durch Abtasten wichtige Informationen über den inneren Aufbau des Gewebes zu erhalten, z.B. über die Position von Tumorgewebe, entfällt diese Möglichkeit bei minimal-invasiven Eingriffen. Durch die biegsamen stabförmigen Instrumente, die durch einen Trokar eingeführt werden, der zusätzlich Reibung verursacht, wird der haptische Eindruck stark verfälscht. Ein Abtasten ist damit nicht mehr möglich. Ohne diese Informationen kann sich auch die Dauer von Handlungen wie beispielweise das Knoten verlängern, wenn die Kräfte, die aufgebracht werden, nicht ausreichen und so der Faden beispielsweise nicht sicher festgehalten wird. Weiterhin kann es viel leichter passieren, dass zu starke Kräfte auf das Gewebe aufgebracht werden, die zu zusätzlichen Verletzungen führen. Dies kann insbesondere deswegen relativ leicht passieren, da sich die Kräfte bei normaler Interaktion mit dem Gewebe im Bereich weniger Newton (N) bewegen. Brouwer et al. [22] berichteten von einem Bereich von 1,5 - 3 N bei der Feinmanipulation von Weichgewebe, während Picod et al. [122] von einigen 100 mN berichteten. Trejos et al. [179] schlüsselte detaillierter zwischen den einzelnen Kräften und Momenten auf. In der Instrumentenspitze lagen Kräfte im Bereich von 0,5 N - 10 N vor. Die Reibung im Trokar bewirkt eine Kraft, die zwischen 0,25 und 3 N schwankt. Die Kräfte im Instrumentengriff übersteigen dabei die Kräfte in der Spitze um das zwei- bis sechsfache.

Ein wesentliches Kriterium bei der Verwendung von Kraftsensorik ist die Auswahl und Integration des Sensors. Puangmali et al. [128] untersuchten dazu die unterschiedlichen Integrationsorte. Man kann dabei zwischen vier verschiedenen Möglichkeiten unterscheiden. Zum einen kann man den Sensor in der Instrumentenspitze integrieren. Eine korrekte Messung der Kräfte ist hier am ehesten möglich. Die Messung wird auch nicht durch Störkräfte wie beispielsweise die Reibung im Trokar verfälscht. Allerdings stellt hier insbesondere die Miniaturisierung des Sensors eine große Herausforderung dar. Zusätzlich muss er sterilisierbar sein und in nasser und warmer Umgebung funktionieren. Deswegen kommen hier nur eigens entwickelte Instrumente mit Sensoren zum Einsatz. Ein Beispiel ist das DLR-Instrument, das von Seibold et al. [156] entwickelt wurde. Eine Weiterentwicklung dieses Instruments findet man bei Hagn et al. [59], das im Rahmen des

MiroSurge-Systems zum Einsatz kommt. Zusätzlich wurde ein Interface entwickelt, das dem Benutzer ein haptisches Feedback gibt. In die Spitze eines herkömmlichen Greifers integrierten Schostek et al. [153] einen eigens entwickelten Sensor. Allerdings können hier nur Kräfte in einer Raumdimension gemessen werden. Eine vergleichbare Arbeit stellten Kattavenos et al. [73] vor.

Als weitere Alternative kann der Sensor im Instrumentenschaft integriert werden. Dabei ist zu unterscheiden, ob die Integration innerhalb oder außerhalb des Körpers gemacht wird. Im ersten Fall hier spielen Reibungskräfte keine große Rolle. Allerdings ist die Miniaturisierung des Sensors ebenfalls herausfordernd, wobei hier allerdings nur die Größe des Trokars eine Rolle spielt. Des Weiteren muss auch die Funktionalität des Instruments erhalten bleiben. Ein Problem stellt dabei das Entstehen von Spannungen im Instrumentenschaft bei der Benutzung des Instruments dar, z.B. beim Öffnen oder Schließen eines Greifers. Diese müssen bei der Integration berücksichtigt werden. Eine Beispielintegration findet man bei Brouwer et al. [21]. Hier wurde ein kommerzieller Sensor mit einem Durchmesser von 17 mm in der Nähe der Spitze integriert. Allerdings ist dieser Sensor nicht sterilisierbar. Mayer et al. [95] integrierten Dehnmesssstreifen in der Nähe der Instrumentenspitze. Mit diesem System konnten allerdings nur relative Kräfte gemessen werden. Die Integration außerhalb des Körpers ist vom technischen Standpunkt am einfachsten. Der Sensor muss nicht miniaturisiert und die Kabel auch nicht im besonderen Maße verlegt werden. Somit können hier auch kommerziell erhältliche Sensoren eingesetzt werden. Problematisch sind dabei die Störkräfte, die durch die Reibung im Trokar entstehen, sowie die Erhaltung der Funktionalität des Instruments. Auch können hier nur Kräfte in Richtung des Instrumentenschaftes präzise gemessen werden. Scherkräfte sind aufgrund des langen, oftmals biegsamen Schaftes nicht exakt messbar. Arbeiten in diesem Bereich gibt es von Richards et al. [133], Picod et al. [122] oder Samur et al. [144].

Schlussendlich kann der Sensor auch in den Instrumentengriff integriert werden. Damit ist eine Funktionserhaltung des Instruments einfach realisierbar und Miniaturisierung bzw. Sterilisierung spielen keine große Rolle. Allerdings darf der Sensor den Chirurgen bei seiner Arbeit nicht behindern und der Sensor ist maximal vom Ort der Kraftausübung entfernt. Beispielsweise spielt dadurch das Gewicht und die Orientierung des Instrumentes eine immer größere Rolle. Arbeiten aus diesem Bereich nutzen meist Roboter, um die Instrumente zu bedienen. De et al. [36] verwendeten einen motor-gesteuerten Instrumentengriff, um Weichgewebe auf ihre Stabilität zu testen. Brouwer et al. [21] nutzten Sensoren im Griff, um die Zug- und Druckkräfte im Griff, die durch den Benutzer verursacht werden, zu messen.

Einen guten Überblick über Arbeiten und Anwendungen in diesem Bereich findet man bei Trejos et al. [179], Van der Meijden et al. [183], Westebring-van der Putten et al. [184] und Puangmali et al. [128]. Mögliche Anwendungsbereiche liegen in der Palpation von Gewebe [189]. Weiterhin kann der Chirurg gewarnt werden, falls er zu große Kräfte auf das Gewebe ausübt. Dies kann besonders bei der Nutzung von Robotern hilfreich sein. Ebenfalls interessant ist die Kombination von Kraftmessung mit einem biomechanischen Modell des Zielorgans, um das biomechanische Modell an das reale Gewebeverhalten anzupassen [1]. Dabei können die gemessenen Kräfte als Randbedingungen für das Modell genutzt werden.

Auch wenn es mittlerweile sehr viele Arbeiten in diesem Gebiet gibt, ist Kraftsensorik noch nicht fester Bestandteil von minimal-invasiven Eingriffen. Wesentliche Gründe dafür liegen vor allem beim Sensor-Design. Kommerzielle Sensoren sind meistens zu groß, nicht sterilisierbar oder zu teuer. Außerdem ist es sehr herausfordernd, die Störeinflüsse, die die Messung verfälschen, zu kompensieren. Schlussendlich ist noch nicht ausreichend erforscht, für welche Zwecke Kraftmessung wirklich eingesetzt werden kann. Die Frage, ob Kraftsensorik wirklich einen Nutzen hat, ist noch nicht endgültig beantwortet. Insbesondere im Bereich der Robotik ist ein Einsatz von Kraftsensorik aber im Laufe der nächsten Jahre zu erwarten.

3.3 Registrierung von intra- und präoperativen Modellen

Um eine präoperative Planung eines Eingriffes intraoperativ nutzen und daraus Navigationsinformationen für den Chirurgen gewinnen zu können, muss diese zum Patienten registriert werden. Durch die Registrierung kann die Planung zum einen im Koordinatensystem des Patienten dargestellt werden (rigide Registrierung), zum anderen gegebenenfalls eine Anpassung der Planung an die sich während des Eingriffes ändernde Geometrie des Patienten erfolgen (nicht-rigide Registrierung). Eine akkurate und robuste Registrierung ist damit ein essentieller Bestandteil eines

Navigationssystems für die Chirurgie. Einen Überblick zum Thema findet man beispielsweise in [42].

Es gibt grundsätzlich zwei Arten, zu registrieren: punktbasiert oder oberflächenbasiert. Bei der **punktbasierten Registrierung** werden einzelne künstliche oder natürliche Merkmale in den prä- und intraoperativen Daten lokalisiert und einander zugeordnet. Bei der **oberflächenbasierten Registrierung** werden komplette Oberflächenabschnitte, in denen für jeden Punkt der einen Oberfläche ein korrespondierender Punkt in der anderen Oberfläche gefunden wird, miteinander registriert. Der Übergang zwischen beiden Ansätzen ist fließend. Die punktbasierte Registrierung eignet sich vor allem, um eine initiale Transformation zu bestimmen, die beide Datensätze in grobe Übereinstimmung bringt. Dies kann durch manuelle oder automatische Auswahl der Punktepaare erfolgen. Insbesondere bei markerloser Registrierung kann die Zuordnung der Punkte relativ ungenau sein, was eine anschließende Feinregistrierung nötig macht. Auch ist es mit wenigen Punktepaaren nicht oder nur eingeschränkt möglich, Deformationen zu berücksichtigen. Punktbasierte Registrierungsverfahren sind beispielsweise im Kopfbereich schon in Navigationssysteme, die im Klinikalltag eingesetzt werden, integriert (siehe auch Kap. 2.4). Die oberflächenbasierte Registrierung benötigt eine intraoperative Erfassung der Oberfläche des zu registrierenden Bereiches, beispielsweise über einen Laser oder Kameras. Sie besteht im Wesentlichen darin, die korrespondierenden Punkte zu finden und eine Transformation über die Lösung eines Optimierungsproblems zu bestimmen, die diese Punkte möglichst gut ineinander überführt. Sie ist dann nützlich, wenn keine künstlichen Marker angebracht werden können und es keine aussagekräftigen anatomischen Marker gibt. Außerdem können hier Deformationen eher berücksichtigt werden. Allerdings benötigt sie in der Regel eine gute Initialisierung der Registrierung und ihre Genauigkeit ist, insbesondere bei strukturlosen, einförmigen Oberflächen oder bei Deformationen, nur schwer belegbar. Im Folgenden sollen ein paar Arbeiten aus diesem Bereich vorgestellt werden.

Einen ersten Überblick über oberflächenbasierte Registrierungsverfahren im medizinischen Umfeld findet man bei Audette et. al [8]. In ihrer Arbeit stellten die Autoren die grundlegenden Konzepte sowie die bekanntesten Ansätze vor. Unterscheiden lassen sich dabei die Verfahren bei der Wahl der Transformation (z.B. rigide, affin, nicht-rigide), der Art der Repräsentation der Oberfläche

(punkt-, modell- oder merkmalsbasiert) sowie der Berechnung der Korrespondenzen (Vergleich von Merkmalsdeskriptoren, iterative Optimierung, modell-basierte
Bewegungsschätzung). Eine neuere Überblicksarbeit, in der geometrische Korrespondenzen im Mittelpunkt stehen, die allerdings nicht medizin-spezifisch ist, ist
von van Kaick et. al [185]. Ebenfalls einen Überblick, wobei hier explizit zwischen
groben und feinen Registrierungsverfahren unterschieden wird, geben Salvi et. al
[143].

Das Iterative Closest Point"(ICP) - Verfahren ist dabei das bekannteste Verfahren
zur Feinregistrierung von Oberflächen. Zahlreiche Varianten des ICP-Verfahrens
wurden in der Vergangenheit entwickelt, von denen einige kurz vorgestellt werden.
Einen Überblick geben beispielsweise Sharp et. al [159] sowie Rusinkiewicz und
Levoy [142]. Liu [88] gibt eine Übersicht über verschiedene Varianten, um das
ursprüngliche ICP-Verfahren zu verbessern.

Almhdie et. al stellten eine Version vor, in der eine Lookup-Matrix als Korrespon-
denzmaß genutzt wird [3]. Damit soll sicher gestellt werden, dass nur eindeutige
Punktepaare zur Registrierung verwendet werden. Falls einem Punkt des einen
Datensatzes mehrere Punkte des anderen Datensatzes zugeordnet sind, wird über
die Lookup-Matrix eine Auswahl getroffen. Als Anwendungen wurden individu-
elle Lungenmodelle mit einem Lungenatlas registriert. In einer späteren Arbeit
wurde die Anwendung auf das Herz erweitert [4]. Eine neue Methode zur Korrespondenzsuche wurde von dos Santos et. al entwickelt [39]. Hier wurden die
zwei Oberflächennetze mittels eines Formdeskriptors segmentiert und jeweils eine
Graphrepräsentation dieser Netz erzeugt. Mittels eines "Graph Matching Ansatzes
und eines globalen Ähnlichkeitsmaßes wurden korrespondierende Punkte ermittelt.
Zusätzlich fand eine Ausreißereliminierung statt. Mittels ICP wurde die endgültige
Transformation iterativ berechnet. Die Evaluation erfolgte auf verschiedenen Oberflächennetzen einer Leber. Clements et al. [34] entwickelten ein ICP-Verfahren,
das anatomische Landmarken nutzt und diese speziell gewichtet. Die Gewichtung
erfolgte dabei dynamisch, um den Einfluss von Fehlern aufgrund der ungenauen
Lokalisierung der Merkmale zu reduzieren. Das Verfahren wurde an der Leber
angewandt. Ein Verfahren, das die Oberflächennormalen mit einbezieht, stellten
Münch et. al vor [111]. Hierbei sollten auch kleine Deformationen berücksichtigt
werden. Dazu wurden neben den Punkten und ihren Normalenvektoren lokal af-

fine Transformationen genutzt. Maier-Hein et. al [90] präsentierten einen Ansatz, um Anisotropien und Inhomogenitäten in den zu registrierenden 3D-Punkten zu berücksichtigen. Ebenfalls eine Rolle spielt die Registrierung von sich nur partiell überlappenden Oberflächen. Eine Kombination eines Verfahrens zur Bestimmung von Punktkorrespondenzen sowie "Thin Plate Splinesäls Deformationsmodell zur nicht-rigiden Registrierung stellten Chui und Rangarajan vor [30]. Dabei wurde anstelle der Nächsten-Nachbarn-Heuristik beim ICP eine Energiefunktion mithilfe der Punktkorrespondenzen aufgebaut, die minimiert werden soll.

In der Vergangenheit wurden weiterhin einige Arbeiten vorgestellt, in denen eine komplette Prozesskette zur intraoperativen Registrierung beschrieben wurden. Einige Arbeiten werden im Folgenden kurz beschrieben. Im Zusammenhang mit seinem Überblicksartikel stellte Audette einen Ansatz zur oberflächenbasierten Registrierung von Gehirnoberflächen vor, um Deformationen verursacht durch den sogenannten "Brain Shiftßu kompensieren [7]. Mittels eines Laser-Scanners wurde intraoperativ eine Oberfläche des Gehirns rekonstruiert und mit einer aus MRT-Bildern extrahierten Oberfläche registriert. Zum Einsatz kam dabei das ICP-Verfahren. Der ICP war dabei in einen rigiden und einen nicht-rigiden Teil zur Deformationskompensation unterteilt. Ebenfalls einen Laser-Scanner sowie ein ICP-Verfahren nutzten Cash et. al [28]. Verbessert wurde der ICP-Schritt mit einem Algorithmus zur Bestimmung minimal deformierter Regionen. Zusätzlich wurde die Oberfläche mittels Radialer Basis-Funktionen beschrieben sowie ein Finite-Element-Modell verwendet, um das Weichgewebeverhalten bei Deformationen zu simulieren und zu korrigieren. Zielorgan war die Leber. Ähnlich dazu verwendeten Dumpuri et al. einen intraoperativen Laser-Scan sowie ein aus CT-Bildern gewonnenes 3D-Modell der Leber und registrierten beide mittels einer Kombination aus einem punktbasierten und einem ICP-Verfahren [41]. Als ICP-Variante wurde dabei das von Clements et al. [34] entwickelte Verfahren verwendet. Deformationen wurden prädiziert und getrennt behandelt. In der Arbeit von Altamar et al. [5] wurde ein daVinci-System eingesetzt und die Spitze der Instrumente optisch getrackt. Mit den Instrumenten wurden intraoperativ vier anatomische Oberflächenpunkte abgefahren, die als initiale Registrierung dienen. Zur Feinregistrierung mit einem präoperativen Modell der Niere wurde eine von einem Laserscanner akquirierte Oberfläche genutzt und der ICP-Algorithmus angewendet. Zwei unterschiedliche biomechanische Modelle wurden verwendet, um die Deformation der Niere zu simulieren. Die Experimente wurden an sechs Schweinenieren durchgeführt. Burschka et al. stellten einen Ansatz vor, bei dem ein SLAM-Verfahren zur Oberflächenrekonstruktion mit einem ICP-Verfahren kombiniert wurde [26]. Hier wurden CT-Bilder mit der Oberflächenrekonstruktion in der Sinus-Chirurgie registriert. Ebenfalls in Kombination mit einem Oberflächenrekonstruktionsverfahren wurde das ICP-Verfahren von Vagvolgy et al. genutzt [180]. Zusätzlich wurden ausgehend von einer erfolgreichen Registrierung Oberflächenmerkmale extrahiert und über die Zeit verfolgt, um die Registrierung beibehalten zu können. Auch in der Arbeit von Devernay et al. wurde eine Oberflächenrekonstruktion und ein ICP-Verfahren kombiniert [37]. Hinzukam eine Modellierung des Zielorgans, in diesem Fall das Herz.

Zusammenfassend lässt sich sagen, dass insbesondere bei großen Deformationen die bestehenden Registrierungsverfahren aufgrund der obengenannten Schwierigkeiten noch keine zufriedenstellende Ergebnisse liefern. Es zeigt sich, dass ein einfaches Verfahren hier nicht zielführend ist. Vielversprechend sind die Ansätze, bei denen punkt- und oberflächenbasierte Registrierungsverfahren mit biomechanischer Modellierung kombiniert werden. Ein weiteres großes Problem ist die Evaluation solcher Verfahren. Bei oberflächenbasierten Verfahren ist es im Besonderen sehr schwer möglich, nachzuvollziehen, ob die gefundenen Korrespondenzen korrekt sind, da die intraoperativen Oberflächen oftmals sehr gleichförmig sind und wenig diskriminative Eigenschaften aufweisen. Auch wird oftmals nur ein kleiner Teil der Oberfläche erfasst, was die Registrierung deutlich erschwert. Ebenfalls kritisch ist die Entfernung des registrierten Bereiches zu einer möglichen Zielstruktur, beispielsweise einem Tumor innerhalb eines Organs. Entscheidend ist, wie groß der Fehler bei der Positionsbestimmung dieser Zielstrukturen ist. Weiterhin bestimmt natürlich die Genauigkeit der rekonstruierten Oberflächen die Robustheit und Genauigkeit der Registrierung. Schlussendlich muss eine intraoperative Registrierung ausreichend schnell sein. Dies ist insbesondere bei einer biomechanischen Modellierung der Organe eine große Herausforderung.

4 Intraoperative Modellierung: Oberflächenmodell

Eine wesentliche intraoperative Sensorquelle bei minimal-invasiven Eingriffen stellt das Endoskop dar (siehe Kap. 2.3.2). Für ein chirurgisches Assistenzsystem ist es deswegen naheliegend, Informationen über den Verlauf des Eingriffes, z.B. die Deformation von Weichgewebe, aus den Kamerabildern zu extrahieren, da diese sowieso vorliegen und keine weitere Sensor-Modalität eingeführt werden muss. Gleichzeitig kann das Kamerabild auch dazu genutzt werden, um mittels Erweiterter Realität Assistenzfunktionen wie beispielsweise die Position von Risiko- oder Zielstrukturen zu visualisieren.

Es gibt zahlreiche Informationen, die für ein chirurgisches Assistenzsystem von Nutzen sein und aus den Endoskopbildern extrahiert werden können. Dazu kann beispielsweise eine Szenenanalyse gehören, in der endoskopische Instrumente verfolgt, die im Bild befindlichen Gewebearten analysiert oder bestimmte Situation wie Rauchentwicklung oder Blutungen detektiert werden. Eine hohe Bedeutung hat dabei die Gewinnung von Tiefeninformation aus den Kamerabildern. Damit können beispielsweise Abstände zwischen Instrumenten und Gewebe bestimmt werden, womit eine Risikoanalyse ermöglicht wird. Wenn diese Informationen auch ausreichend dicht vorliegen, kann eine intraoperative Rekonstruktion der Oberfläche erfolgen. Dieses Oberflächenmodell repräsentiert die Veränderungen, die während einer Operation auftreten, und kann somit dazu dienen, präoperativ erzeugte Modelle der Operationsumgebung an die geänderten Bedingungen anzupassen. Bei einer erfolgreichen Registrierung ist man dann in der Lage, die Position von Ziel- oder Risikostrukturen korrekt in den Kamerabildern anzuzeigen.

Um intraoperativ Tiefeninformationen zu erzeugen, müssen grundsätzlich drei Probleme gelöst werden: Die Kalibrierung der Kamera(s), die Korrespondenzanalyse, und die 3D-Rekonstruktion (Abb. 4.1). Bei der Kamerakalibrierung geht es darum, die internen Kameraparameter, z.B. die Brennweite, sowie die Relation zwischen Kameras bei Mehrkameraystemen beziehungsweise die Bewegung der

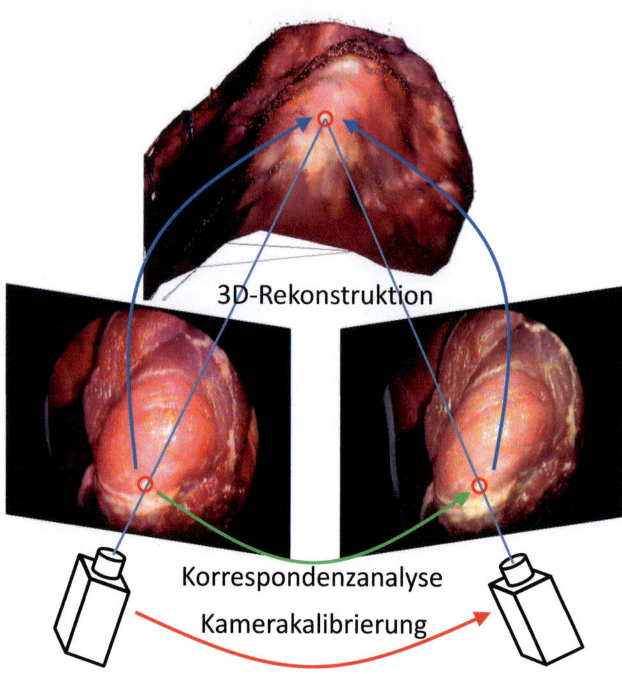

Bild 4.1: Oberflächenrekonstruktion: Überblick über die drei zu lösenden Probleme Kamerakalibrierung, Korrespondenzanalyse und 3D-Rekonstruktion

Kamera bei Monokamerasystemen zu bestimmen. Die Korrespondenzanalyse hat das Ziel, korrespondierende Punkte in den Kamerabildern zu finden. Korrespondierende Punkte sind dabei die Abbildungen desselben Weltpunktes in den Bildebenen der Kameras. In der Regel geht man dabei von einem Bildpixel einer Kamera aus und versucht, den korrespondierenden Pixel im anderen Kamerabild zu finden. Bei der 3D-Rekonstruktion geht es darum, mithilfe der Kamerakalibrierung aus den Punktkorrespondenzen der zugehörige 3D-Punkt im Koordinatensystem der Kamera zu berechnen. Der Ursprung des Koordinatensystem wird dabei durch die Kalibrierung festgelegt und liegt typischerweise im optischen Zentrum der linken Kamera. Die Genauigkeit des Punktes im Raum hängt dabei einerseits von einer akkuraten Kamerakalibrierung und andererseits von einer möglichst präzisen Korrespondenzanalyse ab.

Für die Lösung dieser Probleme gibt es zahlreiche Ansätze (Siehe Kap. 3.1). Im

Folgenden wird ein Verfahren vorgestellt, dass stereoendoskopische Bildsequenzen als Datenquelle nutzt. Dazu sollen zuerst die speziellen Anforderungen an ein Oberflächenrekonstruktionsverfahren für endoskopische Bildsequenzen erläutert werden. Im Anschluss wird ein Überblick über das verwendete Verfahren gegeben, das die drei oben genannten Probleme lösen soll. Darauf aufbauend werden die einzelnen Komponenten des Verfahrens erklärt. Ein Schwerpunkt liegt dabei auf der algorithmischen Implementierung auf der CPU und GPU.

4.1 Anforderungen an ein Oberflächenrekonstruktionsverfahren

In der Vergangenheit wurden zahlreiche Verfahren zur Extraktion von Tiefeninformationen aus Kamerabildern vorgestellt. Allein die bekannteste Evaluation der „Vision"-Gruppe des Middlebury Colleges listet deutlich über 100 verschiedene Verfahren (http://vision.middlebury.edu/stereo/). Allerdings kann nicht einfach ein Verfahren, das dort gut abschneidet, genommen und auf endoskopische Bilder angewendet werden, da die Qualität der Ergebnisse auch stark von der Art der genutzten Bilder abhängt. Auch bringt es nichts, ein hochgenaues und robustes Verfahren zu verwenden, dass für seine Berechnungen mehrere Sekunden bis Minuten benötigt. Deswegen muss bei der Entwicklung eines Stereo-Rekonstruktions-Algorithmus ganz genau auf die zu erfüllenden Voraussetzungen geachtet werden.

Endoskopische Bilder weisen dabei einige Besonderheiten auf (Abb. 4.2 und 4.3), die im Folgenden kurz erläutert werden sollen (vgl. [163]).

- **Rotdominiertes Bild**
  Endoskopische Aufnahmen haben die Eigenschaft, dass sie stark von Rottönen dominiert werden, während Blau- oder Grüntöne fast überhaupt nicht vorkommen. Diese einseitige Farbverteilung erschwert die Unterscheidung von Strukturen im Körperinneren. Damit wird auch die Unterscheidung von einzelnen Pixeln bei der Korrespondenzanalyse deutlich anspruchsvoller.

- **Glatte, leicht gekrümmte Oberflächen mit wenig Struktur**
  Weichgewebe weist in der Regel keine kantigen oder rauen Strukturen auf und ist meist rundlich geformt. Das hat zur Folge, dass die Tiefenübergänge

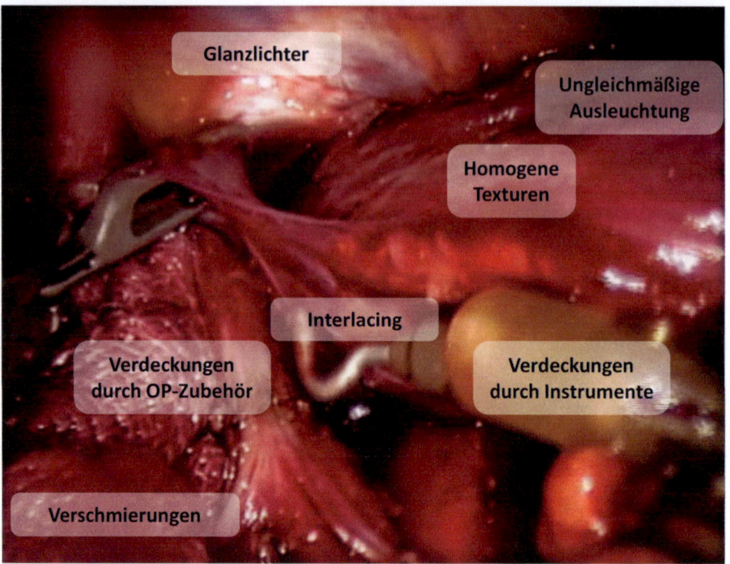

Bild 4.2: Typische Eigenschaften von laparoskopischen Bildern

relativ sanft sind, was insbesondere bei der Korrespondenzanalyse beachtet werden sollte.

- **Homogene und periodische Texturen**

  Organische Strukturen weisen oftmals eine relativ homogene Textur auf, was die Unterscheidung von einzelnen Punkten der Oberfläche deutlich erschwert. Dies ist insbesondere der Fall, wenn die Oberflächen blutbedeckt sind (Abb. 4.2). Ebenfalls können periodische Texturen, z.B. viele kleine benachbarte Blutgefäße die Unterscheidung erschweren.

- **Glanzlichter und Spiegelungen**

  Glanzlichter sind Bereiche im Bild, in denen aufgrund von Reflexionen die Bildinformation teilweise oder vollkommen verloren geht (Abb. 4.2). Sie sind einerseits durch Blut oder das feuchte Gewebe, andererseits durch die bei einem Endoskop punktförmige Lichtquelle bedingt und hängen stark von der Blickrichtung ab. Das bedeutet, dass es hier sehr leicht zu Falschzuordnungen bei der Korrespondenzanalyse kommen kann, da alle Glanzlichtpixel ähnliche Eigenschaften wie eine geringe Sättigung und eine hohe Intensität aufweisen.

- **Verdeckungen durch Instrumente und OP-Zubehör**

  Während bei den Weichgewebestrukturen Verdeckungen selten vorkommen, können bei dem Einsatz von Instrumenten oder Zubehör wie Fäden oder Netze große Teile des Bildes verdeckt werden, wodurch nur eine unvollständige Organoberfläche rekonstruiert werden kann (Abb. 4.2). An den Randbereichen der Instrumente kann es zu starken Tiefensprüngen kommen. Zusätzlich werden die Bildinformationen durch den Schattenwurf der Instrumente verfälscht.

- **Rauchartefakte**

  Eine klassische Handlung während eines Eingriffes ist das Veröden von Gewebe. Dabei kommt es in der Regel zu starker Rauchentwicklung, was sich durch Schlieren in den Bildern bemerkbar macht (Abb. 4.3 b)). Auch hier gehen Bildinformationen verloren. Die Störungen können kurzfristig sein, es kann aber auch dazu kommen, dass sich der Bauchraum mit Rauch füllt und es so auch längerfristig zu Störungen kommt.

- **Verschmutzungen der Optik**

  Falls die Endoskopspitze in Kontakt mit Gewebe oder Flüssigkeiten kommt, führt dies zu Verschmutzungen der Optik, was die Korrespondenzanalyse in diesen Bereichen stark beeinträchtigt (Abb. 4.2). Zusätzlich kann durch die hohe Luftfeuchtigkeit im Körperinneren die Optik des Endoskops beschlagen.

- **Ungleichmäßige Ausleuchtung**

  Bedingt durch die punktförmige Lichtquelle an der Endoskopspitze kommt es zu einer ungleichmäßigen Ausleuchtung des Bildes. Insbesondere im Randbereich der Kamerabilder kann es zu einem starken Abfall der Lichtintensität kommen (Abb. 4.3 c)). Zusätzlich kann sich die Intensität lokal durch Überbelichtung, den Schattenwurf eines Instruments oder durch Glanzlichter ändern.

- **Bewegungsartefakte**

  Bei den Endoskop-Kameras kommen sehr häufig Chips mit CCD-Technik und dem Zeilensprungverfahren zum Einsatz. Hier wird ein Bild aus zwei

Halbbildern zusammengesetzt, die zu leicht unterschiedlichen Zeitpunkten aufgenommen werden. Falls es zwischen den beiden Aufnahmen zu einer Bewegung der Kamera oder Teile des Bildes kommt, kommt es zu Bewegungsartefakten, das sogenannte Interlacing, da die sich bewegenden Objekte in den beiden Halbbilder leicht horizontal zueinander verschoben sind (Abb. 4.3 a)).

- **Unschärfe durch geringen Fokusbereich**

  Der Fokusbereich, der Bereich, in dem Objekte scharf gesehen werden können, spielt bei der Bildqualität ebenfalls eine große Rolle. Er hängt einerseits vom Abstand der Kamera zum betrachteten Objekt, der Brennweite der Kamera sowie der Größe der Kamerablende und damit der Bildhelligkeit ab (Abb. 4.3 c)). Bei Endoskopen liegt der Bereich, in dem die Bilder scharf gesehen werden, innerhalb weniger Zentimeter.

- **Bildverzerrungen**

  Um möglichst viel vom Körperinneren zu sehen, werden bei Endoskopen weitwinklige Kameraoptiken mit kleinen Brennweiten eingesetzt. Dies hat zur Folge, dass die Kamerabilder vor allem im Randbereich sehr starke Verzerrungen aufweisen, d.h. gerade Linien werden gebogen dargestellt und das Bild wird in der Mitte gestaucht (Abb. 4.3 c)). Diese bereiten insbesondere bei der Kamerakalibrierung große Probleme.

- **Geringer Abstand der Optiken bei Stereoendoskopen**

  Je geringer der Abstand zwischen den Optiken der beiden Kameras ist, desto ungenauer wird die 3D-Rekonstruktion, d.h. Fehler in der Kamerakalibrierung und der Korrespondenzanalyse wirken sich stärker aus. Deswegen müssen die Korrespondenzen mit Subpixelgenauigkeit bestimmt werden.

- **Unterschiedliche Bildfärbung bei Stereoendoskopen**

  Aufgrund des Einsatzes zweier Kameras, bei denen beispielsweise getrennt voneinander ein Weißabgleich gemacht wird, sowie der ungleichmäßigen Ausleuchtung der Szene kann es dazu kommen, dass korrespondierende Pixel unterschiedlich gefärbt und unterschiedlich hell sind. Dies muss bei der Berechnung der Ähnlichkeit in der Korrespondenzanalyse berücksichtigt werden.

- **Unterschiedliche Kameraauflösungen**
  Während lange Zeit nur Kameras mit einer Auflösung im PAL-Bereich (maximal 768x576 Pixel) genutzt wurden, setzen sich mittlerweile HD-Kameras (1920x1080) immer mehr durch. Generell gilt dabei, dass eine höhere Auflösung mehr Details sichtbar macht, also prinzipiell die Korrespondenzanalyse erleichtert und genauer macht. Allerdings erschwert eine höhere Auflösung die Kalibrierung der Kameras, da sich kleine Fehler in der Kalibrierung stärker auswirken. Auch wirkt sich das Interlacing stärker aus. Schlussendlich führen mehr zu betrachtende Pixel zu einem deutlich höheren Berechnungsaufwand.

Diese Besonderheiten bei endoskopischen Bildern müssen bei der Wahl und Optimierung von Verfahren zur Lösung von Kamerakalibrierung, Korrespondenzanalyse und 3D-Rekonstruktion berücksichtigt werden. Die Verfahren müssen möglichst robust gegenüber den vielen Störmöglichkeiten sein, da insbesondere im Medizinumfeld Fehler kaum toleriert werden können. Gleichzeitig soll es dabei möglichst präzise Ergebnisse liefern, was vor allem durch die Kamerageometrie erschwert wird. Zusätzlich soll die Oberfläche in möglichst kurzer Zeit rekonstruiert werden. Vorteilhaft ist dabei auch die Nutzung von zeitlichen Informationen, da Endoskopaufnahmen nicht als einzelne, unabhängige Bildpaare sondern als aufeinander aufbauende Bildsequenz vorliegt. Damit besteht die Möglichkeit, Informationen aus den vorherigen Zeitschritten zu nutzen. Ebenfalls hilfreich ist die Betrachtung der Geometrie typischer Szenen. So gibt es im Wesentlichen nur in Bereichen, in denen sich Instrumente befinden, große Tiefensprünge. Ansonsten sind die Oberflächen eher glatt mit sanften Tiefenübergängen. Dies macht die Entwicklung eines Verfahrens, das speziell auf Endoskopbilder zugeschnitten ist, zu einer herausfordernden Angelegenheit.

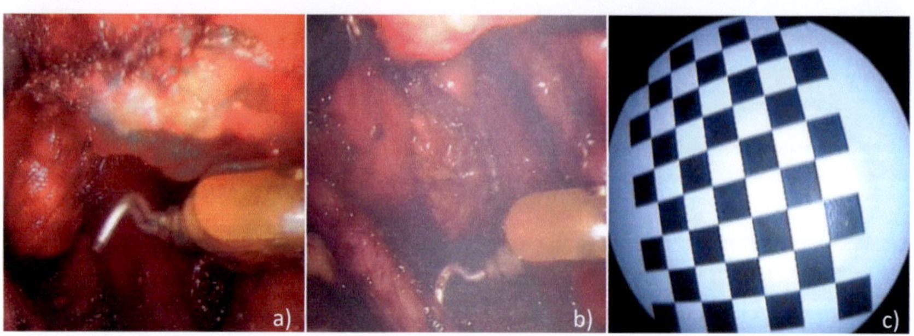

Bild 4.3: a:) Bewegungsartefakte durch Interlacing; b) Rauchartefakte; c) Bildverzerrungen, geringe Bildschärfe und ungleichmäßige Ausleuchtung

4.2 Workflow der Oberflächenrekonstruktion

Um aus Stereoendoskopbildern ein Oberflächenmodell der beobachteten Szene zu erstellen, müssen Methoden zur Kamerakalibrierung, Korrespondenzanalyse und 3D-Rekonstruktion entwickelt werden. In diesem Abschnitt erfolgt ein Überblick über die Komponenten, die zur Lösung der einzelnen Fragestellungen benötigt werden. Die Korrespondenzanalyse sowie die 3D-Rekonstruktion wurde dabei auf der CPU sowie der GPU implementiert. Diese Ansätze werden in den zugehörigen Kapiteln vorgestellt. Aus den CPU- und GPU-Ansätzen wurde ein hybrides Verfahren entwickelt, das die Vorteile beider Ansätze kombiniert (siehe 4.8).

Zur Berechnung korrekter Tiefeninformationen aus den Kamerabildern werden die internen Parameter jeder Kamera sowie die Beziehung zwischen den Kameras benötigt. Die Kalibrierung muss in der Theorie nur einmal erzeugt werden, da sich allerdings in der Praxis beispielsweise durch leichte Erschütterung oder Temperaturschwankungen die interne Geometrie der Kameras ändern kann, muss gegebenenfalls neu kalibriert werden. Um eine möglichst robuste Kalibrierung in kurzer Zeit erzeugen zu können, wird der in Abb. 4.4 verwendete Ansatz verwendet. Die Idee ist, aus mehreren Aufnahmen eines Schachbrettmusters mit einem Standard-Algorithmus aus der Literatur mehrere Kalibrierung zu erzeugen, indem jedes Mal eine unterschiedliche Kombination der Bilder verwendet wird. Diese Kalibrierungen werden auf Basis mehrerer Kriterien evaluiert, um daraus die beste Kalibrierung auszuwählen (siehe 4.3).

Das Ziel der Korrespondenzanalyse ist es, korrespondierende Pixel, also Abbil-

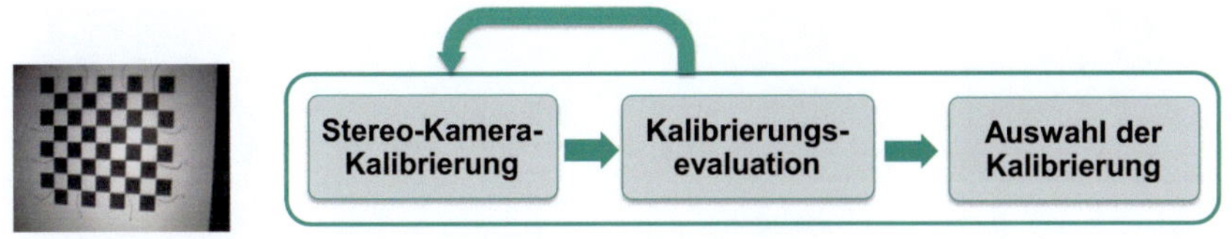

Bild 4.4: Überblick über die Stereo-Kamerakalibrierung: Erstellung und Evaluation verschiedener Kalibrierungen sowie Auswahl der finalen Kalibrierung

dungen desselben 3D-Punktes in die beiden Bildebenen der Kameras, zu finden und einander zuzuordnen. Diese Zuordnung wird in einem sogenannten Disparitätsbild kodiert, dass zu jedem Pixel in einem Bild die Verschiebung des korrespondierenden Pixels im anderen Bild, die sogenannte Disparität, speichert. Um die Korrespondenzsuche zu vereinfachen, können mithilfe der Kamerakalibrierung die Bilder so transformiert werden, dass korrespondierende Pixel nur noch auf einer horizontalen Linie gesucht werden müssen. Dies wird als Rektifizierung bezeichnet und findet, neben einer Entzerrung der Bilder, im Vorverarbeitungsschritt statt (siehe Kap. 4.3). Im Anschluss folgt das Korrespondenzanalyse-Verfahren. Hier wird eine Variation des sogenannten Hybriden Rekursiven Matchings verwendet, das jedem Pixel in einem Bild einen korrespondierenden Pixel im anderen Bild zuordnet. Es nutzt dabei örtliche und zeitliche Informationen und erzeugt rekursiv für die beiden Kamerabilder ein linkes und rechtes Disparitätsbild mit Subpixelgenauigkeit (siehe Kap. 4.5). Diese Bilder enthalten noch viele Falschzuordnungen und sind stark verrauscht. Deswegen folgt ein Korrektur- und Verbesserungsschritt, um die finalen Disparitätsbilder zu erzeugen (siehe Kap. 4.6). Diese dienen einerseits dem 3D-Rekonstruktions-Schritt als Eingabe, werden andererseits auch im nächsten Zeitabschnitt im Hybriden Rekursiven Matching als zeitliche Information verwendet (Abb. 4.5).

Bei der 3D-Rekonstruktion werden die erstellten Disparitätsbilder sowie die Kameraparameter aus der Kalibrierung benötigt, um ausgehend von einem Bild für jeden Bildpixel einen 3D-Punkt zu berechnen (Abb. 4.5). Dabei erfolgt nochmals eine Kontrolle der berechneten Disparitäten auf ihre Gültigkeit und Fehlzuordnungen werden verworfen. Im Anschluss erfolgt eine Berechnung der Oberflächennormalen für jeden Punkt. Diese Normalen können u.a. dazu genutzt werden, um die Punktwolke weiter zu glätten. Schlussendlich kann bei Bedarf aus der rekonstruier-

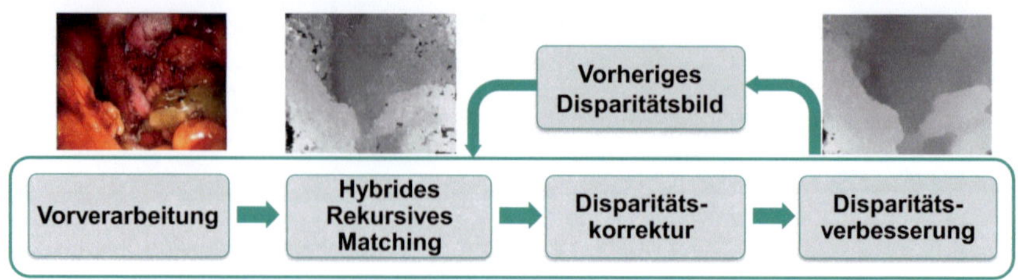

Bild 4.5: Überblick über die Korrespondenzanalyse: Hybrides Rekursives Matching zur Erstellung eines Disparitätsbildes sowie Verfahren zur Disparitätskorrektur und -verbesserung

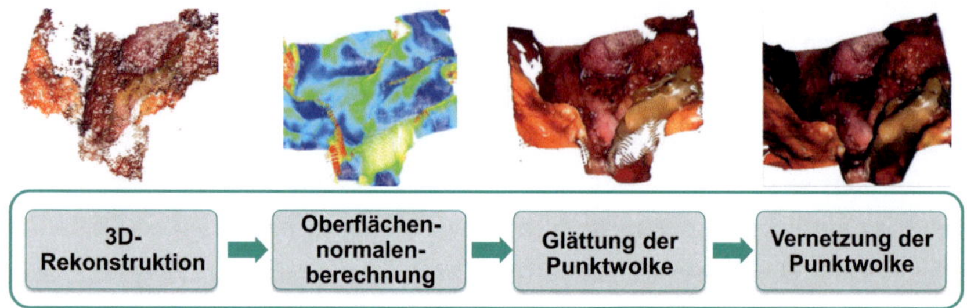

Bild 4.6: Überblick über die Oberflächenrekonstruktion: 3D-Rekonstruktion der Punktwolke mithilfe der Kamerakalibrierung und des Disparitätsbildes, Punktwolkenglättung mittels der Oberflächennormalen und Vernetzung zu einem Oberflächenmodell

ten Punktwolke ein Oberflächenmodell bestehend aus Dreiecken erzeugt werden, das dann geeignet visualisiert werden kann (siehe Kap. 4.7). Die so rekonstruierte Oberfläche wird zur Registrierung eines präoperativen Modells mit der aktuell betrachteten Szene verwendet (siehe Kap. 6). Daneben können Abstände von Instrumenten zur Oberfläche sowie zwischen Teiloberflächen berechnet werden.

Der Workflow zur Oberflächenrekonstruktion wurde im Rahmen dieser Arbeit auch auf der Grafikkarte implementiert. Gründe dafür sind der deutliche Leistungszuwachs bei hochparallelen Programmen auf modernen GPU's im Vergleich zu einer CPU-Implementierung bei gleichzeitig immer einfacher werdender Programmierung begünstigt durch Software-Erweiterungen wie CUDA oder OpenCL. GPU's wurden ursprünglich dafür entwickelt, komplexe 3D-Szenen zu verarbeiten, die aus Tausenden von Elementen bestehen. Ziel war es, relativ einfache Berechnungen parallel auf diesen Elementen durchzuführen. So zeichnen sich GPU's durch eine hohe Anzahl an Prozessoren aus, die für einfache arithmetische Operationen optimiert wurden. Ursprünglich waren diese Berechnung als sogenannte Grafik-Pipeline, teilweise direkt in der Hardware, realisiert und speziell auf die Berechnung von Dreiecken zugeschnitten. Mittlerweile können sie aber deutlich flexibler programmiert werden, um auch andere Berechnungen schnell durchzuführen ("General Purpose GPU"(GPGPU) - Programmierung). Während bei CPU's das Ziel darin besteht, hochkomplexe serielle Befehlsströme zu verarbeiten, sind GPU's auf einen hohen Durchsatz bei der Verarbeitung vieler paralleler Datenströme optimiert. Wichtig ist dabei, dass diese Datenströme möglichst alle einen vergleichbaren Berechnungsaufwand haben und nicht zu komplex werden. Insbesondere sollten nicht zu viele Speicherzugriffe der einzelnen Threads erfolgen, da dies die Grafikkarte deutlich ausbremst, auch wenn Grafikkarten so konstruiert sind, dass sie eine im Vergleich zur CPU viel höhere Speicherbandbreite besitzen. Gerade Bildverarbeitungsalgorithmen sind ideal geeignet, da hier oftmals eine unabhängige Bearbeitung von einzelnen Bildpixeln vorliegen und damit die Anzahl der parallelen Threads sehr hoch liegen kann (z.B. bis zu 307 200 bei eine Bildauflösung von 640x480) [164, 40, 116].

Im Rahmen dieser Arbeit wurde CUDA als Programmiersprache und -umgebung ausgewählt. CUDA ist eine 2007 von NVidia entwickelte Hard- und Software-Umgebung, um GPGPU-Progamme auf den hauseigenen Grafikkarten zu ermöglichen. Als Hardware wurden spezielle CUDA-fähige Grafikkarten entwickelt, die GPGPU-Anwendungen unterstützten. Mittlerweile sind alle NVidia-Grafikkarten CUDA-kompatibel, bieten allerdings je nach Architektur unterschiedliche Optimierungen und Erweiterungen (z.B. die Verwendung von double zusätzlich zu float) an. Dies muss bei der Entwicklung von Programmen berücksichtigt werden. Softwareseitig wurde ein eng an C/C++ orientiertes Software-Modell entwickelt, das eine einfache Programmierung und Kombination mit klassischem C/C++-Code ermöglicht. Weitere Informationen zu CUDA findet man auf der Entwickler-Seite von NVidia (http://developer.nvidia.com/category/zone/cuda-zone) oder beispielsweise bei [164, 145].

Mittels CUDA wurde der komplette Workflow der Oberflächenrekonstruktion auf die Grafikkarte portiert. Während dabei viele Komponenten sehr einfach umzusetzen waren und deutliche Geschwindigkeitszuwächse bei gleichbleibender Qualität erreicht wurden, war insbesondere die Korrespondenzanalyse herausfordernd (siehe

Kap. 4.5.3). Deswegen wurde hier ein hybrider Ansatz entwickelt, der versucht, die Vorteile von CPU und GPU zu kombinieren (siehe Kap. 4.8).

4.3 Kamerakalibrierung

Im folgenden Kapitel sollen kurz die Grundlagen sowie die wichtigsten Kenngrößen der Kalibrierung eines Stereo-Kamera-Systems erläutert werden. Mehr Hintergrundinformationen zu diesem Thema findet man beispielsweise bei Hartley and Zisserman [60], Azad et al. [10] oder Schreer [154]. Im Anschluss werden Kriterien vorgestellt, mit denen man die Güte einer erzeugten Kalibrierung abschätzen kann, sowie das Verfahren zur endgültigen Auswahl einer Kalibrierung.

4.3.1 Kalibrierung eines Stereokamera-Systems

Ein Stereo-Kamera-System besteht aus zwei Kameras, die in einer festen Zuordnung zueinander aufgebaut sind. Um dieses System zu kalibrieren, müssen die sogenannten internen und externen Kameraparameter berechnet werden. Die internen Parameter beschreiben dabei den inneren Aufbau einer Kamera und müssen für beide Kameras getrennt berechnet werden. Die externen Parameter beschreiben den Bezug zwischen den beiden Kameras. Die Berechnung der Parameter erfolgt mithilfe eines geeigneten Kalibrierungsobjektes, bei dem die Geometrie exakt bekannt ist.

Modellierung einer Kamera

Eine Kamera bildet einen Punkt im Raum auf einen zweidimensionalen Bildpunkt ab. Als Grundlage dient dabei das sogenannte **Lochkameramodell**, bei dem die Kamera durch das **optische Zentrum** O sowie die **Brennweite** f, d.h. den Abstand der Bildebene zum optischen Zentrum, beschrieben wird (Abb. 4.7). Es gilt dabei, dass ein Raumpunkt $P(X,Y,Z)$ auf den Punkt $p(u,v)$ der Bildebene abgebildet wird, der von einer Geraden beschrieben durch den Raumpunkt und das optische Zentrum geschnitten wird. Die Gerade durch das optische Zentrum, die senkrecht zur Bildebene liegt, wird als **optische Achse** bezeichnet, der Schnittpunkt mit der Bildebene als **Bildhauptpunkt** c. Während in der Realität das optische Zentrum

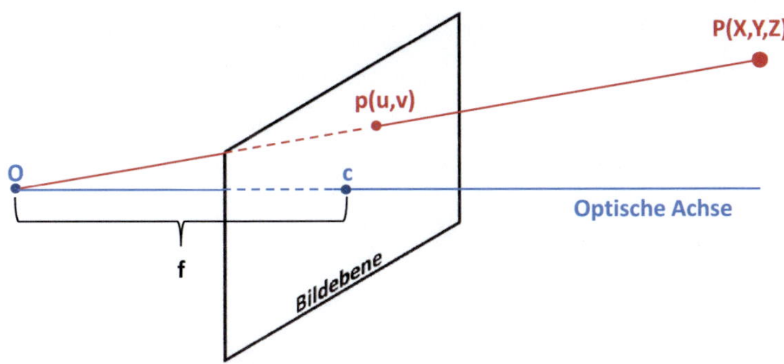

Bild 4.7: Lochkameramodell mit optischem Zentrum O, Bildhauptpunkt c, Brennweite f sowie der beispielhaften Darstellung eines Raumpunktes P und seiner Abbildung p in der Bildebene

zwischen Raumpunkt und Bildebene liegt, was bewirkt, dass die beobachtete Szene in der Bildebene gespiegelt wird, wird zur Vereinfachung im Modell die Bildebene vor das optische Zentrum gelegt, wodurch die Spiegelung entfällt.

Wenn die Koordinaten von P im **Kamerakoordinatensystem** vorliegen, also den Abstand dieses Punktes zum optischen Zentrum beschreiben, kann folgender Zusammenhang zwischen P und p gebildet werden:

$$\begin{pmatrix} u \\ v \end{pmatrix} = \frac{f}{Z} \begin{pmatrix} X \\ Y \end{pmatrix} \tag{4.1}$$

Dieses einfache Modell muss erweitert werden, um eine reale Kamera adäquat beschreiben zu können. Zum einen müssen die Koordinaten u und v von p von metrischen Koordinaten in diskrete Pixelkoordinaten umgerechnet werden. Damit wird neben dem Kamerakoordinatensystem ein weiteres Koordinatensystem, das **Bildkoordinatensystem**, eingeführt. Die Kameraauflösung wird dabei durch die Breite w und Höhe h des Bildes beschrieben. Dabei gilt, dass in der Praxis Kamerapixel nicht quadratisch sind, wodurch zwei unterschiedliche Umrechnungsfaktoren k_u und k_v benötigt werden. Weiterhin liegt der Bildursprung in der Regel nicht im Bildhauptpunkt sondern oftmals in der linken oberen Ecke. Dies wird durch die Konstanten u_0 und v_0 repräsentiert. Daraus ergibt sich in homogenen Koordinaten folgende **Kalibrierungsmatrix**

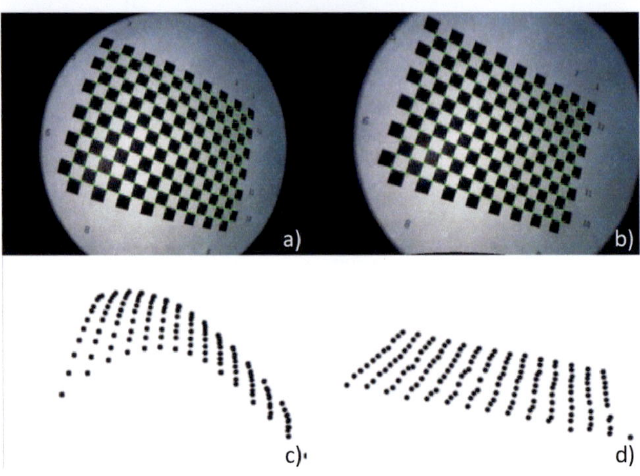

Bild 4.8: a): Original-Bild, b): Entzerrtes Bild, c:) Rekonstruktion der Schachbrettpunkte ohne Berücksichtigung der Verzerrung, d:) Rekonstruktion mit Berücksichtigung der Verzerrung

$$K = \begin{pmatrix} fk_u & 0 & u_0 \\ 0 & fk_v & v_0 \\ 0 & 0 & 1 \end{pmatrix} \tag{4.2}$$

Damit ergibt sich folgender Zusammenhang zwischen p und P:

$$\begin{pmatrix} uZ \\ vZ \\ Z \end{pmatrix} = K \begin{pmatrix} X \\ Y \\ Z \end{pmatrix} \tag{4.3}$$

In der Praxis muss zusätzlich berücksichtigt werden, dass jede Kamera eine Linse besitzt, die die Sehstrahlen im optischen Zentrum bündelt. Die Linse hat dabei den Nebeneffekt, dass sie zusätzliche Verzerrungen insbesondere im Randbereich des Bildes erzeugt. Dies führt bei der 3D-Rekonstruktion zu falschen Tiefeninformationen (Abb. 4.8). Diese Verzerrungen sind umso stärker, je kürzer die Brennweite und je weitwinkliger die Linse ist. Endoskope verwenden solche Weitwinkellinsen, wodurch hier in den Bildern starke Verzerrungen sichtbar sind, die korrigiert werden müssen.

Unterschieden wird dabei in der Praxis zwischen **radialer** und **tangentialer Verzerrung**. Bei der radialen Verzerrung ist die Verschiebung eines Bildpunktes umso stärker, je weiter er vom Bildhauptpunkt entfernt ist. Sie tritt im Wesentlichen bei Endoskopbildern auf. Die tangentiale Verzerrung entsteht bei einer nicht vollständig parallelen Anordnung von Linse und Bildebene. Sie bewirkt beispielsweise, dass Rechtecke als Trapeze dargestellt werden.

Die tangentiale Verzerrung wird durch zwei Parameter d_1 und d_2 beschrieben. Bei der radialen Verzerrung gibt es mehrere Verzerrungsmodelle. Standardmäßig werden ebenfalls zwei Verzerrungsparameter k_1 und k_2 verwendet. Bei Kameras mit komplexeren Verzerrungen wird teilweise noch ein dritter Parameter k_3 hinzugenommen [18]. Ein noch komplexeres Entzerrungsmodell ist das sogenannte **rationale Verzerrungsmodell**, das auf dem Verfahren in [32] basiert und drei weitere Entzerrungsparameter k_4, k_5 und k_6 einführt. Mit diesen acht Verzerrungsparametern ist die Beziehung zwischen dem Originalpunkt $p(u,v)$ und seinem entzerrten Pendant $p_c(u_c, v_c)$ folgendermaßen:

$$
\begin{pmatrix} u_c \\ v_c \end{pmatrix} = \frac{(1 + k_1 r^2 + k_2 r^4 + k_3 r^6)}{(1 + k_4 r^2 + k_5 r^4 + k_6 r^6)} \begin{pmatrix} u \\ v \end{pmatrix} + \begin{pmatrix} 2d_1 y + d_2(r^2 + 2x^2) \\ d_1(r^2 + 2y^2) + 2d_2 x \end{pmatrix} \tag{4.4}
$$

wobei r den Abstand von p zum Bildhauptpunkt beschreibt. Die Parameter k_3 bis k_6 sind dabei optional und können bei Nichtbenutzung auf 0 gesetzt werden.

Modellierung des Stereokamera-Systems

Bei einer einzelnen Kamera können zwar Raumpunkte in die Bildebene projiziert werden, es ist allerdings nicht möglich, ausgehend von einem Bildpunkt den zugehörigen Raumpunkt exakt zu bestimmen. Der Grund dafür ist, dass die Invertierung von Gl. 4.3 nicht eindeutig ist. Mögliche Punkte P liegen auf einer Gerade im Raum, die durch das optische Zentrum und p geht. Um jetzt einen eindeutigen Punkt im Raum zu bestimmen, benötigt man mindestens eine zweite Ansicht des Punktes. Durch diese wird wieder eine Gerade aufgestellt. Der Schnittpunkt der beiden Geraden im Raum ergibt dann den tatsächlichen Raumpunkt (Abb. 4.9).

Um einen Bezug zwischen zwei Kameras herstellen zu können, benötigt man eine Darstellung des Punktes in einem einheitlichen **Weltkoordinatensystem** WKS sowie die Transformationen, die die beiden Kamerakoordinatensysteme KKS_1 und

Interne Parameter

f	Brennweite
k_u, k_v	Umrechnungsfaktoren in horizontaler und vertikaler Richtung (meist mit f kombiniert)
u_0, v_0	Verschiebung vom Bildhauptpunkt c in Bildursprung
k_1, k_2, k_3	radiale Verzerrungsparameter (k_3 optional)
d_1, d_2	tangentiale Verzerrungsparameter
k_4, k_5, k_6	Rationales Entzerrungsmodell (optional)
w, h	Breite und Höhe des Kamerabildes in Pixeln (wird meist nicht als interner Parameter bezeichnet)

Externe Parameter

t	Translationsvektor, der die optischen Zentren beider Kameras ineinander überführt
R	Rotationsmatrix, die die optischen Achsen beider Kameras zueinander ausrichtet

Tabelle 4.1: Überblick über die internen und externen Parameter

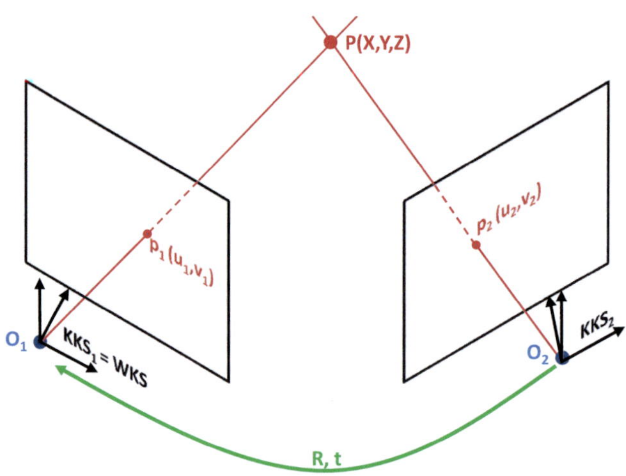

Bild 4.9: Stereokamera-Setup: Linke und rechte Kamera mit optischen Zentren O_1 und O_2 sowie den Kamerakoordinatensystemen KKS_1 und KKS_2 und den extrinsischen Parametern R und t, die die Koordinatensysteme ineinander überführen

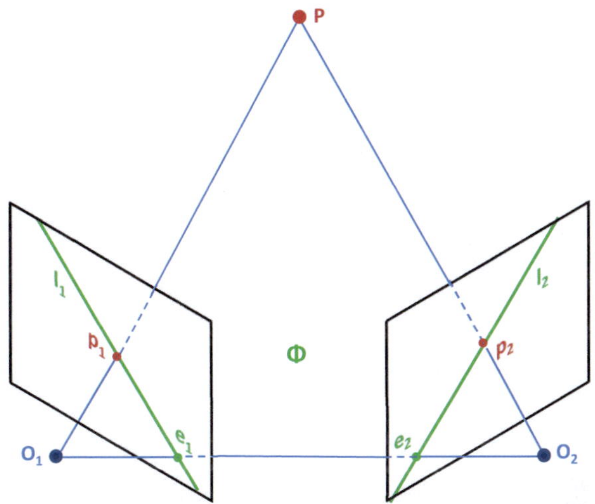

Bild 4.10: Beschreibung der Epipolargeometrie: Zusammenhang zwischen dem Raumpunkt P, seinen Abbildungen p_1 und p_2, den optischen Zentren O_1 und O_2, Epipole e_1 und e_2, Epipolarebene Φ und den Epipolarlinien l_1 und l_2

KKS_2 in dieses Weltkoordinatensystem überführen. Das Problem kann dadurch vereinfacht werden, dass das Kamerakoordinatensystem einer Kamera mit dem Weltkoordinatensystem gleichgesetzt wird. Dadurch wird nur noch eine Transformation benötigt. Diese Transformation bildet die beiden optischen Zentren der Kameras aufeinander ab und besteht aus einer Translation $\vec{t}$ und einer Rotation R. $\vec{t}$ und R werden auch als extrinsische Parameter bezeichnet, wobei R auch durch drei Winkel ausgedrückt werden kann (Abb. 4.9).

Intrinsische und extrinsische Parameter einer Kamera können in der sogenannten **Projektionsmatrix** Q zusammengefasst werden

$$Q = K(R|\vec{t}) \tag{4.5}$$

Damit ein Raumpunkt gefunden werden kann, müssen in beiden Bildebenen die Projektionen dieses Punktes identifiziert werden. Dies ist die Aufgabe der Korrespondenzanalyse. Ohne Berücksichtigung von Einschränkungen muss dabei ausgehend von einem Bildpunkt im ersten Kamerabild das komplette Kamerabild der zweiten Kamera durchsucht werden, um den korrespondierenden Bildpunkt zu finden. Eine Einschränkung dieses zweidimensionalen Suchproblems auf nur noch

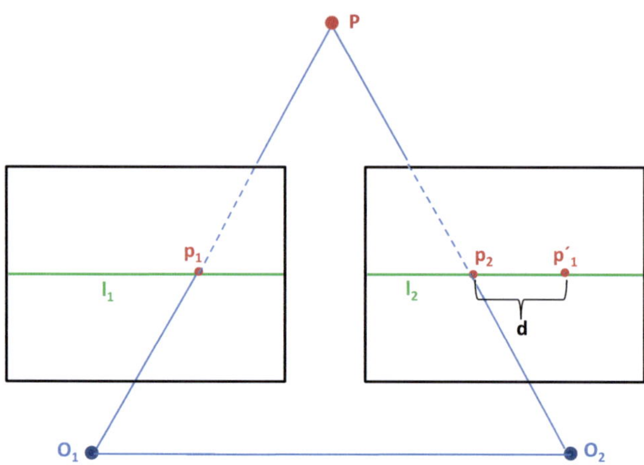

Bild 4.11: Darstellung eines rektifizierten Stereokamera-Systems, bei dem die Bildebenen parallel zueinander sind: Zusammenhang zwischen den Bildpunkten p_1 und p_2, der Projektion p'_1 von p_1 in die andere Bildebene und der Disparität d

eine Dimension bietet die sogenannte **Epipolargeometrie** (Abb. 4.10). Hierbei kann der Suchraum auf eine Linie im anderen Bild reduziert werden, die durch den sogenannten **Epipol** geht und als **Epipolarlinie** bezeichnet wird. Die Epipole e_1 und e_2 jeder Kamera werden dabei durch den Schnittpunkt der Verbindungslinie der optischen Zentren mit den Bildebenen definiert. Sie entsprechen dabei der projizierten Abbildungen der optischen Zentren in die jeweils andere Bildebene. Die Epipolarlinien l_1 und l_2 ergeben sich dann als Schnitt der Ebene, die durch die optischen Zentren und den Raumpunkt P gebildet wird, mit den beiden Bildebenen. Diese Ebene wird als **Epipolarebene** Φ von P bezeichnet. Es gilt, dass sich alle möglichen Epipolarlinien in den Epipolen schneiden.

In der Praxis wird ausgehend von einem Bildpunkt p_1 in einer Kamera die Ebene zwischen dem Bildpunkt und den optischen Zentren aufgespannt. Somit kann im anderen Bild die Epipolarlinie l_2 bestimmt werden. Der korrespondierende Bildpunkt p_2 befindet sich dann auf l_2. Zur Beschreibung der Epipolargeometrie kann die sogenannte **Fundamentalmatrix** F verwendet werden. Sie kann aus den intrinsischen und extrinsischen Parametern des Kamerasystems direkt berechnet werden. Mehr Informationen zur Herleitung findet man beispielsweise bei Hartley and Zisserman [60] oder Schreer [154].

In der Praxis sind die Kameras leicht zueinander gekippt, wodurch die Epipolarlinien fächerförmig in den Bildebenen liegen. Um die Korrespondenzsuche weiter zu vereinfachen, können die Bildebenen so transformiert werden, dass sie parallel zueinander liegen. Dies wird als **Rektifizierung** bezeichnet und hat den Effekt, dass die Epipolarlinien jetzt parallel zur Bildebene liegen, d.h. korrespondierende Punkte liegen auf derselben Bildzeile (Abb. 4.11). Die Epipole werden damit ins Unendliche projiziert. Die Position der optischen Zentren sowie die intrinsischen Parameter ändern sich dabei nicht. Die Rektizierung wird dabei nur für die Vereinfachung der Korrespondenzanalyse genutzt und vor der 3D-Rekonstruktion wieder rückgängig gemacht. Um die Bilder zu rektifizieren, müssen die beiden Bildebenen zueinander rotiert und verschoben werden. Dazu werden zwei neue Projektionsmatrizen erzeugt, die auch als Rektifizierungsmatrizen bezeichnet werden. Mehr Details zur Rektifizierung findet man bei Hartley and Zisserman [60] oder Bradski [18], der auch den verwendeten Algorithmus von Bouguet detailliert erklärt.

In Bildern können korrespondierende Punkte durch die sogenannte **Disparität** d kodiert werden. Sie kann bestimmt werden, indem man die Projektion $p'_1(u_1,v_1)$ von $p_1(u_1,v_1)$ in die Bildebene von $p_2(u_2,v_2)$ bestimmt. Dann berechnet sich die Disparität im allgemeinen Fall als

$$\begin{pmatrix} d_u \\ d_v \end{pmatrix} = \begin{pmatrix} u_1 - u_2 \\ v_1 - v_2 \end{pmatrix} \tag{4.6}$$

Im Fall rektifizierter Bilder ist d ein Skalar (Abb. 4.11) und die Rechnung vereinfacht sich zu

$$d = u_1 - u_2 \tag{4.7}$$

Durch die Projektionsmatrizen beider Kameras oder die Fundamentalmatrix kann man ein Stereo-Kamera-System modellieren. Damit besteht jetzt die Möglichkeit, mithilfe der Kalibrierung und der Korrespondenzanalyse eine Rekonstruktion der Szene durchzuführen. Dies wird als **Stereo-Triangulation** bezeichnet und in Kapitel 4.7 genauer beschrieben. Einen Überblick über die internen und externen Parameter findet man in Tabelle 4.1.

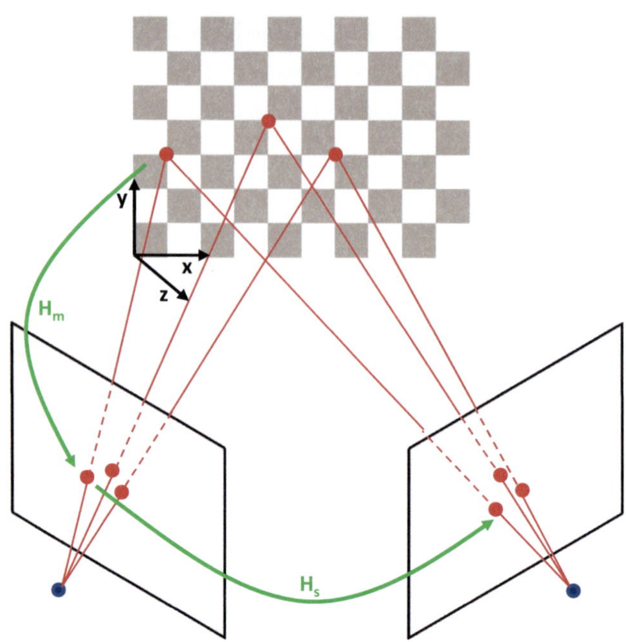

Bild 4.12: Darstellung eines typischen Schachbrettmusters sowie die Beziehung zwischen Schachbrettebene und der ersten Bildebene über die Homographie H_m sowie zwischen beiden Bildebenen über H_s

Erstellung der Kalibrierung

In diesem Abschnitt soll beschrieben werden, wie in der Praxis die Stereokamera-Kalibrierung berechnet werden kann. Das Ziel ist es dabei, mithilfe eines Kalibrierobjektes Punktkorrespondenzen in verschiedenen Ansichten des Objektes zu bestimmen, deren Geometrie exakt bekannt ist, und aus diesen Punktkorrespondenzen auf die internen und externen Kameraparameter (siehe Tab. 4.1) zu schließen. Als Kalibrierungsverfahren wird ein Verfahren, das in der OpenCV-Bibliothek [18] implementiert ist und auf dem Standardverfahren von Zhang [192] basiert, verwendet. In seiner ursprünglichen Version wird dabei das rationale Entzerrungsmodell nicht verwendet, weswegen es zuerst auch nicht betrachtet wird. Als Kalibrierobjekt verwendet es ein Schachbrettmuster, bei dem die Anzahl der Schachbrettpunkte sowie der Abstand zwischen ihnen normiert ist. Man kann somit die einzelnen Punkte in Relation zueinander bringen und in Schachbrettkoordinaten ausdrücken.

Im Kamerabild werden jetzt die Eckpunkte der einzelnen Quadrate mittels eines klassischen Eckendetektors subpixelgenau bestimmt. Somit erhält man die Schachbrettpunkte ebenfalls im Bildkoordinatensystem der einzelnen Kameras. Bei Punkten auf einer Ebene gilt, dass eine lineare Transformation zwischen diesen beiden Ebenen existiert [154], d.h. die Punkte der einen Ebene können auf die Punkte der anderen Ebene projiziert werden (Abb. 4.12). Diese Transformation wird als Homographie H_m bezeichnet und kann bis auf einen Skalierungsfaktor s bestimmt werden. Der Zusammenhang zwischen Schachbrettpunkten P_i und der Projektionen p_i in die Bildebene in homogenen Koordinaten lautet

$$p_i(u_i, v_i) = sH_m P_i(x_i, y_i, z_i) = sKWP_i(x_i, y_i, z_i) \qquad (4.8)$$

wobei K die Kalibrierungsmatrix (siehe Gleichung 4.2) und W eine 4x3-Matrix bestehend aus einer Rotation und Translation, um das Schachbrettkoordinatensystem in das Bildkoordinatensystem zu überführen, sind. Im Fall von Ebenen kann das Schachbrettkoordinatensystem, das gleichzeitig das Weltkoordinatensystem ist, so definiert werden, dass es in der Schachbrettebene liegt, d.h. die z_i-Komponente eines Schachbrettpunktes ist auf 0 gesetzt. Damit wird die dritte Spalte der Rotationsmatrix nicht mehr benötigt, womit W zu einer 3x3-Matrix reduziert wird. Damit ist auch H eine 3x3-Matrix. Der Zusammenhang zwischen Abbildungen desselben Schachbrettpunktes P_1 in den beiden Bildebenen (p_{i1} und p_{i2}) kann damit ebenfalls mithilfe einer Homographie H_s definiert werden

$$p_{i2} = H_s p_{i1} \qquad (4.9)$$

Es besteht also die Möglichkeit, die internen Kameraparameter sowie die Transformation zwischen Bildkoordinatensystem und Schachbrettkoordinatensystem getrennt für jede Kamera zu berechnen. Damit erhält man für jede Kamera auch deren externe Parameter relativ zum Schachbrett. Mithilfe dieser Parameter können dann die Rotation und Translation zwischen den Kameras berechnet werden. Aufgrund des festzulegenden Skalierungsparameters s wird eine Komponente von H fest definiert. Damit erhält man für jedes Bildpaar noch acht freie Gleichungen. Insgesamt sind sechs externe Parameter (drei Rotationswinkel und ein Verschiebungsvektor) sowie neun interne Parameter zu bestimmen. Die fünf Verzerrungsparameter können dabei separat berechnet werden. Dazu reicht in der Theorie ein Bild pro Kamera aus, in der Praxis werden allerdings mehr Bilder verwendet, um das Ergebnis robuster zu machen. Zur Berechnung wird das Verfahren von Brown [23] verwendet. Für die restlichen zehn Parameter reichen in der Theorie zwei Bildpaare aus. in der Praxis werden allerdings deutlich mehr Bildpaare verwendet, um eine möglichst große Bandbreite an verschiedenen Schachbrettpositionen zu erhalten. Zusätzlich werden nichtlineare Optimierungen der Parameter angewandt. Die genaue Berechnung der Parameter findet sich bei Bradski et. al [18]. Dieses Verfahren wurde um das in der aktuellen OpenCV-Version implementierten rationalen Entzerrungsmodells erweitert. Hierbei müssen drei weitere Parameter k_1, k_2 und k_3 berechnet werden. Damit diese Berechnung möglichst robust ist, müssen mehr Bildpaare verwendet werden. Deswegen muss genau überprüft werden, ob es Sinn macht, dieses Modell zu verwenden, um die Kamerabilder zu entzerren.

Die Kalibrierung, die so erstellt wird, enthält neben den internen und externen Kameraparametern die invertierten Rektifizierungsmatrizen beider Kameras. Ebenfalls enthalten ist auch das rationale Verzerrungsmodell, das optional genutzt werden kann. Hier ist das Weltkoordinatensystem in das Kamerakoordinatensystem der ersten Kamera gelegt, weswegen deren Rotation der Einheitsmatrix sowie die Translation dem Null-Vektor entspricht.

4.3.2 Bewertung der Güte einer Kalibrierung

Die Qualität einer Kalibrierung hängt stark von den Bildpaaren ab, die zur Erstellung benutzt wurden. Wichtig ist beispielsweise, dass der Bereich, in dem kalibriert wird, auch ungefähr dem Bereich, in dem die Kamera eingesetzt wird, entspricht. Deswegen muss auch ein passendes Schachbrettmuster ausgewählt werden, das im Arbeitsbereich des Endoskops den Sichtbereich möglichst gut ausfüllt. Weiterhin sollten diese Bilder eine möglichst große Vielfalt an unterschiedlichen Schachbrett-Posen in unterschiedlichen Entfernungen zur Kamera enthalten. Gleichzeitig müssen sie eine möglichst genaue Lokalisierung der Schachbrettpunkte ermöglichen. Probleme bereiten dabei beispielsweise Interlacing-Artefakte durch Bewegungen während der Aufnahme oder eine ungünstige Ausleuchtung. Eine Möglichkeit, dies zu lösen, ist die manuelle Auswahl der Bildpaare, die für die Kalibrierung verwendet werden sollen. Allerdings ist dies nur eine subjektive Auswahl, die dazu sehr zeitaufwändig ist. Alternativ dazu kann man versuchen, eine Bewertung der Güte der Kalibrierung durchzuführen. Im Folgenden werden die hier entwickelten Bewertungskriterien vorgestellt. Dabei sei k das aktuelle Bildpaar, das evaluiert werden soll.

Das erste Bewertungskriterium ist die **Genauigkeit der 3D-Rekonstruktion**. Benötigt wird dazu eine 3D-Rekonstruktion der Schachbrettpunkte eines Bildpaars auf Basis der zu bewertenden Kalibrierung, aus der die Abstände der einzelnen Schachbrettpunkte voneinander berechnet werden. Da die exakten Abstände der Schachbrettpunkte bekannt sind, können diese mit den berechneten Abständen verglichen werden. Bei einer guten Kalibrierung sollte der mittlere Fehler zwischen echtem und berechneten Abstand möglichst klein sein. Es ist damit nicht möglich, die absoluten Abstände von Schachbrettpunkten zu den Kameras zu evaluieren, da diese nicht bekannt sind. Wenn allerdings der relative Bezug zwischen Schachbrettpunkten stimmt, wird die Szene in der richtigen Skalierung rekonstruiert. Damit reduziert sich ein möglicher Tiefenfehler auf einen konstanten Offset. Sei N die Anzahl der Schachbrettpunkte, $d_{gt}(p_i, p_j)$ der echte Abstand und $d_{cal}(p_i, p_j)$ der berechnete Abstand zweier Punkte p_i und p_j. Dann berechnet sich der mittlere Distanzfehler δ_{d_k} zwischen den echten und berechneten Abständen aller Punkte als

$$\delta_{d_k} = \frac{1}{N} \sum_{i=1}^{N-1} \sum_{j=i+1}^{N-1} \left| d_{cal}(p_i, p_j) - d_{gt}(p_i, p_j) \right| \tag{4.10}$$

Bei dieser Berechnung müssen in der Praxis ungültige Punkte, also Punkte, die fehlerhaft rekonstruiert wurden, herausgefiltert werden, da diese sonst einen sehr negativen Einfluss auf den mittleren Distanzfehler hätten. Wenn bei der Berechnung der Differenzen auch die Richtung des Fehlers berücksichtigt wird, kann man den Skalierungsfaktor σ_k zwischen echten und berechneten Schachbrettpunkten bestimmen. Im Idealfall liegt dieser bei 1. σ_k berechnet sich als

$$\sigma_k = \frac{1}{N} \sum_{i=1}^{N-1} \sum_{j=i+1}^{N-1} \frac{d_{cal}(p_i, p_j)}{d_{gt}(p_i, p_j)} \tag{4.11}$$

Ein weiteres Kriterium ist die **Rektifizierung der Kamerabilder**. Obwohl die Rektifizierung vor der 3D-Rekonstruktion wieder rückgängig gemacht wird und

damit keinen direkten Einfluss auf die Genauigkeit der 3D-Rekonstruktion hat, ist
sie essentiell für die Korrespondenzanalyse. Bei schlecht rektifizierten Bildern sind
die damit erstellten Disparitätsbilder stark verrauscht, da korrespondierende Punkte
nicht mehr in derselben Zeile liegen. Um dies zu evaluieren, kann ausgehend von
einem im Bild der ersten Kamera detektierten Schachbrett sein korrespondierender
Punkt im zweiten Bild gesucht werden. Als Bewertungskriterium kann dann die
mittlere vertikale Abweichung $diff_{rek_k}$ des zweiten Punktes von dieser Zeile sowie
die Standardabweichung std_{rek_k} berechnet werden. Sei $p_i(x_{p_i}, y_{p_i})$ ein Schachbrettpunkt des ersten Bildes und $q_i(x_{q_i}, y_{q_i})$ der korrespondierende Punkt im zweiten
Bild. Dann berechnet sich $diff_{rek_k}$ als

$$diff_{rek_k} = \frac{1}{N} \sum_{i=1}^{N} \left| y_{p_i} - y_{q_i} \right|$$

Die Standardabweichung std_{rek_k} ergibt sich als

$$std_{rek_k} = \sqrt{\frac{1}{N-1} \sum_{i=1}^{N} (\left| y_{p_i} - y_{q_i} \right| - diff_{rek_k})^2}$$

Ein kleiner Wert für $diff_{rek_k}$ ist noch nicht ausreichend, um eine Rektifizierung
als gut zu klassifizieren. Wenn std_{rek_k} groß ist, heißt das, dass die Rektifizierung
stark um den mittleren Wert schwankt, was ein Indiz für eine nicht komplett horizontale Ausrichtung beider Bilder zueinander ist. Deswegen muss std_{rek_k} ebenfalls
klein sein. Dagegen bedeutet ein großer Wert für $diff_{rek_k}$ und ein kleiner Wert
für std_{rek_k} eine gute horizontale Ausrichtung, allerdings sind die Bilder um einen
Offset zueinander in vertikaler Richtung verschoben.

Bei der Kalibrierung kann es passieren, dass $diff_{rek_k}$ und std_{rek_k} gute Werte
aufweisen, weil die Kalibrierung den genutzten Bildausschnitt deutlich verkleinert
hat. Dadurch rücken alle Punkte enger zusammen (Abb. 4.13 c)). Umgekehrt kann
das Bild auch vergrößert werden (Abb. 4.13 d)). Weiterhin kann es passieren, dass
die Rektifizierung eine Verschiebung des Bildausschnittes bewirkt (Abb. 4.13 f).
Um die Größe des genutzten Bildausschnittes nach der Rektifizierung zu bewerten,
wird die durch die vier Eckpunkte des Bildes beschriebene Fläche berechnet und
mit der Fläche des Kamerabildes A_k verglichen (Abb. 4.14). Seien o_1, o_2, o_3 und

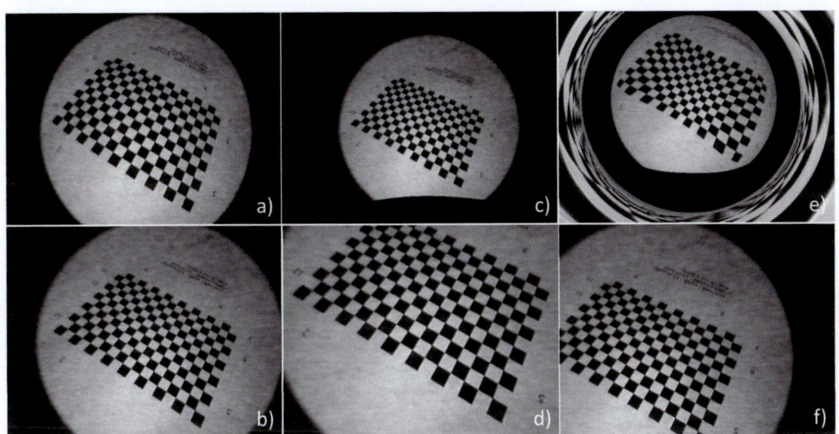

Bild 4.13: Entzerrungs- und Rektifizierungsergebnisse bei verschiedenen Kalibrierungen: a) Originalbild; b): Ergebnis einer guten Kalibrierung; c) und d): kleines dA_k durch schlechte Rektifizierung; e): Großes δ_{α_k} durch schlechte Entzerrung ; f): Großes θ_{rek_k} durch schlechte Rektifizierung

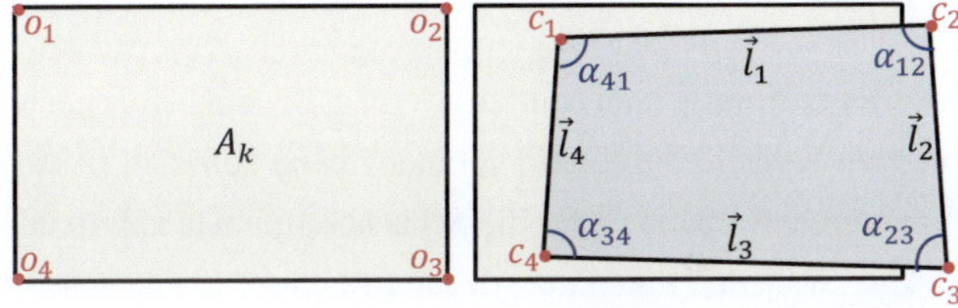

Bild 4.14: Wichtige Größen bei der Betrachtung des genutzten Bildausschnittes vor (links) und nach Rektifizierung und/oder Entzerrung (rechts)

o_4 die Eckpunkte vor und c_1, c_2, c_3 und c_4 die Eckpunkte nach Rektifizierung, $\vec{l}_1$, $\vec{l}_2$, $\vec{l}_3$ und $\vec{l}_4$ die Vektoren zwischen den Eckpunkten sowie α_{12}, α_{23}, α_{34} und α_{41} die zugehörigen Eckwinkel. Das Flächeninhaltsverhältnis δ_{A_k} der rektifizierten zur Originalfläche ist dann

$$\delta_{A_k} = \frac{\frac{1}{2}\left(\left|\vec{l}_1\right|\left|\vec{l}_2\right|\sin\alpha_{12} + \left|\vec{l}_3\right|\left|\vec{l}_4\right|\sin\alpha_{34}\right)}{A_k} \tag{4.12}$$

Dieses Verhältnis wird zum einen als Gütemaß für die genutzte Bildfläche nach der Rektifizierung verwendet. Weiterhin können der Rektifizierungsfehler und seine

Standardabweichung mit diesem Verhältnis gewichtet werden. Somit ergeben sich δ_{rek_k} und v_{rek_k} als Gütemaß für die Rektifizierung

$$\delta_{rek_k} = \frac{diff_{rek_k}}{\delta_{A_k}} \tag{4.13}$$

$$v_{rek_k} = \frac{std_{rek_k}}{\delta_{A_k}} \tag{4.14}$$

Zusätzlich kann es vorkommen, dass der Bildausschnitt nach der Rektifizierung stark verschoben ist. Ein Maß für die Verschiebung ist dabei die aufsummierte Verschiebung θ_{rek_k} der Eckpunkte durch die Rektifizierung. Seien x und y die erste bzw. zweite Komponente eines Eckpunktes. Dann ergibt sie sich als

$$\theta_{rek_k} = \left| \sum_{i=1}^{4} (c_i(x) - o_i(x)) \right| + \left| \sum_{i=1}^{4} (c_i(y) - o_i(y)) \right| \tag{4.15}$$

Es gilt, dass θ_{rek_k} möglichst klein sein sollte, damit der Bildausschnitt möglichst zentral liegt.

Die **Güte der Entzerrung** kann beurteilt werden, in dem berechnet wird, ob sich die rekonstruierten Schachbrettpunkte in einer Ebene befinden (Abb. 4.8). Dazu muss zuerst eine mittlere Ebene E_k für die Schachbrettpunkte approximiert werden. Im Anschluss kann für jeden Punkt der Abstand zu dieser Ebene berechnet werden. Verwendet wird dabei das Least-Squares-Verfahren, das von Hoppe et al. [66] zur Oberflächenrekonstruktion aus unstrukturierten Punktwolken verwendet wird und in dieser Arbeit zur Punktwolkenglättung und Oberflächennormalenberechnung genutzt wird. Die Berechnung des Stützpunktes sowie des Normalenvektors der Ebene wird in Kap. 4.7.2 genauer beschrieben. Hierbei gilt, dass die Nachbarschaft N durch alle Schachbrettpunkte definiert ist.

Wenn die Ebene durch den Stützpunkt und den Normalenvektor beschrieben ist, kann der Abstand eines beliebigen Punktes zu der Ebene über das Lotfußpunktverfahren berechnet werden. Sei l_i der gefundene Lotfußpunkt auf der Ebene zum Schachbrettpunkt p_i. Dann berechnet sich der mittlere Abstand δ_{E_k} folgendermaßen

$$\delta_{E_k} = \frac{1}{N} \sum_{i=1}^{N} |p_i - l_i| \tag{4.16}$$

Bei einer schlechten Entzerrung weisen insbesondere die Punkte im Randbereich des Bildes einen großen Abstand auf, was zu einem großen Wert für δE_k führt.

Um den Normalenvektor berechnen zu können, werden die drei Eigenwerte e_1, e_2 und e_3 der Kovarianzmatrix zu E_k bestimmt und der kleinste Wert e_{min} ausgewählt (siehe Kap. 4.7.2). Es gilt, dass der Eigenwert zum gefundenen Normalenvektor umso größer ist, je größer die Varianz in der Punktwolke ist. Deswegen kann neben dem mittleren Abstand auch das Verhältnis r_{E_k} des kleinsten Eigenwertes zur Summe der Eigenwerte als Gütemaß benutzt werden

$$r_{E_k} = \frac{e_{min}}{(e_1 + e_2 + e_3)} \tag{4.17}$$

Der Grund dafür ist, dass die Kovarianzmatrix als Ellipsoid dargestellt werden kann, wobei die drei Eigenwerte die drei Ausdehnungsrichtungen angeben. Falls ein Eigenwert Null ist, gilt, dass der Ellipsoid zu einer Fläche degeneriert. Deswegen gilt, dass r_{E_k} möglichst klein sein sollte.

Als weiteres Kriterium können wie bei der Rektifizierung die Eckpunkte nach Entzerrung der Bilder betrachtet werden, um sicherzustellen, dass im Randbereich keine starken Verzerrungen auftreten (Abb. 4.13 e). Interessant ist hierbei die Betrachtung der mittleren Abweichung der Eckwinkel δ_{α_k} des durch die entzerrten Punkte beschriebenen Vierecks vom rechten Winkel (Abb. 4.14). Diese Berechnung muss für beide Bilder durchgeführt werden, da sich die Winkel stark unterscheiden können. Damit eine gute Entzerrung der Bilder vorliegt, müssen bei beiden Bildern die Abweichungen möglichst klein sein. δ_{α_k} ergibt sich als

$$\delta_{\alpha_k} = \sum_{i=1}^{4} \left| \alpha_{ij} - \frac{\pi}{2} \right| \, , \, j = (i+1) \bmod 4 \tag{4.18}$$

Einen Überblick über die Kriterien zur Evaluation einer Kalibrierung gibt Tabelle 4.2. Diese können jetzt für jedes Bildpaar berechnet und miteinander verglichen werden. Bei der Berechnung wird bei fast allen Kriterien der Mittelwert über alle Bildpaare bestimmt. Eine Ausnahme bildet das Kriterium der Eigenwertverhältnisse (Gl. 4.17). Hier wird der Median über alle Bildpaare bestimmt, da sich hier einzelne Ausreißer bei e_{min} besonders stark auswirken, während bei den anderen Kriterien Ausreißer schon behandelt werden oder keinen großen Einfluss ausüben.

Evaluations-Kriterien

δ_{d_k}	Distanzfehler zwischen echten und rekonstruierten 3D-Punkte-Paaren
σ_k	Skalierungsfaktor der echten und berechneten Distanzen zwischen einzelnen 3D-Punkten
δ_{A_k}	Verhältnis rektifizierter zu Originalbildfläche
δ_{rek_k}	Rektifizierungsfehler gewichtet mit Verhältnis rektifizierter zu Originalbildfläche
v_{rek_k}	Standardabweichung des Rektifizierungsfehlers gewichtet mit Verhältnis Original- zu rektifizierter Bildfläche
θ_{rek_k}	Maß für die Verschiebung der Eckpunkte nach der Rektifizierung
δ_{E_k}	Mittlerer Abstand von Schachbrettpunkten zu der durch die Punkte beschriebenen Ebene
r_{E_k}	Verhältnis des kleinsten Eigenwerts der Kovarianzmatrix zur Summe der Eigenwerte
$\delta_{\alpha_{kl}}$	Mittlere Abweichung der Eckwinkel der Eckpunkte nach Entzerrung

Tabelle 4.2: Überblick über die Kriterien zur Evaluation einer Kalibrierung

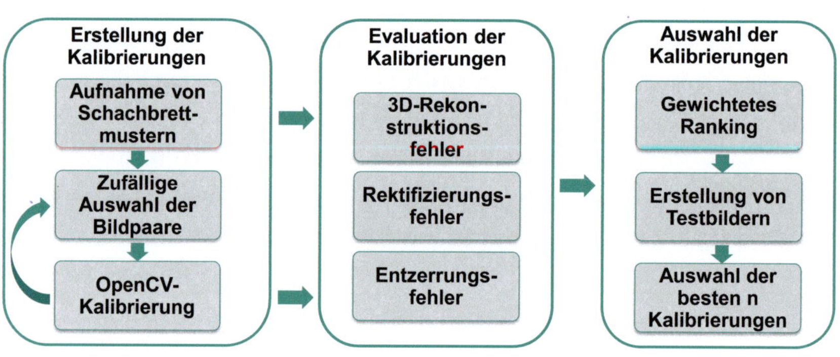

Bild 4.15: Prozess zur Erstellung, Bewertung und Auswahl einer Kalibrierung

Auswahl der Kalibrierung

Im vorigen Abschnitt wurden verschiedene Kriterien vorgestellt, um die Güte einer Kalibrierung zu bewerten. Um jetzt eine gute Kalibrierung auszuwählen, kann entweder jede Kalibrierung für sich bewertet und gegebenenfalls gespeichert werden. Alternativ dazu kann aus den Kameraaufnahmen mehrere Kalibrierungen erstellt und miteinander verglichen werden. Der zugehörige Ablauf, der die einzelnen Schritte zusammenfasst, wird in Abb. 4.15 dargestellt.

Im ersten Schritt werden eine Menge an Schachbrettbildpaaren aufgenommen. Aus dieser Menge werden zufällig einzelne Bildpaare ausgewählt und mit ihnen eine Kalibrierung erstellt. Dieser Schritt wird mehrfach wiederholt. Die so erhaltenen Kalibrierungen werden im zweiten Schritt mit den in Tabelle 4.2 vorgestellten Kriterien auf allen aufgenommenen Bildpaaren oder einem Testdatensatz evaluiert. Im Anschluss wird für jedes Kriterium ein **Ranking** erstellt, indem sich die Kalibrierungen einordnen. Zusätzlich wird für jedes Kriterium der Median über alle erstellten Kalibrierungen berechnet. Auf Basis dieses Rankings und des Medians wird jeder Kalibrierung für jedes einzelne Kriterium ein gewichteter Rang zugewiesen. Sei für eine beliebige Kalibrierung ω ihr Wert für ein Kriterium K, $Med(\forall \omega \in W)$ der Median über die Menge Ω der Werte aller betrachteten Kalibrierungen und $Rang(K)$ der Rang der Kalibrierung bei diesem Kriterium. Dann ist der gewichtete Rang $Rang_\omega(K)$

$$Rang_\omega(K) = Rang(K)\frac{\omega}{Med(\forall \omega \in \Omega)}$$

Die Gewichtung hat den Sinn, dass zum einen negative Ausreißer, die stark vom Median abweichen, stärker bestraft werden. Zum anderen sollen bei Kriterien, die eine sehr geringe Streuung ihrer Werte aufweisen, einzelne Kalibrierungen weniger bestraft werden, auch wenn sie einen nicht so guten Rang belegen. Dies ist vor allem hilfreich, wenn es eine Ballung von Werten in einem geringen Bereich gibt. Hier kann sich der Rang der besten und schlechtesten Kalibrierung in diesem Bereich stark unterscheiden, obwohl die Werte nur kleine Unterschiede aufweisen. Dieser Effekt wird durch die Gewichtung etwas reduziert.

Schlussendlich wird für jede Kalibrierung ein Gesamtrang auf Basis der einzelnen Ränge berechnet. Dazu werden zuerst für die drei Kriteriumskategorien „3D-Rekonstruktion", „Rektifizierung" und „Entzerrung" jeweils ein Durchschnittsrang berechnet

$$\begin{aligned}
Rang_\omega(3D) &= Rang_\omega(\delta_d) + Rang_\omega(\sigma) \\
Rang_\omega(R) &= Rang_\omega(\delta_A) + Rang_\omega(\delta_{rek}) + Rang_\omega(v_{rek}) + Rang_\omega(\theta_{rek}) \\
Rang_\omega(U) &= Rang_\omega(\delta_E) + Rang_\omega(r_E) + \frac{Rang_\omega(\delta_{\alpha_1}) + Rang_\omega(\delta_{\alpha_2})}{2}
\end{aligned}$$

Der Gesamtrang *Rang* einer Kalibrierung, bei dem der 3D-Fehler doppelt gewichtet wird, ergibt sich dann als

$$Rang = \frac{2Rang_\omega(3D) + Rang_\omega(R) + Rang_\omega(U)}{4} \tag{4.19}$$

Nachdem für jede Kalibrierung ein Gesamtrang berechnet wurde, können die *n* Kalibrierungen mit dem besten Rang zurückgeliefert werden. *n* wird dabei vom Benutzer gewählt. Zusätzlich werden für diese besten Kalibrierungen Testbilder, die mit deren Werten rektifiziert und entzerrt werden, herausgeschrieben, um neben den einzelnen berechneten Rängen auch eine Einschätzung des genutzten Kameraausschnitts zu erhalten. Der Benutzer kann dann aus diesen *n* Kalibrierungen die seiner Meinung nach beste auswählen und im späteren Verlauf verwenden.

4.4 Vorverarbeitung

Nachdem eine Kalibrierung erstellt wurde, kann diese verwendet werden, um die Kamerabilder vorzuverarbeiten. Die Vorverarbeitung besteht dabei aus der **Entzerrung** und **Rektifizierung** beider Kamerabilder. Optional kann noch eine **Glättung** der Bilder durchgeführt werden, um das Bildrauschen zu reduzieren. Eine Komponente, die rein formal zur Vorverarbeitung gehört, bei dem hier vorgestellten Verfahren zur Korrespondenzanalyse aber sehr eng mit dieser verknüpft ist, ist die **Glanzlichtdetektion**. Sie soll hier trotzdem kurz vorgestellt werden. Die Vorverarbeitung soll im Wesentlichen die nachfolgende Korrespondenzanalyse erleichtern sowie die Genauigkeit der 3D-Rekonstruktion erhöhen.

Bei der Entzerrung gibt es grundsätzlich zwei Möglichkeiten. Zum einen können beide Kamerabilder vor der Korrespondenzanalyse entzerrt werden. Alternativ dazu kann die Korrespondenzanalyse auf den verzerrten Bildern durchgeführt

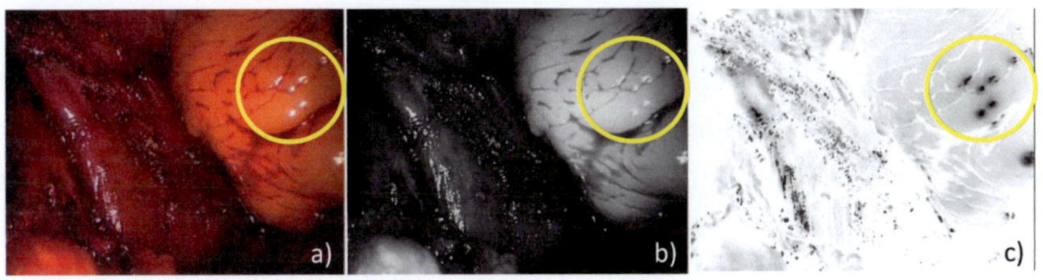

Bild 4.16: a): RGB-Bild, b): Intensitätsbild, c): Sättigungsbild

werden. Die gefundenen Korrespondenzen müssen dann allerdings bei der 3D-Rekonstruktion entzerrt werden. Die erste Methode verlangt eine Neuberechnung des Bildes, bei der durch Interpolation Bildinformationen verfälscht werden. Bei der zweiten Methode ist mit einer ungenaueren 3D-Rekonstruktion zu rechnen, da in diesem Schritt die Korrespondenzen interpoliert werden. Da im anschließenden Rektifizierungsschritt ebenfalls das Bild verändert wird und man beide Schritte kombinieren kann, wird hier nur die erste Methode verwendet. Um die Bilder schnell entzerren und rektifizieren zu können, wird initial mithilfe der Kamerakalibrierung für das linke und das rechte Bild jeweils ein Mapping für jeden Pixel berechnet, das die neue Position des Pixels angibt. Dieses Mapping kann dann auf die Pixel der einzelnen Kamerabilder angewandt werden. Da die neu berechnete Position in der Regel nicht genau auf einen Pixel fällt, muss interpoliert werden. Genutzt werden dabei die vier benachbarten Originalpixel, die einen Anteil an dieser neuen Position haben. Im Gegensatz zur Entzerrung wird die Rektifizierung vor der 3D-Rekonstruktion wieder rückgängig gemacht. Damit hat sie theoretisch keinen Einfluss auf die Genauigkeit der 3D-Rekonstruktion, in der Praxis kann es aber zu kleineren Ungenauigkeiten aufgrund der Interpolation kommen. Zusätzlich können die Bilder im Anschluss mithilfe eines 3x3-Gaussfilters geglättet werden. Dies kann insbesondere in dunkleren Bildbereichen, in denen das Bildrauschen stärker vorhanden ist, sowie bei einer hohen Kameraauflösung zu einer robusteren Korrespondenzanalyse führen. Größere Filter führen zu einem stärkeren Glättungseffekt, verfälschen aber dabei stärker die Bildinformationen.

Die Glanzlichtdetektion dient dazu, Glanzlichter in den Kamerabildern zu detektieren. Glanzlichter sind dabei Bereiche im Bild, in denen die Bildinformationen aufgrund von starken Reflektionen der Lichtquelle auf der Oberfläche zum größten

Teil oder komplett ausgelöscht sind (Abb. 4.2). Diese Glanzlichter sind dabei stark blickwinkelabhängig, d.h. die Glanzlichtbereiche sind von Bild zu Bild unterschiedlich. Insbesondere Endoskopbilder weisen sehr oft Glanzlichter auf. Das liegt zum einen an der starken punktförmigen Lichtquelle, zum anderen an der meist feuchten Oberfläche von Gewebe. Eine Korrespondenzanalyse ist in diesen Bereichen nahezu unmöglich [135]. Um Glanzlichter detektieren zu können, kann das RGB-Kamerabild im HSI-Raum betrachtet werden (Abb. 4.16). H steht dabei für den Farbton, S für die Farbsättigung und I für die Farbintensität. Glanzlichter weisen dabei immer eine sehr geringe Farbsättigung und eine sehr hohe Farbintensität auf, während sie unabhängig vom Farbton sind. Über ein Schwellwertverfahren können Pixel als Glanzlichtpixel klassifiziert werden. Dies ist zwar eine recht einfache Form der Glanzlichdetektion, die beispielsweise globale Helligkeitsunterschiede nicht beachtet, kann aber sehr schnell berechnet werden und hat sich als ausreichend gezeigt.

Wenn R der Rotkanal, G der Grünkanal und B der Blaukanal des Bildes ist, berechnet sich I als

$$I = \frac{R+G+B}{3} \tag{4.20}$$

Für die Berechnung von S gibt es mehrere Möglichkeiten. In dieser Arbeit wird die Formel von Torres et al. [177] verwendet

$$S = \begin{cases} \frac{3}{2}(R-I), & \text{wenn } (B+R) \geq 2G \\ \frac{3}{2}(I-B), & \text{wenn } (B+R) < 2G \end{cases} \tag{4.21}$$

Ein Pixel wird als Glanzlichtpixel deklariert, wenn I einen vordefinierten Schwellwert über- und S einen Schwellwert unterschreitet. Typische Werte sind dabei beispielsweise 200 für den Intensitäts- und 30 für den Sättigungsschwellwert. So identifizierte Glanzlichtpixel werden im Korrespondenzanalyseschritt gesondert behandelt (siehe Kap. 4.5.1).

Die Berechnung kann einerseits auf der CPU oder der GPU erfolgen. Auf der CPU-Seite wird die Implementierung der IVT-Bibliothek verwendet [10]. Die dort genutzten Algorithmen wurden auf die GPU portiert [164]. Da die Berechnung der Entzerrung und Rektifizierung sowie der Glättung für jeden Pixel getrennt möglich ist, ist eine effiziente Parallelisierung sehr leicht möglich, weswegen sich ein deutlicher Geschwindigkeitszuwachs gegenüber der CPU-Variante ergibt (siehe Kap. 7.1). Die Berechnung der Glanzlichtdetektion ist eng mit dem Korrespondenzanalyseverfahren verbunden und wird dort behandelt.

4.5 Subpixelgenaue Korrespondenzanalyse

Im folgenden Abschnitt soll zuerst eine kurze allgemeine Einführung in die Korrespondenzanalyse gegeben werden. Im Anschluss erfolgt eine genaue Erklärung des hier benutzten Verfahrens zur Korrespondenzanalyse. Abschließend werden wesentliche Erweiterungen und Optimierungen sowie die Portierung des Verfahrens auf die GPU erläutert.

4.5.1 Das Prinzip der Korrespondenzanalyse

Bei der Korrespondenzanalyse geht es darum, korrespondierende Punkte in zwei oder mehr Ansichten einer Szene zu finden. Korrespondierende Punkte sind dabei Abbildungen desselben Weltpunktes in die einzelnen Bildebenen. Die Beziehung zwischen zwei korrespondierenden Punkten kann dabei über die **Disparität** ausgedrückt werden (siehe Gleichung 4.6). Sie beschreibt die Verschiebung zwischen den zwei korrespondierenden Punkten, wenn der eine Punkt in die Bildebene des anderen Punktes projiziert wird. Bei rektifizierten Bildern reduziert sich die Verschiebung auf einen skalaren Wert und alle Disparitäten können in einem sogenannten **Disparitätsbild** abgebildet werden, wobei die unterschiedlichen Disparitätswerte durch Grauwerte ausgedrückt werden. Grundsätzlich gilt, dass der zugehörige Weltpunkt umso näher an der Kamera ist, je größer die Disparität ist. Dies drückt sich in einem Disparitätsbild durch hellere Grauwerte aus. Deswegen ist das Disparitätsbild sehr gut als erste subjektive Bewertung der Güte der Korrespondenzanalyse geeignet.

Grundsätzlich gibt es drei verschiedene Ansätze, um das Korrespondenzproblem zu lösen. Die erste Gruppe von Methoden ist **merkmalsbasiert**, d.h. es werden markante Bereiche im Bild gesucht und einander zugeordnet. Ein Merkmal kann dabei beispielsweise ein einzelner Punkt, eine Ecke, Kante oder eine Region sein.

Ein merkmalsbasiertes Verfahren besteht dabei immer aus einem **Merkmalsdetektor** und einem **Merkmalsdeskriptor**. Der Detektor beschreibt, nach was für einer Art von Merkmalen gesucht wird und wie diese gefunden werden können. Der Deskriptor beschreibt das Merkmal in einer Datenstruktur und dient dazu, Merkmale einander zuzuordnen. Merkmalsbasierte Verfahren erzeugen in der Regel nur spärlich besetzte Disparitätsbilder, da im Vergleich zur Gesamtanzahl an Pixeln nur relativ wenige Merkmale gefunden werden. Je nach Bild können diese Merkmale auch sehr unregelmäßig verteilt sein, da Merkmale oftmals nur in Bereichen mit starker Textur gefunden werden können. In der Regel weist die Detektion dieser Merkmale allerdings eine sehr hohe Genauigkeit im Subpixelbereich auf. Weiterhin können die Merkmale einander meist sehr robust zugeordnet werden. Fehlzuordnungen können sich jedoch bei der relativ geringen Anzahl an Merkmalen sehr stark negativ auswirken [135, 154].

Die zweite Gruppe von Methoden ist korrelations- oder **pixelbasiert**. Hier versucht man, für jeden Pixel im Bild einen korrespondierenden Pixel im anderen Bild zu finden. Die Ähnlichkeit von Pixeln wird dabei über ein **Ähnlichkeitsmaß**, das für eine bestimmte Nachbarschaft definiert ist, beschrieben. Die einzelnen Verfahren unterscheiden sich dabei zum einen in der Wahl dieses Maßes und zum anderen in der Wahl der **Aggregationsmethode**. Die Aggregationsmethode beschreibt dabei, wie sich die Nachbarschaft eines Pixels zusammensetzt. Die eingesetzten Ähnlichkeitsmaße sind in der Regel deutlich weniger komplex als ein Merkmalsdeskriptor, weswegen es leichter zu Fehlzuordnungen kommen kann, was einen Korrekturschritt nach der Korrespondenzanalyse nötig macht. Außerdem ist es schwieriger, korrespondierende Pixel mit hoher Genauigkeit zu detektieren, insbesondere wenn der Korrespondenzpartner nicht direkt auf einen anderen Pixel fällt sondern mit Subpixelgenauigkeit bestimmt werden muss. Allerdings wird hier ein dichtes Disparitätsbild erzeugt, d.h. man kann theoretisch jeden Pixel rekonstruieren und die Informationen benachbarter Pixel zur Korrektur von Fehlern nutzen. Durch die Einfachheit der Berechnung sind solche Verfahren in de Regel relativ schnell und können auch aufgrund der getrennten Berechnung für die Pixel sehr gut parallelisiert werden [24, 154, 135].

Die letzte Gruppe der **globalen** Verfahren versucht, iterativ eine Disparitätsfunktion für das gesamte Bild zu bestimmen, welche eine Transformation des einen in das andere Bild beschreibt. In der Regel wird das über ein **Energieminimierungsproblem** gelöst. Damit hängt die Disparität eines Pixels immer von allen anderen Disparitäten ab. Diese Verfahren liefern die besten Ergebnisse, da sie beispielsweise die Abhängigkeiten benachbarter Disparitätsregionen mit einbeziehen, und erzeugen immer ein dichtes Disparitätsbild. Allerdings sind sie sehr komplex und zeitaufwändig zu berechnen und durch ihre iterative Struktur sehr schwer zu parallelisieren [24, 154, 135].

Neben der Wahl der Korrespondenzmethode können verschiedene Beschränkungen genutzt werden, um die Korrespondenzanalyse zu vereinfachen [154, 135]. Diese Beschränkungen können teilweise direkt bei der Korrespondenzanalyse, z.B. zur Einschränkung des Suchraums oder bei der Auswahl eines korrespondierenden Punktes aus mehreren Kandidaten, oder auch erst im anschließenden Korrekturschritt zum Einsatz kommen (siehe Kap. 4.6). Im Folgenden werden einige Beschränkungen kurz vorgestellt.

- **Epipolargeometrie**: Die Nutzung der Epipolargeometrie wurde schon in Kap. 4.3.1 vorgestellt. Damit befinden sich korrespondierende Pixel nur noch auf einer Linie und, im Fall rektifizierter Bilder, nur noch auf der selben Zeile im anderen Bild.

- **Beschränkung des Disparitätsbereichs**: Oftmals kann man den Bereich gültiger Disparitäten auf ein kleines Intervall einschränken. Gerade in einem intraoperativen Setting ist der minimale und maximale Abstand von Objekten zur Kamera sehr gut definierbar.

- **Eindeutigkeitsbedingung**: Die Eindeutigkeitsbedingung besagt, dass jeder Pixel nur auf maximal einen anderen Pixel im anderen Bild abgebildet werden kann. Damit können Mehrdeutigkeiten durch eine Disparitätskorrektur aufgelöst werden.

- **Reihenfolgenbedingung**: Bei der Reihenfolgenbedingung wird sichergestellt, dass die korrespondierenden Punkte benachbarter Pixel dieselbe Reihenfolge wie die Pixel haben. Diese Bedingung gilt allerdings nur für Punkte derselben Oberfläche. Sie ist vor allem bei der Disparitätskorrektur nützlich.

- **Glattheitsbedingung**: Die Glattheitsbedingung besagt, dass sich die Entfernungen von 3D-Punkten desselben Objektes zur Kamera und damit die zugeordneten Disparitäten nur kontinuierlich ändern. Diese Bedingung kann vor allem bei Objekten mit wenig Struktur und Textur helfen, korrekte Korrespondenzen zu finden. In der Nachverarbeitung kann sie helfen, die Disparitätsbilder zu interpolieren. Allerdings gilt diese Bedingung nicht an Objektgrenzen. Die Glattheitsbedingung kann auch über die Zeit angewendet werden. Das heißt, das auch über die Zeit sich die Disparitäten korrespondierender Punkte nur kontinuierlich ändern, solange diese Punkte zum selben Objekt gehören.

- **Flussbedingung**: Bei der Flussbedingung wird im Gegensatz zur Glattheitsbedingung die Änderung der Intensität eines Pixels über die Zeit betrachtet. Dabei wird die Bewegung eines Objektes mit dem optischen Fluss verbunden und ein Zusammenhang der Intensitätsänderung über die Zeit mit der Änderung über den Ort hergestellt. Diese Bedingung benötigt die recht aufwändige Schätzung des optischen Flusses, kann aber die Korrespondenzanalyse deutlich erleichtern.

- **Beleuchtungsbedingung**: Bei der Beleuchtungsbedingung geht man davon aus, dass korrespondierende Pixel die gleiche oder eine ähnliche Farbgebung und Beleuchtung unabhängig vom Blickwinkel aufweisen, was beispielsweise viele Ähnlichkeitsmaße voraussetzen. In der Praxis wird diese Bedingung aber beispielsweise durch Glanzlichter verletzt.

4.5.2 Hybrides Rekursives Matching (HRM)

Das Verfahren, das in dieser Arbeit für die Korrespondenzanalyse eingesetzt wird, ist das sogenannte Hybride Rekursive Matching (HRM). Das Verfahren wurde in mehreren Veröffentlichungen vorgestellt [74, 6, 154] und patentiert [20]. Eine damalige Anwendungen war der Einsatz in Videokonferenzsystemen. Eine Besonderheit dieses Einsatzbereiches ist die große räumliche Trennung der Kameras. Dies führt zu sich stark unterscheidenden Disparitäten, d.h. das Intervall, in dem gültige Disparitäten liegen können, ist ziemlich groß. Dieses Verfahren wurde für

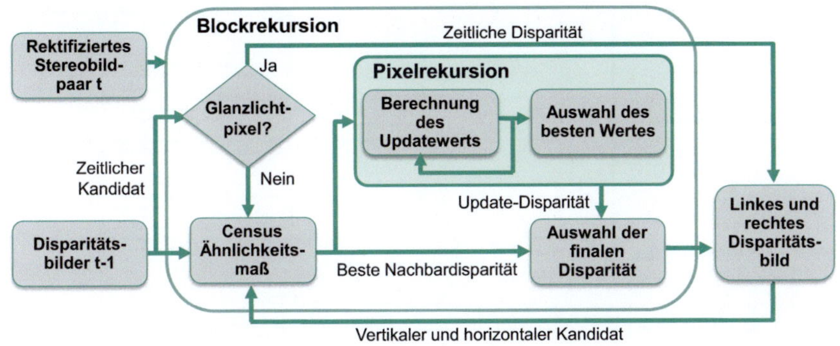

Bild 4.17: Überblick über das Hybride Rekursive Matching

den Einsatz bei Bildern eines Stereoendoskops adaptiert und erweitert. Hier sind die Kameras nah beisammen, was zu einem recht kleinen Disparitätsintervall führt und eine Berechnung der Disparitäten im Subpixelbereich voraussetzt.

Das HRM ist eine Mischung aus pixelbasierten und globalen Verfahren. Einerseits wird für jeden Pixel mithilfe eines Ähnlichkeitsmaßes aus mehreren Kandidaten der korrespondierende Pixel im anderen Bild ausgewählt. Andererseits propagiert es rekursiv schon berechnete Disparitätsinformationen durch das Bild, indem die Kandidaten für einen Pixel aus den schon berechneten Disparitäten generiert werden und dabei das Kamerabild mäanderförmig durchlaufen wird. Das heißt, dass eine direkte lokale Abhängigkeit der Disparitäten etabliert wird, während bei klassischen pixelbasierten Verfahren Disparitäten unabhängig voneinander berechnet werden. Neben der örtlichen Abhängigkeit der Disparitäten wird zusätzlich eine zeitliche Abhängigkeit erzeugt, indem auch das Disparitätsbild des letzten Zeitabschnitts zur Kandidatengenerierung genutzt wird. Dadurch ist die Glattheitsbedingung explizit im Algorithmus enthalten. Dieser Teil des Algorithmus wird **Blockrekursion** genannt. Um auch im Bereich von Objektgrenzen, die sich durch Diskontinuitäten im Disparitätsbild auszeichnen und in denen dadurch schon berechnete Disparitäten nur wenig Aussagekraft haben, einen Kandidaten zu erzeugen, wird auch die Flussbedingung explizit in den Algorithmus eingebaut. Dies wird als **Pixelrekursion** bezeichnet.

Insgesamt wird die finale Disparität eines Pixels aus maximal vier Kandidaten ausgewählt, was die Berechnung des Algorithmus deutlich beschleunigt. Als

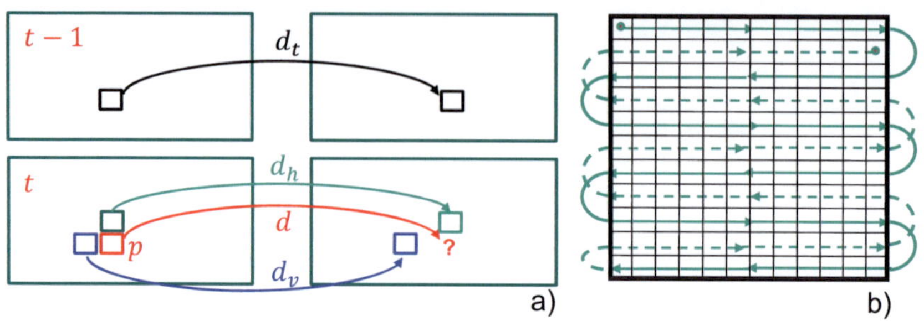

Bild 4.18: a): Auswahl der Kandidaten im Blockrekursionsschritt; b): Mäanderförmiges Durchgehen durch ein Kamerabild

Ähnlichkeitsmaß kommt dabei ein vereinfachtes **Census-Verfahren** zum Einsatz, mit dem die Disparitäten mit Subpixelgenauigkeit berechnet werden. Hier wird das Verfahren auf rektifizierten Bildern angewandt. Zusätzlich werden detektierte Glanzlichtpixel (siehe Kap. 4.4) getrennt behandelt. Weiterhin können die Disparitätsbilder zum Teil interpoliert werden, d.h. es wird nicht für jeden Pixel ein Wert explizit berechnet sondern aus den Nachbarwerten interpoliert. Als Eingabe benötigt das Verfahren die zwei Kamerabilder, die schon berechneten Disparitäten sowie das Disparitätsbild des letzten Zeitabschnitts. Als Ausgabe wird ein dichtes Disparitätsbild berechnet. Einen Überblick über das Verfahren bietet Abb. 4.17 [135, 137, 138, 163].

In seiner ursprünglichen Version wurde das HRM auf der CPU umgesetzt. Aufgrund seines rekursiven Charakters musste das Verfahren für den Einsatz auf der GPU stark umstrukturiert werden (Kap. 4.5.3) [138].

Die Blockrekursion

Ziel der Blockrekursion ist es, für jeden Pixel drei Kandidaten aus der örtlichen und zeitlichen Nachbarschaft zu bilden [6]. Aus diesen wird dann der beste Kandidat ausgewählt, der dann als Startwert an die Pixelrekursion weitergereicht wird. Sie verwendet die Annahme, dass sich die Disparitäten in der lokalen und zeitlichen Nachbarschaft nicht oder nur sehr leicht ändern. Die Blockrekursion schränkt damit deutlich die Auswahl möglicher Korrespondenzkandidaten ein. Dies führt einerseits zu einer deutlichen Beschleunigung, andererseits kann die Blockrekursion keine komplett neuen Disparitäten einführen, weswegen sie im Bereich von Diskontinuitäten versagen kann. Die beschränkte Auswahl kann aber insbesondere in homogenen Regionen dazu führen, dass trotz der unzureichenden Bildinformationen, die die Aussage der berechneten Ähnlichkeiten deutlich reduzieren, gültige Disparitäten berechnet werden. Außerdem ist zumindest eine leichte Änderung der Disparitäten im Subpixelbereich aufgrund der Weise, wie die Subpixelberechnung durchgeführt wird, möglich. Dies reicht in der Regel aus, da durch den engen Abstand der Kameras meist nur Disparitätsänderungen im Subpixelbereich auftreten. Die Berechnung mit Subpixelgenauigkeit und die damit verbundene Modifizierung des Disparitätskandidaten wird im weiteren Verlauf des Kapitels genauer erläutert.

Als Kandidaten werden dabei ein vertikaler, ein horizontaler sowie ein zeitlicher Nachbar verwendet (Abb. 4.18 a)). Diese Nachbardisparitäten müssen dabei schon berechnet sein. Der zeitliche Nachbar ist die Disparität desselben Pixels aus dem letzten Zeitabschnitt. Die Positionen der örtlichen Nachbarn hängen zum einen davon ab, auf welche Art und Weise rekursiv das Disparitätsbild erzeugt wird. Um mögliche Richtungsabhängigkeiten zu reduzieren, wird dabei mäanderförmig durch das Bild durchgegangen (Abb. 4.18 b)). Das bedeutet, dass je nach Bildzeile entweder die linke oder die rechte bzw. entweder die obere oder die untere Nachbardisparität schon berechnet wurde. Der Startpunkt und die Startrichtung kann dabei von Bild zu Bild variiert werden. Weiterhin hängt die Position davon ab, ob das Disparitätsbild zum Teil interpoliert wird oder nicht.

Seien d_v die Disparität des vertikalen, d_h des horizontalen und d_t des zeitlichen Kandidaten sowie S das Ähnlichkeitsmaß. Als Disparität wählt man den Kandidaten d_B mit der größten Ähnlichkeit, d.h. dem kleinsten Fehler

$$d_B = \{\, d \in \{d_v, d_h, d_t\} \mid S(d) = min\{S(d_v), S(d_h), S(d_t)\} \,\} \qquad (4.22)$$

Der zeitliche Kandidat bewirkt dabei, dass dieses Verfahren insbesondere für Bildsequenzen geeignet ist. So kann auch das Disparitätsbild über die Zeit zu einer optimalen Lösung konvergieren, auch wenn die Bildinformation womöglich in einigen Bereichen nur schlecht nutzbar ist. Genauso können nach und nach örtliche Informationen in solche Bereiche hineinpropagiert werden.

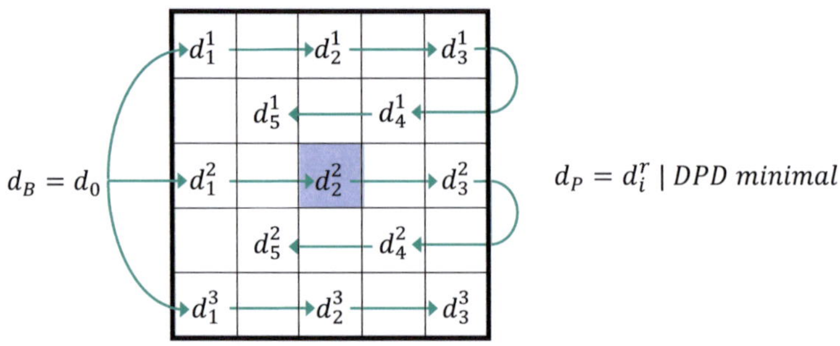

Bild 4.19: Anwendung der Pixelrekursion in einem 5x5-Fenster zur Generierung eines weiteren Disparitätskandidaten d_P für den mittleren Pixel

Die Pixelrekursion

Die Blockrekursion stellt sicher, dass die Glattheitsbedingung im Großteil des Bildes und über die Zeit eingehalten werden kann [6]. Sie stabilisiert damit das Disparitätsbild. Allerdings ist sie nicht in der Lage, komplett neue Disparitäten einzuführen, was im Fall von Diskontinuitäten durch Objektgrenzen oder am Bildrand jedoch nötig wird. Diese Aufgabe übernimmt die Pixelrekursion, die einen vierten Disparitätskandidaten generiert. Dieser wird mit dem besten Kandidaten der Blockrekursion verglichen und der beste als finale Disparität ausgewählt.

Die Idee hinter der Pixelrekursion ist es, mit Hilfe eines vereinfachten optischen Fluss-Prinzips für eine Nachbarschaft um den aktuellen Pixel in jedem Pixelrekursionsschritt eine Disparitätsänderung δd_i^r zu berechnen, mit der die Disparität d_{i-1}^r des vorigen Berechnungsschrittes rekursiv angepasst wird. i beschreibt dabei die Nummer des aktuellen Rekursionsschrittes. Es können dabei mehrere Rekursionsprozesse durchgeführt werden. r ist hier der aktuelle Rekursionsprozess. Als Startdisparität d_0 wählt man, falls vorhanden, die beste Disparität aus dem Blockrekursionsschritt aus. Ansonsten wird der Mittelwert des verwendeten Disparitätsintervalls als Startwert genommen. Die Pixelrekursion wird dabei in dem gewählten Fenster in jeder ungeraden Zeile an der ersten Position mit d_0 gestartet und dann für jeden zweiten Pixel in dieser und der nächsten Zeile rekursiv berechnet. Für jeden weiteren Schritt wird die vorher berechnete Disparität d_{i-1}^r als neuer Ausgangswert gewählt (Abb. 4.19).

Um δd_i^r zu berechnen, wird ein Fenster, in dem die Nachbarschaft des Pixels vorhanden ist, ausgehend vom Nachbarpixel, der in der linken oberen Ecke des Fensters liegt, von links nach rechts und oben nach unten durchlaufen. Sei $p_i^r(x,y)$ der gerade betrachtete Nachbar und $I(x,y)$ sein Intensitätswert. Dann können zwei Maße für $p_i^r(x,y)$ bestimmt werden. Dies ist zum einen der lokale Intensitätsgradient grad $I(x,y)$ sowie der Intensitätsgradient $DPD(d_{i-1}^r,x,y)$ zwischen dem Nachbarpixel und seinem laut der Disparität d_{i-1}^r korrespondierenden Pixel im anderen Bild.

Der lokale Intensitätsgradient approximiert sich durch

$$\text{grad } I = \begin{cases} 0 & \text{wenn } \frac{\delta I(x,y)}{\delta x} < \Theta \\ \left(\frac{(I(x+1,y)-I(x-1,y))}{2} \right)^{-1} & \text{sonst} \end{cases}$$

mit dem Schwellwert Θ, der in der Regel einen kleinen ganzzahligen Wert erhält, z.B. 2 oder 3. Der lokale Intensitätsgradient soll bewirken, dass δd_i^r möglichst klein wird, wenn die gerade betrachteten Pixel an Objektgrenzen liegen, die sich durch einen großen lokalen Intensitätsunterschied auszeichnen. Dies betont den Charakter der Pixelrekursion, im Bereich von Unstetigkeiten neue Werte zu generieren. Dadurch reduziert er auch die Empfindlichkeit der Berechnung gegenüber Bildrauschen.

Wenn $I_1(x+d_{i-1}^r,y)$ die Intensität des korrespondierenden Pixels im anderen Bild ist, berechnet sich der zweite Gradient $DPD(d_{i-1}^r,x,y)$ zu

$$DPD(d_{i-1}^r,x,y) = |I(x,y) - I_1(x+d_i,y)|$$

Die Disparitätsänderung δd_i^r ergibt sich dann als

$$\delta d_i^r = DPD(d_{i-1}^r,x,y) \cdot \text{grad } I(x,y)$$

und der neue Disparitätswert d_i^r als

$$d_i^r = d_{i-1}^r \delta d_i^r$$

Aus der Menge an Disparitätswerten wird dann der Wert d_P als Kandidat des Pixelrekursionsschrittes ausgewählt, bei dem $DPD(d_{i-1}^r,x,y)$ für alle Rekursionsprozesse minimal wird

$$d_P = \left\{\, d \mid \mathrm{DPD}(d,x,y) = \min\left\{\mathrm{DPD}(d^r_{i-1},x,y)\ \forall i \forall r\,\right\}\right\} \qquad (4.23)$$

Für diesen Disparitätskandidaten wird jetzt wieder die Ähnlichkeit berechnet und mit dem besten Kandidaten der Blockrekursion verglichen. Der bessere der beiden ist die finale Disparität für den gerade betrachteten Pixel.

Ähnlichkeitsmaß und Subpixelgenauigkeit

Die in der Block- und Pixelrekursion ausgewählten Disparitätskandidaten müssen bewertet werden, um den besten auswählen zu können. Dazu ist ein Ähnlichkeitsmaß nötig, das die Region um den gerade betrachteten Pixel mit den Regionen der durch die Disparitätskandidaten gefundenen Pixel im anderen Bild vergleicht. Als erstes muss die Nachbarschaft definiert werden. In dieser Arbeit wird ein quadratisches Fenster um die betrachteten Pixel mit variabler, aber immer ungerader Größe genutzt. Weiterhin wird nur die Intensität des Pixels und nicht seine einzelnen Farbwerte für den Ähnlichkeitsvergleich genutzt.

Im Vergleich zum ursprünglichen Algorithmus, in dem die Summe der absoluten Differenzen (SAD) als Ähnlichkeitsmaß genutzt wird [6], kommt hier eine vereinfachte Version des Census-Verfahrens zum Einsatz. Die grundlegende Idee beim Census-Verfahren ist es, ähnlich wie beim Rang-Filter zuerst jedem Pixel p des Bildes einen neuen Wert abhängig von seiner Nachbarschaft zuzuweisen. Dafür wird für jeden Pixel in der Nachbarschaft des gerade betrachteten Pixels p untersucht, ob dessen Intensitätswert größer oder kleiner als der Wert von p ist. Beim Rangfilter wird p sein Rang innerhalb der Nachbarschaft zugewiesen. Beim Census-Filter erhält p einen Bitstring, indem für jeden Pixel der Nachbarschaft kodiert ist, ob die Intensität dieses Pixels größer oder kleiner als die Intensität von p ist. Um jetzt die Ähnlichkeit zweier Pixel zu berechnen, werden die Bitstrings einer definierten Nachbarschaft miteinander verglichen. Die Ähnlichkeit $S(d)$ zu einer bestimmten Kandidatendisparität d ist dann genau die Hamming-Distanz beider Bitstrings, also die Anzahl der sich unterscheidenden Bits.

Der wesentliche Vorteil des Census-Verfahrens im Vergleich beispielsweise zur SAD ist, dass nur relative Helligkeitsunterschiede betrachtet werden. Falls die beiden Kamerabilder unterschiedlich hell dargestellt werden, liefert die SAD

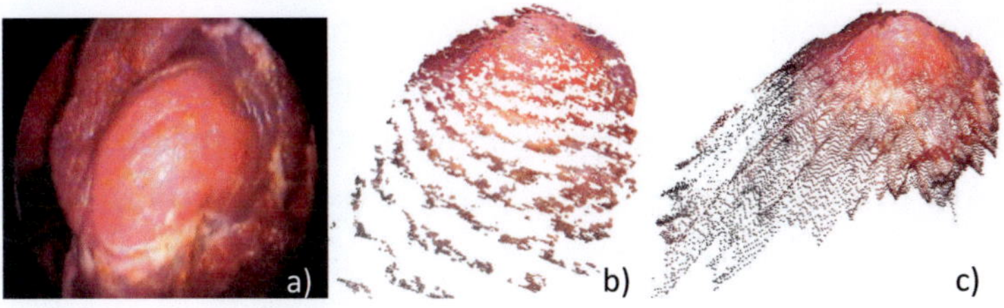

Bild 4.20: Vergleich der rekonstruierten Punktwolken eines Endoskopbildes (a)) bei Disparitäten mit Pixelgenauigkeit (b)) und Subpixelgenauigkeit (c))

einen sehr großen Wert zurück, während der Census unabhängig gegenüber diesen absoluten Helligkeitsänderungen ist. Dies ist auch im Bereich von Glanzlichtern oder Instrumentenschatten eine nützliche Eigenschaft. Im Vergleich zur Rang-Transformation werden auch deutlich mehr Bildinformationen genutzt. Allerdings ist die Census-Transformation deutlich aufwändiger zu berechnen, da die Bilder zuerst in einem Vorverarbeitungsscrhitt transformiert werden müssen und mehrere Bitstrings anstatt einzelner Intensitätswerte verglichen werden müssen. Deswegen wird hier in der Praxis ein vereinfachtes Census-Verfahren verwendet. Während in der klassischen Version für jeden Pixel in einem Vorverarbeitungsschritt ein Bitstring berechnet wurde, fällt dieser Vorverarbeitungsschritt hier weg. Statt dessen werden nur zwei Bitstrings für p sowie den Kandidaten q im anderen Bild sowie deren Hamming-Distanz h berechnet [137]. $S(d)$ beschreibt dann die Ähnlichkeit der Nachbarschaften beider Pixel zu einer Kandidatendisparität d und berechnet sich als

$$S(d) = h = \sum_{i=1}^{N} |c(p_i) - c(q_i)| \tag{4.24}$$

wobei N die Größe der Nachbarschaft ist, p_i bzw. q_i Nachbarpixel von p und q, $I(p)$ die Intensität eines Pixels und

$$c(p_i) = \begin{cases} 1 & , I(p_i) > I(p) \\ 0 & , \text{sonst} \end{cases} , c(q_i) = \begin{cases} 1 & , I(q_i) > I(q) \\ 0 & , \text{sonst} \end{cases}$$

Im ursprünglichen Verfahren werden nur ganzzahlige Disparitäten betrachtet, da die dort vorgestellte Anwendung keine höhere Genauigkeit verlangt. Im Fall von

Endoskopbildern ist dies allerdings nicht mehr praktikabel, da aufgrund des engen Abstandes zwischen den Kameras deutlich weniger Disparitätswerte auftreten können. Dies führt zu einer deutlich ungenaueren 3D-Rekonstruktion, bei der die 3D-Punkte, die zu den einzelnen ganzzahligen Disparitäten gehören, voneinander separiert sind (Abb. 4.20 b)). Deswegen wurde das Verfahren um eine Möglichkeit erweitert, Disparitäten mit Subpixelgenauigkeit zu berechnen (Abb. 4.20 c)). Bei der Berechnung wird dabei das Ergebnis des Ähnlichkeitsmaßes genutzt.

Die grundlegende Idee ist, dass man schon von kontinuierlichen Disparitätswerten ausgeht. Ist solch ein Wert d_{kont} gegeben, werden die beiden einschließenden ganzzahligen Disparitäten $d_{max} = \lceil d_{kont} \rceil$ und $d_{min} = \lfloor d_{kont} \rfloor$ bestimmt und für diese beiden Werte die Ähnlichkeiten $S(d_{max})$ und $S(d_{min})$ berechnet. Diese beiden Ähnlichkeiten werden jetzt genutzt, um eine neue kontinuierliche Disparität d_{neu} zu berechnen. Gleichzeitig wird aus diesen Ähnlichkeiten eine gemeinsame Ähnlichkeit S_{neu} interpoliert, die für den Vergleich der Disparitätskandidaten genutzt wird [137].

Es wurden zwei Berechnungsmöglichkeiten implementiert und miteinander verglichen. Der erste Ansatz basiert auf der inversen gewichteten Distanzfunktion für zwei Punkte, wobei die Gewichte den Ähnlichkeitswerten $S(d_{max})$ und $S(d_{min})$ entsprechen. d_{neu} berechnet sich dann als

$$d_{neu} = d_{min} + \delta d \tag{4.25}$$

wobei

$$\delta d = \frac{S(d_{min})}{S(d_{min}) + S(d_{max})} \tag{4.26}$$

$S(d_{neu})$ ergibt sich zu

$$S(d_{neu}) = \delta d \cdot S(d_{max}) + (1 - \delta d) \cdot S(d_{min}) \tag{4.27}$$

Diese Methode ist einfach zu berechnen, hat allerdings den großen Nachteil, dass sich die so berechneten δd statistisch gesehen um den Wert $0,5$ ballen. Dies wird als **Pixel-Locking-Effekt** bezeichnet und führt zu einer ungleichmäßigen treppenartigen Verteilung der 3D-Punkte (Abb. 4.21 a)). Dies liegt zum einen daran, dass

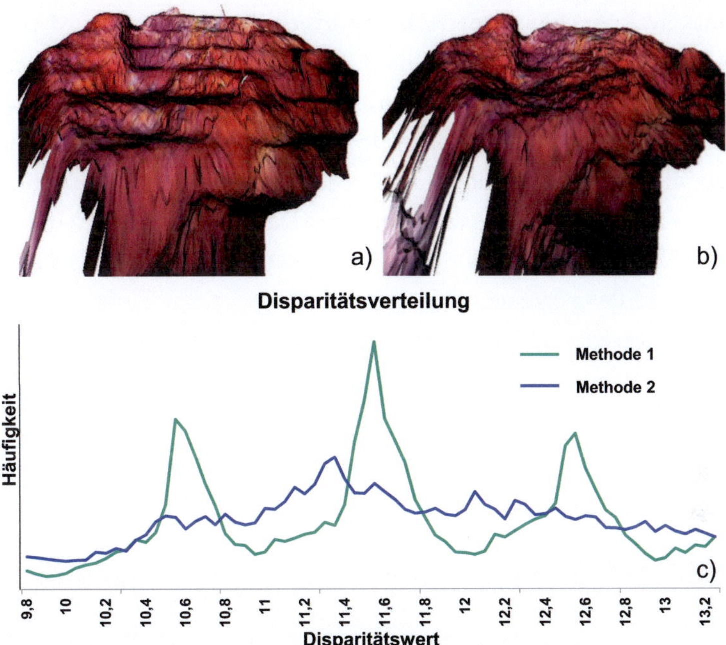

Bild 4.21: a): 3D-Rekonstruktion mit der ersten Methode zur Berechnung von Subpixeldisparitäten; b): 3D-Rekonstruktion mit der zweiten Methode; c): Vergleich der Disparitätsverteilung für beide Methoden über ein Bild

statistisch gesehen ähnliche Werte bei $S(d_{max})$ und $S(d_{min})$ deutlich wahrscheinlicher sind als sehr unterschiedliche Werte. Gleichzeitig sind die Funktionswerte dieser Methode nicht gleichmäßig über das Intervall zwischen 0 und 1 verteilt, sondern liegen insbesondere bei ähnlichen $S(d_{max})$ und $S(d_{min})$ nahe an $0,5$. Diese beiden Effekte addieren sich und führen zu den starken Spitzen im Diagramm der Disparitätsverteilung (Abb. 4.21 c)). Weiterhin besteht hier auch keine Möglichkeit, eine Disparität größer als d_{max} oder kleiner als d_{min} zu berechnen, was insbesondere in Bereichen im Bild, in denen es zu so einem Disparitätssprung kommt, hinderlich ist. Auch besteht hier keine Abhängigkeit zwischen der ursprünglichen Disparität d_{kont} und der neu berechneten Disparität d_{neu}. Deswegen wurde eine zweite Berechnungsmethode entwickelt, die diese Nachteile abschwächt [137].

Diese zweite Methode zur Berechnung von δd nutzt eine stückweise definierte Funktion, die symmetrisch um den Wert $0,5$ ist. Sie hat die Eigenschaft, eine gleichmäßigere Verteilung der Werte im Intervall zwischen 0 und 1 zu bieten, d.h. es findet keine ausgeprägte Ballung mehr um $0,5$ statt. Zusätzlich ist sie in der Lage, auch Werte kleiner 0 und größer 1 zu erzeugen, falls sich $S(d_{max})$ und $S(d_{min})$ sehr deutlich unterscheiden. Um zusätzlich eine Abhängigkeit zwischen der ursprünglichen Disparität des besten Kandidaten und der neu berechneten Disparität zu erhalten, werden diese gemittelt. Damit reduzieren sich die Schwankungen zwischen lokal benachbarten Disparitäten und es wird eine lokal glattere Disparitätsverteilung erzeugt.

δd berechnet sich hier folgendermaßen

$$\delta d = \begin{cases} \dfrac{3 \cdot S(d_{min})^2 - S(d_{min})S(d_{max})}{(S(d_{min}) + S(d_{max}))^2} & , S(d_{min}) < S(d_{max}) \\[2ex] \dfrac{3 \cdot S(d_{max})^2 - S(d_{min})S(d_{max})}{(S(d_{min}) + S(d_{max}))^2} & , S(d_{min}) > S(d_{max}) \\[2ex] 0,5 & , S(d_{min}) = S(d_{max}) \end{cases} \tag{4.28}$$

d_{neu} ergibt sich dann als

$$d_{neu} = \begin{cases} d_{min} + \delta d & , \delta d < 0 \text{ oder } \delta d > 1 \\[2ex] \dfrac{d_{kont} + d_{min} + \delta d}{2} & , \delta d \in [0, 1] \end{cases} \tag{4.29}$$

Das neue Ähnlichkeitsmaß $S(d_{neu})$ wird als gewichtetes Mittel zwischen $S(d_{max})$ und $S(d_{min})$ berechnet

$$S(d_{neu}) = \begin{cases} \dfrac{2 \cdot S(d_{min})^2 + S(d_{max})}{3} & , S(d_{min}) \leq S(d_{max}) \\[2ex] \dfrac{2 \cdot S(d_{max})^2 + S(d_{min})}{3} & , S(d_{min}) > S(d_{max}) \end{cases} \tag{4.30}$$

Der Grund für dieses Ähnlichkeitsmaß ist, dass Kandidaten, bei denen entweder $S(d_{max})$ oder $S(d_{min})$ sehr klein und der jeweils andere Wert groß ist, gegenüber Kandidaten mit ähnlichem $S(d_{max})$ oder $S(d_{min})$ bevorzugt werden sollten. Dies führt ebenfalls zu einer besseren Disparitätsverteilung, da sie den Effekt, dass bevorzugt Disparitätskandidaten mit sehr ähnlichen $S(d_{max})$ und $S(d_{min})$ vorkommen, etwas abschwächt. Außerdem ist dieses Verhalten vor allem im Bereich von Diskontinuitäten hilfreich.

Zusammenfassend ermöglicht die zweite Methode zur Berechnung der Disparitäten und des Ähnlichkeitswertes, der zum Vergleich der Kandidatendisparitäten

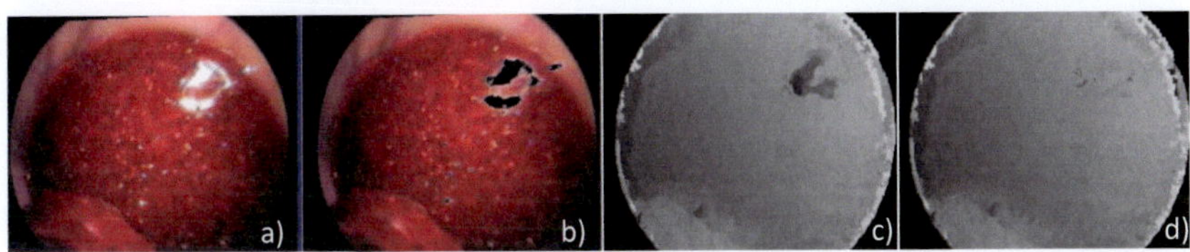

Bild 4.22: a): Kamerabild mit Glanzlichtern; b): Detektierte Glanzlichtpixel; c): Disparitätsbild ohne Glanzlichtkorrektur; d): Disparitätsbild mit Glanzlichtkorrektur

herangezogen wird, eine deutlich gleichmäßigere Verteilung ohne eine signifikante Ballung um gewisse Werte. Weiterhin kann sie auch neue Werte um die ganzzahligen Grenzen erzeugen, was insbesondere bei Disparitätskandidaten nahe eines ganzzahligen Wertes hilfreich sein kann. Gleichzeitig ist der Aufwand, sie zu berechnen, vergleichbar mit der ersten Methode. Dies macht sie zur Methode der Wahl, um Disparitäten mit Subpixelgenauigkeit zu berechnen [137].

Glanzlichtbehandlung, Interpolation und Optimierung des HRM

Glanzlichter spielen insbesondere bei endoskopischen Bildern eine große Rolle. Es besteht vor allem die große Gefahr, dass bei der Korrespondenzanalyse einem Glanzlichtpixel im ersten Bild auch ein Glanzlichtpixel im zweiten Bild zugeordnet wird, obwohl die Glanzlichter nicht an der gleichen Stelle liegen. Selbst die eher glättende Charakteristik des HRM und die Propagierung von Disparitäten in texturlose Bereiche kann insbesondere bei großen Glanzlichtern versagen. Deswegen werden hier Glanzlichtpixel gesondert behandelt. Die Detektion von Glanzlichtpixeln erfolgt mit der in Kap. 4.4 vorgestellten Schwellwertmethode. Für diese Pixel wird jetzt eine Disparität aus dem zeitlichen Nachbarn, gewichtet mit der Differenz der örtlichen Nachbarn über die Zeit, erstellt.

Seien d_p^{t-1} die Disparität des Pixels p im vorigen Zeitabschnitt, d_h^t der horizontale und d_v^t der vertikale Nachbar des aktuellen Zeitabschnitts, sowie d_h^{t-1} der horizontale und d_v^{t-1} der vertikale Nachbar des vorigen Zeitabschnitts. Dann ergibt sich die neue Disparität d_p^t als

$$d_p^t = d_p^{t-1} - \frac{(d_h^{t-1} - d_h^t) + (d_v^{t-1} - d_v^t)}{2} \tag{4.31}$$

Damit ist man in der Lage, kleine Bewegungen der Kamera oder der beobachteten Szene und damit verbundene Tiefenschwankungen zu kompensieren. Kleine bis mittelgroße Glanzlichtbereiche sind mit dieser Methode gut mit sinnvollen Disparitätswerten zu füllen, solange sich die Entfernung dieser Bereiche zur Kamera nicht stark ändert (Abb. 4.22).

Zusätzlich besteht die Möglichkeit, nicht das komplette Disparitätsbild explizit zu berechnen sondern jede zweite Zeile und Spalte zu interpolieren. Dazu werden zuerst für alle anderen Pixel die Disparitäten bestimmt. Im Anschluss werden die fehlenden Werte aus den vier umliegenden Nachbarn interpoliert. Der Grund dafür ist ein deutlicher Geschwindigkeitsgewinn bei nur geringen qualitativen Einbußen. Als weitere Optimierung kann man den aufwändigen Pixelrekursionsschritt nur aufrufen, wenn die Ähnlichkeit des besten Kandidaten aus dem Blockrekursionsschritt schlecht ist, d.h. größer als ein bestimmter vordefinierter Schwellwert. Dies hat neben der schnelleren Laufzeit auch den positiven Effekt, dass insbesondere in zusammenhängenden Regionen mit wenig Textur keine falschen Disparitäten durch den Pixelrekursionsschritt eingeführt werden können.

Da für beide Kamerabilder ein Disparitätsbild berechnet wird, muss der Algorithmus zweimal aufgerufen werden. Die Berechnungen sind allerdings unabhängig voneinander, wodurch ein Auslagerung der beiden Prozesse in zwei Threads sehr leicht möglich ist. Durch die moderne Multiprozessorarchitektur kann somit ungefähr eine Halbierung der Berechnungszeit bei der Nutzung von zwei statt einem Prozessor erreicht werden. Zusätzlich ist es möglich, zwei Disparitätsbilder für jedes Kamerabild zu berechnen, wobei der einzige Unterschied ist, dass sich die mäanderförmige Struktur beim rekursiven Durchlauf des Bildes ändert. Diese beiden Disparitätsbilder können leicht fusioniert werden, indem für jeden Pixel aus den zwei Disparitäten diejenige ausgesucht wird, bei der das Ähnlichkeitsmaß einen kleineren Wert zurückliefert. Somit werden in jedem Disparitätsbild diejenigen Werte ausgesucht, die mit einer größeren Wahrscheinlichkeit stimmen, was insgesamt die Anzahl an fehlerhaften Disparitäten reduziert. Bei der Nutzung von vier Prozessoren sind hier auch kaum Geschwindigkeitseinbußen zu sehen bei einer deutlichen Verbesserung der Qualität.

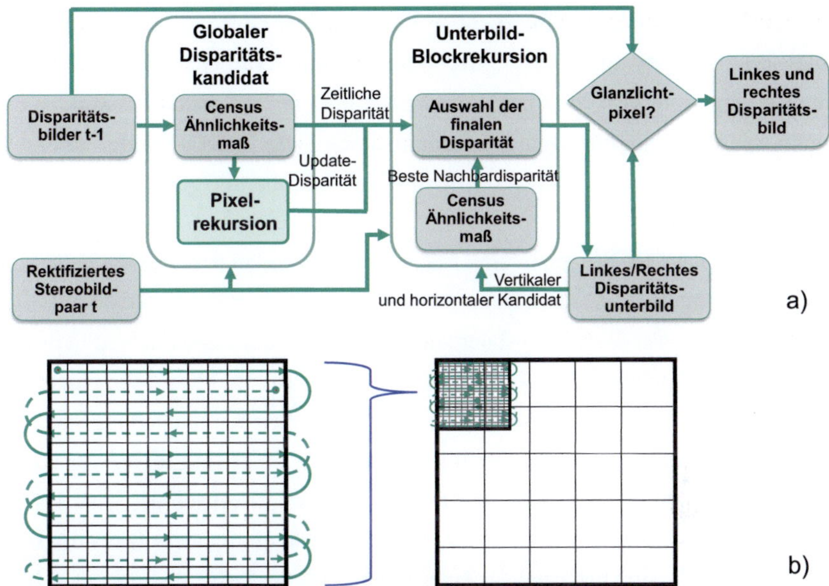

Bild 4.23: a): Struktur des HRM auf der GPU; b): Grundlegendes Konzept: Berechnung von Disparitätsbildern auf sich überlappenden Unterbildern

4.5.3 Das HRM auf der GPU

Die CPU-Version des HRM ist in der Lage, in relativ kurzer Zeit ein akkurates Disparitätsbild zu erzeugen. Allerdings gilt, dass sich die Laufzeit vervierfacht, wenn sich die Bildauflösung verdoppelt. Deswegen ist das HRM nur bei einer Auflösung von 320x240 echtzeitfähig. Um auch bei höheren Auflösungen echtzeitfähig zu bleiben, wurde das HRM auf die GPU portiert, um deren hohen Parallelisierungsgrad auszunutzen. Problematisch bei der Portierung ist der stark rekursive Charakter des HRM. So werden nicht alle Pixel unabhängig voneinander betrachtet, sondern in der Blockrekursion nach und nach abhängig von den vorigen Pixeln verarbeitet. In dieser Form ist der Algorithmus nicht für eine Portierung geeignet. Deswegen wurde der Algorithmus umstrukturiert, um eine möglichst hohe Parallelisierung zu erreichen. Ziel muss es dabei sein, bei jedem Berechnungsschritt zumindest einige hundert parallele Threads nutzen zu können. Dazu wird der Algorithmus in zwei Teile zerlegt. Im ersten Teil werden voneinander unabhängige Berechnungen auf dem kompletten Bild durchgeführt. Hier hängt die Anzahl der möglichen Threads von der Bildauflösung ab. Im zweiten Teil wird das Bild in eine Vielzahl von Unterbildern zerlegt und diese Unterbilder parallel verarbeitet. Die Anzahl der Threads hängt hier von der Anzahl der Unterbilder ab. Im Anschluss müssen die Ergebnisse der Berechnungen auf den einzelnen Unterbildern wieder zu einem Gesamtergebnis fusioniert werden. Einen Überblick über die neue Struktur bietet Abb. 4.23 [138].

Eine Komponente, bei denen eine Berechnung für jeden Pixel unabhängig voneinander durchgeführt werden, ist zum einen die Berechnung des zeitlichen Disparitätskandidaten. Zusätzlich wird der aufwändige Pixelrekursionsschritt in diesen globalen Teil ausgelagert. Sie nimmt jetzt im Gegensatz zur CPU-Lösung nicht den besten Blockrekursionskandidaten sondern den zeitlichen Kandidaten als Startwert. Aus diesen beiden Disparitäten wird jetzt für jeden Pixel ein globaler Kandidat ausgewählt und an den nächsten Schritt weitergeleitet. Im Anschluss wird das Gesamtbild in Unterbilder zerlegt und für jedes Unterbild getrennt ein Disparitätsbild berechnet. Als finale Disparität für einen Pixel wird der beste Wert aus dem horizontalen und vertikalen Nachbarn der lokalen Blockrekursion sowie dem globalen Kandidaten gewählt. Wichtig ist, dass sich die Unterbilder dabei überlappen. Somit ist ein fließender Übergang der Disparitäten zwischen den einzelnen Disparitäten möglich. Damit können auch Disparitäten aus texturreichen in texturarme Regionen propagiert werden, was eine Konvergenz in diesen Bereichen über mehrere Zeitschritte möglich macht. Standardmäßig findet hier kein Pixelrekursionsschritt statt, kann aber, beispielsweise bei nicht vorhandenen oder nicht verlässlichen zeitlichen Disparitätskandidaten auch hier durchgeführt werden, was allerdings die Laufzeit deutlich erhöht. Die Größe eines Unterbildes kann frei festgelegt werden. Sie ist zusammengesetzt aus einem vom Benutzer festgelegten Größenfaktor und einem daraus definierten Überlappungsbereich. In vertikaler Richtung ist der Überlappungsbereich fix auf vier Pixel gesetzt, während in horizontaler Richtung der Überlappungsbereich ein Viertel des Größenfaktors beträgt. Bei einem Faktor von 24 ergibt sich beispielsweise eine Unterbildgröße von 24x28 Pixeln mit einem Überlappungsbereich von 6 Pixeln in horizontaler und 4 Pixeln in vertikaler Richtung.

Während im globalen Schritt einige Tausend Threads parallel laufen können, kommen hier nur noch einige Hundert zum Einsatz, wodurch die GPU nicht optimal

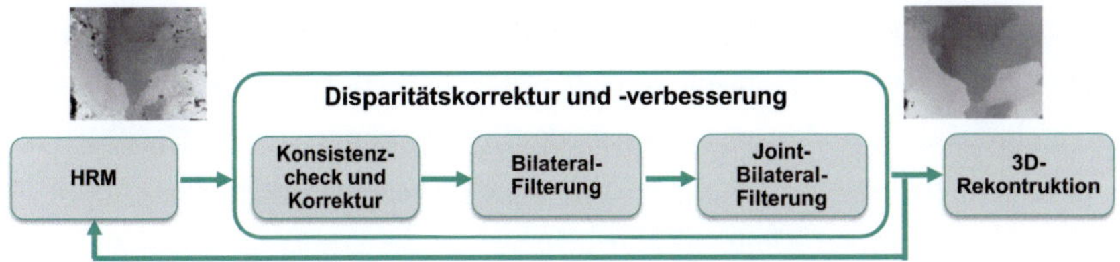

Bild 4.24: Überblick über die Methoden zur Korrektur und Verbesserung von Disparitätsbildern

ausgelastet werden kann. Um die Anzahl zu erhöhen, werden gleichzeitig das linke und rechte Disparitätsbild berechnet. Das Verfahren skaliert an dieser Stelle gut, da bei höheren Bildauflösungen auch mehr Threads genutzt werden können und somit eine bessere Auslastung der GPU erreicht werden kann. Der Verlust der rekursiven Struktur und die damit verbundene reduzierte Abhängigkeit der Disparitäten voneinander führt zu etwas schlechteren Disparitätsbildern. Problematisch sind vor allem große texturarme Regionen, die eventuell dazu führen können, dass trotz der Überlappung harte Kanten zwischen Unterbildern zu sehen sind. Allerdings ist die Berechnung trotz der nicht vollständig erreichbaren Parallelisierung deutlich schneller als die CPU-Variante (siehe Kap. 7.2.2).

Die Glanzlichtdetektion und -korrektur wird genauso wie bei der CPU-Variante durchgeführt. Allerdings werden Glanzlichtpixel erst hinterher und nicht direkt im Blockrekursionsschritt korrigiert. Damit findet die Korrektur vollständig parallelisiert statt. Optimierungen zur Laufzeitverbesserung sind wie bei der CPU-Variante möglich. So gibt es die Möglichkeit, Teile des Disparitätsbildes zu interpolieren, sowie den Pixelrekursionsschritt nur bei Bedarf auszuführen.

4.6 Disparitätskorrektur und -verbesserung

Die in der Korrespondenzanalyse erstellten Disparitätsbilder für das linke und rechte Kamerabild weisen noch zahlreiche fehlerhafte Disparitäten auf. Auch wenn durch das HRM-Verfahren eine gewisse Abhängigkeit der Disparitäten voneinander vorhanden ist, kann es insbesondere in schwach texturierten Regionen, Regionen mit Glanzlichtern, Regionen, die teilweise verdeckt sind, oder an Objektgrenzen zu Fehlern kommen. Außerdem sind die Disparitätswerte verrauscht. In diesem Kapitel wird ein mehrstufiges Verfahren vorgestellt, das genutzt wird, um die Fehler zu korrigieren und das Disparitätsbild zu glätten (Abb. 4.24). Es besteht im ersten Teil aus einem **Konsistenzcheck**, um fehlerhafte Disparitäten zu detektieren, sowie ersten einfachen Korrekturmaßnahmen, die Informationen aus der Nachbarschaft eines fehlerhaften Disparitätswertes sowie aus dem anderen Bild nutzen (Abb. 4.25). Im Anschluss wird der **Bilateralfilter** genutzt, um die Disparitätsbilder zu glätten. Eine Version des Bilateralfilters, der **Joint-Bilateralfilter**, kann abschließend für eine weitere Korrektur der Disparitäten genutzt werden. Alle Methoden sind auf der CPU sowie auf der GPU implementiert.

Die so korrigierten Disparitätsbilder wirken sich nicht nur auf die Qualität der 3D-Rekonstruktion im aktuellen Zeitschritt aus. Durch die Nutzung von zeitlichen Informationen während der Korrespondenzanalyse (siehe Kap. 4.5.1) haben korrigierte und geglättete Disparitätsbilder auch einen positiven Einfluss auf die nachfolgenden Rekonstruktionen. Dies ist insbesondere bei anspruchsvollen statischen Szenen, z.B. Szenen mit wenig Textur, oder bei dynamischen Bildstörungen, verursacht beispielsweise durch Rauch, der Fall.

4.6.1 Konsistenzcheck und erste Korrekturmaßnahmen

Eine klassische Methode, um fehlerhafte Disparitäten zu detektieren, ist der sogenannte Konsistenzcheck. Hierbei wird überprüft, ob beide erstellten Disparitätsbilder in sich konsistent sind, d.h. ob in beiden Bildern dieselben Korrespondenzpaare gefunden werden. Falls dies nicht so ist, wird einer der beiden Pixel oder beide als fehlerhaft gekennzeichnet (Abb. 4.26 a) [6]. Der Konsistenzcheck wird hier zuerst vom zweiten Bild zum ersten Bild durchgeführt, um Fehler im zweiten Bild zu beseitigen. Im Anschluss wird das erste Bild mithilfe des schon korrigierten zweiten Bildes korrigiert [138].

Sei ein Pixel $p(x,y)$ mit Disparität d_p sowie der korrespondierende Pixel $q(x + d_p, y)$ und seine Disparität d_q gegeben. Dann wird die Disparitätsdifferenz $\delta d = |d_p - d_q|$ bestimmt. Falls δd größer als ein vom Benutzer festgelegter Schwellwert ist, wird d_p als fehlerhaft deklariert. Typischerweise liegt der Schwellwert bei $0,5$.

Um fehlerhafte Disparitäten zu korrigieren, können grundsätzlich zwei Ansätze verfolgt werden. Zum einen können **Informationen des anderen Disparitätsbildes** genutzt werden, um die aktuelle Disparität zu korrigieren, falls diese als

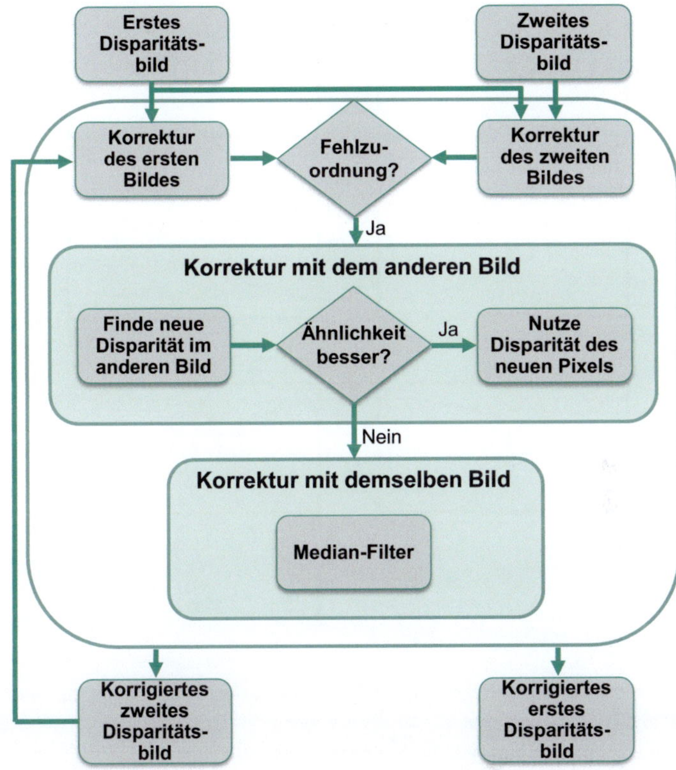

Bild 4.25: Überblick über die Disparitätskorrektur auf der GPU

verlässlicher eingestuft werden. Alternativ dazu kann man versuchen, eine neue **Disparität aus den Nachbardisparitäten** zu extrahieren. Die unterschiedlichen Korrekturmaßnahmen sind grundsätzlich gleich auf der CPU und der GPU, unterscheiden sich aber leicht in ihrer Zusammensetzung. Im Folgenden wird die GPU-Lösung genauer betrachtet. Mehr Informationen über die CPU-Lösung findet man bei [137].

Um die aktuelle Disparität d_p mithilfe des anderen Bildes korrigieren zu können, wird zuerst getestet, ob die Disparität des korrespondierenden Pixels im zweiten Bild d_q einen guten Anhaltspunkt für einen neuen Disparitätskandidaten ergibt. Die grundlegende Idee dabei ist, zu überprüfen, ob die Disparitäten im anderen Bild in diesem Bereich zu einer gemeinsamen Region gehören und damit ausreichend

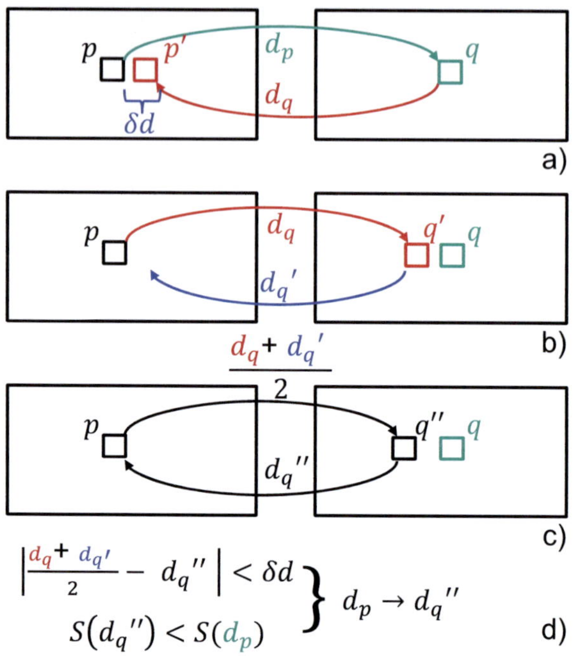

$$\left| \frac{d_q + d_q'}{2} - d_q'' \right| < \delta d$$

$$S(d_q'') < S(d_p)$$

$$\Bigg\} \quad d_p \to d_q''$$

d)

Bild 4.26: a): Prinzip des Konsistenzchecks; b): Bestimmung eines neuen korrespondierenden Pixels q' und dessen Disparität d_q'; c): Bestimmung des finalen neuen korrespondierenden Pixels q''; d): Bedingungen für q'' und dessen Disparität q'', dass sie als neue Disparität angenommen wird

glatt ist. Dann kann man versuchen, den Pixel q' im zweiten Bild zu suchen, dessen Disparität d_q' auf den ursprünglichen Pixel p zeigt.

Zu einem falschen Korrespondenzpaar (p,q) wird mithilfe von d_q der neue Punkt $q'(x+d_q,y)$ ermittelt (Abb. 4.26 b). Wenn dessen Disparität d_q' ausreichend ähnlich zu d_q ist, wird q' als potentieller korrespondierender Punkt zu p angesehen und diese Disparität als Kandidat genutzt. Dies ist allerdings nur für Regionen der Fall, die einen konstanten Abstand zur Kamera aufweisen. Um auch Disparitäten in Regionen auswählen zu können, in denen eine gleichmäßige Abstandsänderung auftreten kann, wird der Mittelwert $d_m = \frac{d_q' + d_q}{2}$ genutzt. Dies ergibt einen neuen Punkt $q''(x+d_m,y)$ mit Disparität d_q'' (Abb. 4.26 c). Wenn jetzt die Disparitätsdifferenz $\delta d = \left| d_q'' - d_q' \right|$ kleiner als der definierte Schwellwert ist und zusätzlich das im Korrespondenzanalyseschritt berechnete Ähnlichkeitsmaß im anderen Bild für

d_q'' einen besseren Wert aufweist als das Ähnlichkeitsmaß für d_p im ursprünglichen Bild, wird d_p durch d_q'' ersetzt (Abb. 4.26 d).

Falls die Korrektur mithilfe des anderen Bildes nicht erfolgreich ist, wird die Nachbarschaft von p zur Korrektur genutzt. Hier kommt der Median-Filter zum Einsatz. Beim Median-Filter wird eine Filtermaske um den betrachteten Pixel gelegt, die die darunter liegende Nachbarschaft der Größe nach sortiert. Der Wert des betrachteten Pixels wird dann durch den Wert der Nachbarschaft ersetzt, der genau in der Mitte der Sortierung liegt. Dieser Filter ist damit robust gegenüber Ausreißern und glättet das Disparitätsbild nicht zu sehr. Während es für den Median-Filter auf der CPU einige effiziente Implementierungen gibt (z.B. von Flannery et al.[48]), bereitet er in seiner klassischen Form auf der GPU Probleme, obwohl er für jeden Pixel unabhängig berechnet werden kann. Der Grund dafür ist die Sortierung der Nachbarschaft, die zu zahlreichen Speicherzugriffen führt. Deswegen wurde ein neuer approximierender Median-Filter entwickelt, der deutlich weniger Speicherzugriffe benötigt und für Fließkommazahlen geeignet ist (Abb. 4.27) [138].

Die grundlegende Idee ist es, nicht mehr explizit die Nachbarschaft N zu sortieren, sondern eine Histogrammsuche in N durchzuführen. Dazu wird zuerst ein Histogramm mit einer fixen Anzahl an Fächern erstellt. Die Breite b der Fächer hängt dabei von der minimalen und maximalen Disparität d_{min} und d_{max} in der Nachbarschaft sowie der Anzahl der Fächer s ab (Abb. 4.27 b)). Im Anschluss wird für jedes Fach berechnet, wie viele Disparitäten in dieses Fach fallen. Danach wird ein kumulatives Histogramm erstellt, d.h. die Histogrammeinträge aufsummiert, um das Fach zu identifizieren, in welchem die Median-Disparität liegt (Abb. 4.27 c)). Dies ist genau bei dem Fach k der Fall, bei dem die Summe die halbe Nachbarschaftsgröße erreicht oder überschreitet. Für dieses Fach werden jetzt die begrenzenden Disparitäten d_u und d_o bestimmt. Schlussendlich werden noch einmal die Nachbardisparitäten durchsucht und alle Disparitäten, die zwischen d_u und d_o liegen, aufsummiert. Ist dies nur ein Wert, so wurde der exakte Median d_{med} gefunden. Bei mehreren Werten wird der Durchschnitt dieser Werte genommen. In dem Fall ist d_{med} nur approximierend. Der ursprüngliche Disparitätswert wird jetzt mit d_{med} ersetzt. Auf diese Weise wird zuerst das zweite und dann mithilfe

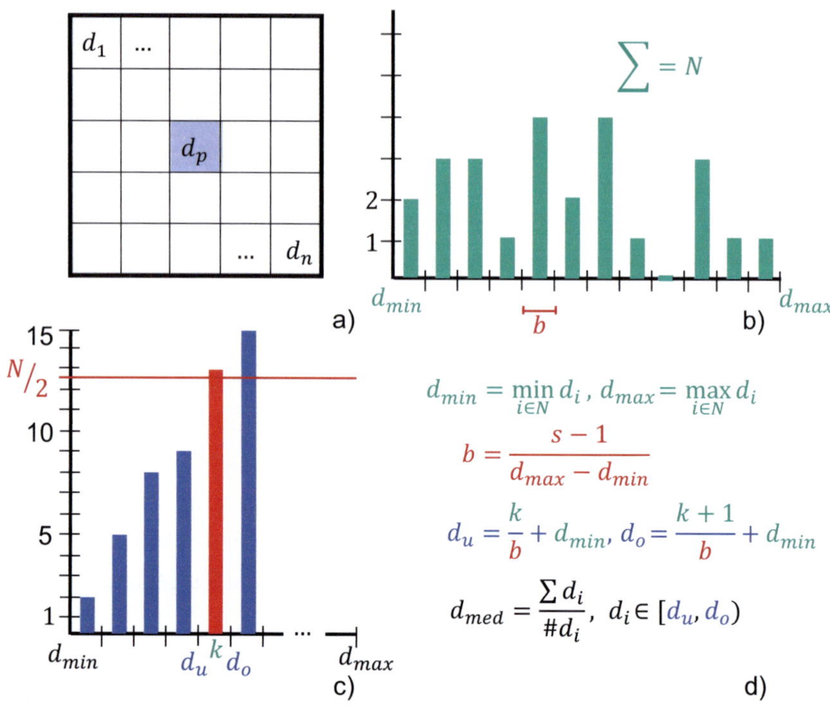

Bild 4.27: Berechnung des Medians auf der GPU: a): Nachbarschaft N um den betrachteten Pixel p; b) Histogramm erstellt aus N, d_{min}, d_{max} und der Histogrammgröße s; c): Kumulatives Histogramm mit dem Fach k, in dem der Median liegt; d): Formeln zur Berechnung der einzelnen Zwischenwerte und der approximierenden Median-Disparität d_{med}

des schon korrigierten zweiten das erste Disparitätsbild korrigiert. Ein Vergleich zwischen unkorrigiertem und korrigiertem Bild ist in Abb. 4.28 zu sehen.

4.6.2 Die Anwendung des Bilateralfilters

Die Disparitätsbilder weisen noch ein relativ starkes Rauschen im Subpixelbereich auf (Abb. 4.29 a)). Aufgrund der Kamerageometrie wirkt sich dieses Rauschen deutlich in den rekonstruierten Punktwolken aus (Abb. 4.29 b) und c)). Klassische Glättungsfilter wie beispielsweise der Mittelwert- oder der Gaußfilter weisen zwar gute Glättungseigenschaften auf, führen aber auch dazu, dass Kanten an Objektgrenzen verschmieren. Um diesen Qualitätsverlust zu vermeiden, wird hier ein kantenerhaltender Glättungsfilter verwendet, der sogenannte **Bilateral-Filter**.

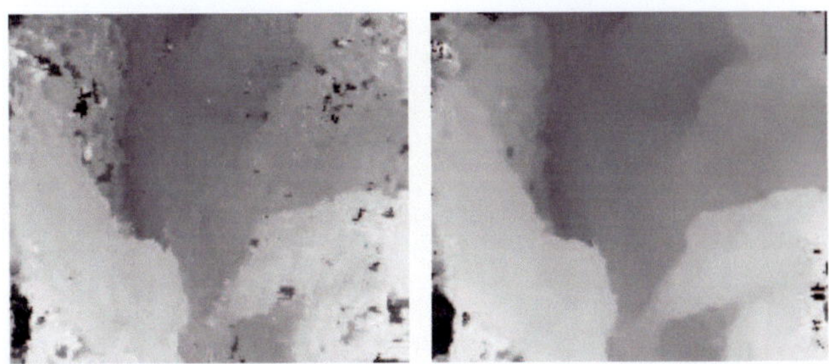

Bild 4.28: Links Disparitätsbild vor und rechts nach der Disparitätskorrektur

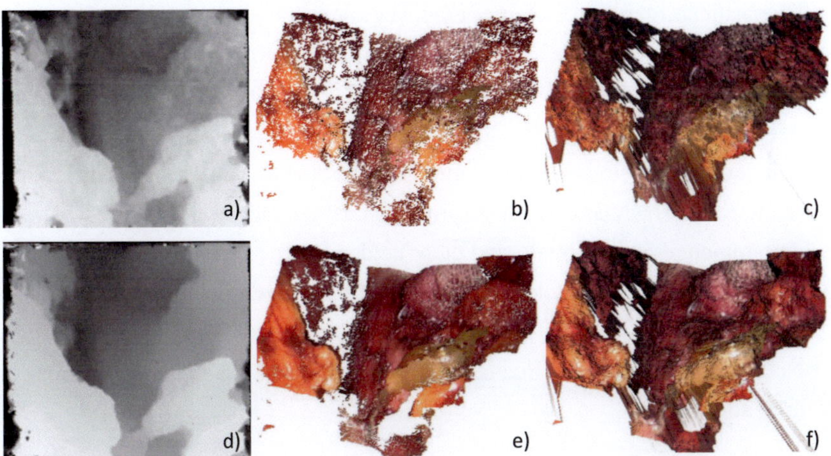

Bild 4.29: a), b) und c): Disparitätsbild, rekontruierte Punktwolke und Oberflächenmodell ohne
Bilateral-Filterung; d), e) und f): mit Bilateral-Filterung

Ursprünglich zur Glättung von Farbbildern und -videos sowie Oberflächennetzen
eingesetzt, kam er in der Vergangenheit auch in der Korrespondenzanalyse zum
Einsatz [134, 94]. Hier wird er zum einen als Glättungsfilter von Disparitätsbildern,
andererseits auch in einer modifizierten Form als weitere Korrekturmaßnahme von
fehlerhaften Disparitäten eingesetzt [140].

Der Bilateral-Filter berechnet einen neuen Wert für einen Pixel abhängig von
seiner Nachbarschaft, wobei die Nachbarpixel unterschiedlich gewichtet sind. Die
grundlegende Idee dabei ist, die Nachbarpixel nicht nur nach ihrem Abstand zum
betrachteten Pixel zu gewichten, wie es beispielsweise der klassische Gaußfilter
macht, sondern auch abhängig vom Abstand des Wertes des Nachbarpixels zum

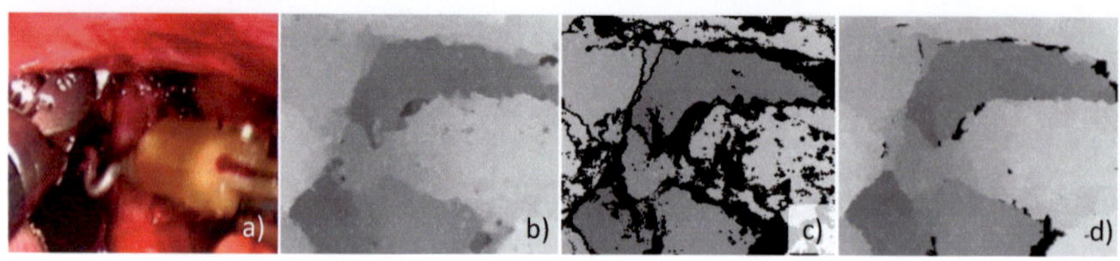

Bild 4.30: a) Originalbild; b) Disparitätsbild vor Anwendung des Joint-Bilateral-Filters; c) identifizierte zu korrigierende Disparitäten; d) korrigiertes Bild

Wert des betrachteten Pixels [118]. Diese Eigenschaft macht ihn zum idealen Filter bei Disparitätsbildern, da sich hier eine Region durch ähnliche Disparitätswerte auszeichnet, während zwischen den Regionen meist ein recht großer Werteunterschied besteht. Weiterhin haben Ausreißer im Disparitätsbild ebenfalls nur einen geringen Einfluss auf die Glättung.

Sei p der gerade betrachtete Pixel mit der Disparität d_p. Um die unterschiedliche Gewichtung der Nachbarschaft N zu erreichen, ist der Bilateral-Filter aus zwei Filtern zusammengesetzt. Oftmals sind diese beiden Filter dabei klassische Gaußfilter. Der erste Filter G_s gewichtet die Nachbarschaft basierend auf dem euklidischen Abstand. Der zweite Filter G_i gewichtet die Pixel abhängig vom Disparitätsabstand der Nachbarn zum mittleren Pixel. Damit berechnet sich der neue Disparitätswert $d_p{}'$ folgendermaßen

$$d_p{}' = \frac{1}{W_P} \sum_{q=1}^{N} G_s(\|p-q\|) \cdot G_i(|d_p - d_q|) \cdot d_q \qquad (4.32)$$

mit dem Normalisierungsfaktor

$$W_P = \sum_{q=1}^{N} G_s(\|p-q\|) \cdot G_i(|d_p - d_q|)$$

Der Bilateral-Filter wird dabei von zwei Parametern σ_s und σ_i kontrolliert, die jeweils die Breite der beiden Filter beschreiben. Damit kann gesteuert werden, welcher der Filter einen größeren Einfluss haben soll. Wenn beispielsweise σ_i groß und σ_s klein gewählt wird, wird an Kanten stärker geglättet. Als weiteren Parameter kann man die Größe der Nachbarschaft festlegen.

Der zweite Einsatzbereich des Bilateralfilters ist die zusätzliche Korrektur von fehlerhaften Disparitäten (Abb. 4.30). Dazu wird eine Modifizierung des ursprünglichen Filters, der sogenannte **Joint-Bilateral-Filter**, verwendet. Der wesentliche Unterschied ist, dass bei G_i nicht mehr der Disparitätsabstand sondern der Farbabstand im ursprünglichen Bild genutzt wird, da eine fehlerhafte Disparität ersetzt werden soll und damit eine Disparitätsabstandsberechnung nicht möglich ist. Die Idee ist es, nur Disparitäten in der Nachbarschaft zur Korrektur zu nutzen, die nicht fehlerhaft sind und bei denen die Farben der zugehörigen Pixel ausreichend ähnlich sind, was auf eine gemeinsame Region, in der die Pixel liegen, hindeutet. Dies ist vor allem im Bereich von Objektgrenzen oder bei Teilverdeckungen in den Bildern hilfreich.

Im ersten Schritt müssen die zu korrigierenden Disparitäten bestimmt werden (Abb. 4.30 b) und c)). Zum einen wird hier noch einmal der Konsistenzcheck eingesetzt, um fehlerhafte Disparitäten zu detektieren, die bisher nicht ausreichend korrigiert werden konnten. Weiterhin werden Disparitäten an Objektgrenzen, die einen großen Unterschied aufweisen, identifiziert. Auf diese so bestimmten Disparitäten wird der Joint-Bilateral-Filter angewandt, wobei nur Pixel in der Nachbarschaft berücksichtigt werden, die nicht als fehlerhaft deklariert wurden. Deswegen kann es passieren, dass sehr große Bereiche nicht vollständig korrigiert werden (Abb. 4.30 d)). Um diesen Effekt abzumildern, wird der Filter zweimal hintereinander angewandt.

Beide Filterformen sind in ihrer Form im Vergleich zu anderen Glättungsfiltern aufwändig zu berechnen. Deswegen wird auf der CPU eine approximierende Variante von Paris und Durand genutzt [117]. Die Implementierung auf der GPU ist aufgrund des inherenten Parallelismus des Filters sehr effizient und kann die exakten Werte berechnen, anstatt sie zu approximieren.

4.7 3D-Rekonstruktion und Oberflächenmodellierung

Der letzte Schritt in der Oberflächenrekonstruktion ist die Gewinnung von Tiefeninformationen aus den gefundenen korrespondierenden Punkten sowie die Darstellung dieser Tiefeninformationen in Form von 3D-Punkten oder einem Oberflächennetz. Die einzelnen Komponenten, die hier eingesetzt werden, bestehen aus der eigentlichen 3D-Rekonstruktion mittels **Stereo-Triangulation**, der **Oberflä-**

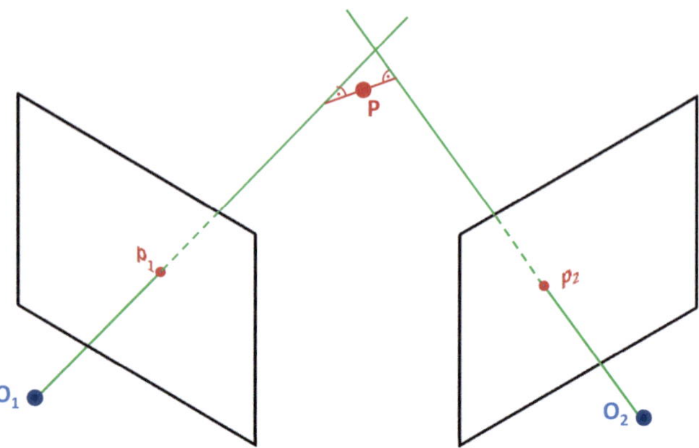

Bild 4.31: Beschreibung der Stereo-Triangulation: Bestimmung des nächsten Punkt zu den beiden Geraden g_1 und g_2, die durch die beiden korrespondierenden Punkte und die optischen Zentren der Kamera gehen

chenglättung und -normalenbestimmung mittels des Least-Squares-Verfahrens sowie einer schnellen und effizienten **Vernetzung** der generierten Punktwolke. Sie werden in den folgenden Abschnitten genauer vorgestellt.

4.7.1 3D-Rekonstruktion mittels Stereo-Triangulation

Wenn zwei korrespondierende Punkte p_1 und p_2 gegeben sind, kann mithilfe der Kalibrierung des Stereo-Kamera-Systems (siehe Kap. 4.3) der zugehörige 3D-Punkt berechnet werden [154]. Dies wird als **Stereo-Triangulation** bezeichnet. Dazu werden die internen und externen Kameraparameter benötigt (siehe Tabelle 4.1). Damit können die beiden Geraden g_1 und g_2 berechnet werden, die jeweils durch das optische Zentrum der Kamera sowie den gefundenen Bildpunkt gehen, und auf denen der 3D-Punkt liegen muss. Die Position des Punktes ergibt sich dann in der Theorie als Schnittpunkt der beiden Geraden.

Um die Geradengleichungen aufzustellen, werden zuerst die beiden Richtungsvektoren $\vec{v_1}$ und $\vec{v_2}$ benötigt, die sich mithilfe der Inversen der beiden Kalibrierungsmatrizen K_1 und K_2 ergeben (vgl. Gleichung 4.2):

$$\vec{v_1} = K_1^{-1} p_1 \text{ und } \vec{v_2} = K_2^{-1} p_2$$

Die Richtungsvektoren liegen noch in den Koordinatensystemen der einzelnen Kameras. Um jetzt die beiden Geraden in einem gemeinsamen Weltkoordinatensystem darzustellen, werden die externen Kameraparameter benötigt. In dem Fall, dass das optische Zentrum der einen Kamera ebenfalls der Ursprung des Weltkoordinatensystems ist, bestehen die externen Parameter aus einer Rotation R und einer Translation $\vec{t}$ der zweiten Kamera. Damit ergeben sich folgende Geradengleichungen

$$g_1 : x - r \cdot \vec{v_1} = 0$$

$$g_2 : x + R^T \vec{t} - s \cdot (\vec{v_2} + R^T \vec{t}) = 0$$

Um den Schnittpunkt beider Geraden zu finden, müssen die Parameter r und s bestimmt werden, indem die beiden Gleichungen gleichgesetzt werden.

In der Regel werden sich die Geraden nicht genau in einem Punkt schneiden. Dies ist durch Messungenauigkeiten und die begrenzte Kameraauflösung bedingt. Deswegen bestimmt man in der Praxis den Punkt mit dem minimalen Abstand zu beiden Geraden (Abb. 4.31). Dazu muss ein überbestimmtes lineares Gleichungssystem z.B. mit der Methode der kleinsten Quadrate gelöst werden, das sich folgendermaßen ergibt

$$\begin{pmatrix} \vec{v_1} & \vec{v_2} + R^T \vec{t} \end{pmatrix} \begin{pmatrix} r \\ s \end{pmatrix} = A \begin{pmatrix} r \\ s \end{pmatrix} = R^T \vec{t} \tag{4.33}$$

$$\begin{pmatrix} r \\ s \end{pmatrix} = (A^T A^{-1}) A^T R^T \vec{t} \tag{4.34}$$

Der 3D-Punkt P ergibt sich dann als

$$P = \frac{r \cdot \vec{v_1} - R^T \vec{t} + s \cdot (\vec{v_2} + R^T \vec{t})}{2} \tag{4.35}$$

Die so rekonstruierten Raumpunkte liegen folglich nur mit einer bestimmten Genauigkeit vor. Die Genauigkeit hängt dabei einerseits von Approximationen in der Kameramodellierung, Fehlern in der Kamerakalibrierung und der Genauigkeit der Disparitätsbestimmung ab. Im Fall eines achsparallelen Stereo-Systems (erreichbar beispielsweise durch Rektifizierung der Bilder) kann folgender Zusammenhang zwischen der Tiefe Z eines Punktes, der Brennweite f, des Abstandes $b = |\vec{t}|$ zwischen den Kameras und der Disparität d gefunden werden [25]

$$Z = \frac{fb}{d}$$

Der Tiefenfehler ΔZ, der die Entfernung beschreibt, bei der zwei Objekte nicht mehr auseinander gehalten werden können, ergibt sich als

$$\Delta Z = \frac{Z^2 \delta d}{fb}$$

Daran sieht man, dass der Tiefenfehler umso größer ist, je weiter das Objekt von der Kamera weg ist, je kleiner die Brennweite und der Abstand der Kameras zueinander sind und je ungenauer die Korrespondenzen bestimmt werden können. Im Umkehrschluss müssen also bei einer ungünstigen Kamerageometrie, z.B. bei Endoskopen mit einem sehr geringen Abstand der beiden Kameras die Punktkorrespondenzen mit sehr hoher Genauigkeit bestimmt werden, d.h. die Disparitäten müssen subpixelgenau berechnet werden (vgl. Kap. 4.5).

In der Praxis wird zur 3D-Rekonstruktion ausgehend vom linken Bild für jeden Pixel der korrespondierende Pixel im anderen Bild mittels der ihm zugeordneten Disparität bestimmt. Auch in diesem Schritt werden die berechneten Disparitäten, die korrespondierende Punkte kodieren, überprüft. Dazu wird der Konsistenzcheck aus der Korrespondenzanalyse verwendet und Punkte, bei denen eine Fehlzuordnung vorliegt, nicht rekonstruiert. Der einzige Unterschied ist, dass der Schwellwert hier etwas großzügiger gewählt wird als in der Disparitätskorrektur. Bei Punktepaaren, die den Check erfüllen, wird eine weitere Anpassung mittels der Disparität des rechten Bildes angewandt. Seien beide Kamerabilder rektifiziert und sei $p(x,y)$ der betrachtete Pixel des ersten Bildes mit der Disparität d_p. Dann ist $q(x+d_p,y)$ der korrespondierende Pixel im zweiten Bild, dem ebenfalls eine Disparität d_q zugewiesen ist. Falls d_p und d_q ausreichend ähnlich sind, wird ein neuer Pixel $p'(\frac{x+x+d_p-d_q}{2},y)$ bestimmt. p' und q bilden dann das korrespondierende Pixelpaar. Im Fall von rektifizierten Bildern werden beide Punkte derektifiziert, bevor mittels der Stereo-Triangulation der zugehörige 3D-Punkt berechnet wird. Falls ein Pixel keine gültige Disparität aufweist, wird der zugehörige 3D-Punkt auf $(0,0,0)$

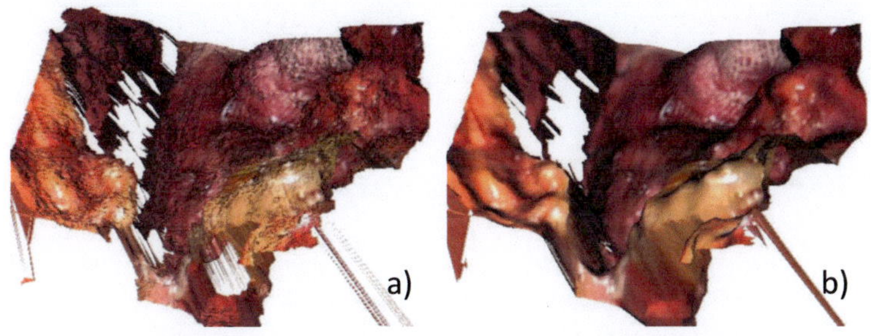

Bild 4.32: a): Oberflächenmodell vor Least-Squares-Glättung; b): Nach Glättung

gesetzt, um ihn später identifizieren zu können. Dies ist beispielsweise bei der Least-Squares-Berechnung sowie bei der Vernetzung der Punkte wichtig.

Zusätzlich werden Punkte, die nicht mehr in der richtigen Reihenfolge liegen, aus der Menge an rekonstruierten Punkten entfernt. Dazu wird überprüft, ob die rekonstruierten 3D-Punkte zweier benachbarter Pixel immer noch in der gleichen Reihenfolge liegen wie diese Pixel. Seien $p_1(u_1, v_1)$ und $p_2(u_2, v_2)$ benachbarte Pixel, wobei $u_2 > u_1$ ist, und $P_1(x_1, y_1, z_1)$ sowie $P_2(x_2, y_2, z_2)$ die zugehörigen gültigen 3D-Punkte. Falls $x_2 < x_1$ ist, dann wird P_1 aus der Liste der Punkte entfernt.

Bei der 3D-Rekonstruktion werden die Methoden der IVT-Bibliothek verwendet [10]. Da jeder Pixel unabhängig rekonstruiert wird, ist eine Implementierung auf der GPU, die auf der IVT-Implementierung basiert, einfach und effizient zu realisieren.

4.7.2 Oberflächenglättung und -normalenberechnung

Die rekonstruierte Punktwolke bzw. das daraus extrahierte Oberflächenmodell weist immer noch ein gewisses Rauschen auf (Abb. 4.32 a)). Daneben können weitere Oberflächeninformationen aus der Punktwolke wie die Oberflächennormalen und die -krümmung extrahiert werden, die in einem späteren Registrierungsprozess (siehe Kap. 6) hilfreich sein können. Die grundlegende Idee hier ist es, aus der Nachbarschaft eines zu glättenden Punktes mittels des **Least-Squares-Verfahrens** von Hoppe [66] die Tangentialebene zu extrahieren, zu der der Abstand aller Punkte der Nachbarschaft minimal wird. Der Normalenvektor der Ebene dient dann als Approximation der Oberflächennormale.

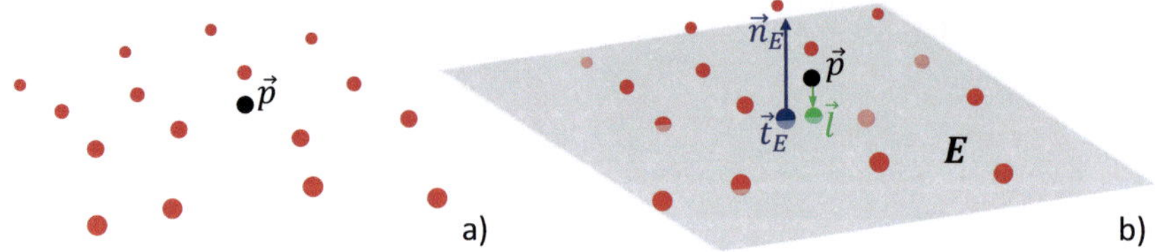

Bild 4.33: a): Punkt $\vec{p}$ mit seiner Nachbarschaft N; b): Tangentialebene E mit Stützpunkt $\vec{t}_E$ und Normalenvektor $\vec{n}_E$ sowie die Projektion $\vec{l}$ von $\vec{p}$ in E

Die Tangentialebene E wird dabei durch einen Stützpunkt $\vec{t}_E$ und einen Normalenvektor $\vec{n}_E$ definiert (Abb. 4.33. Wenn $\vec{p}$ der betrachtete Punkt ist und N die Nachbarschaft beschreibt, ergibt sich $\vec{t}_E$ als

$$\vec{t}_E = \frac{1}{N} \sum_{i=1}^{N} \vec{p} \tag{4.36}$$

Der Normalenvektor ist aufwändiger zu berechnen. Benötigt wird dazu die Kovarianzmatrix C der Schachbrettpunkte. Diese ergibt sich zu

$$C = \frac{1}{N} \sum_{i=1}^{N} \vec{q}_i \vec{q}_i^{\,T} - \vec{t}_E \vec{t}_E^{\,T} \tag{4.37}$$

Seien e_1, e_2, e_3 die drei Eigenwerte von C. Da C eine symmetrische, positiv definite 3x3-Matrix ist, können die drei Eigenwerte direkt berechnet werden. Genutzt wird dazu der Algorithmus von Smith [161]. Sei $Sp(C)$ die Spur von C und I die Einheitsmatrix. Benötigt werden zwei Hilfsvariablen u und v. Es gilt

$$u = \frac{1}{2} \det(C - \frac{Sp(C)}{3} I) \,, \ v = \frac{1}{6} \sum_{i=1}^{3} \sum_{j=1}^{3} (C_{ij} - \frac{Sp(C)}{3} I_{ij})^2$$

Dann berechnet sich der Winkel ϕ zu

$$\phi = \frac{1}{3} \tan^{-1} \frac{\sqrt{v^3 - u^2}}{u} \,, \ 0 \le \phi \le \pi$$

Die drei Eigenwerte e_1, e_2 und e_3 berechnen sich als

$$
\begin{aligned}
e_1 &= \frac{Sp(C)}{3} + 2\sqrt{v}\cos\phi \\
e_2 &= \frac{Sp(C)}{3} - \sqrt{v}(\cos\phi + \sqrt{3}\sin\phi) \\
e_3 &= \frac{Sp(C)}{3} - \sqrt{v}(\cos\phi - \sqrt{3}\sin\phi)
\end{aligned}
$$

Der Normalenvektor $\vec{n}_{E_k}$ ist dann der Eigenvektor zum kleinsten Eigenwert $e_{min} = \min(e_1, e_2, e_3)$ von C. Er ergibt sich iterativ als

$$
\vec{n}_E = \begin{pmatrix} n_1 \\ n_2 \\ n_3 \end{pmatrix} = \begin{pmatrix} \frac{C_{20} - C_{10}\cdot n_2}{(C_{00}-e_{min})} \\ -\frac{C_{20}{}^2 - (C_{00}-e_{min})\cdot(C_{22}-e_{min})}{(C_{00}-e_{min})\cdot C_{21} - C_{20}\cdot C_{10}} \\ -1 \end{pmatrix} \tag{4.38}
$$

Wenn $\vec{t_E}$ und $\vec{n}_E$ gefunden sind, kann der Abstand d_p von $\vec{p}$ zu der dadurch beschriebenen Ebene berechnet werden

$$
d_p = \left| (\vec{t_E} - \vec{p}) \cdot \vec{n}_E \right|
$$

Der Lotfußpunkt $\vec{l}$, auf den $\vec{p}$ abgebildet werden kann, ergibt sich als

$$
\vec{l} = \vec{p} + \vec{n}_E((\vec{t_E} - \vec{p}) \cdot \vec{n}_E) \tag{4.39}
$$

Daneben kann aus den Eigenwerten die Oberflächenkrümmung τ an jedem Punkt berechnet werden [65]. Sie ergibt sich als

$$
\tau = \frac{e_{min}}{e_1 + e_2 + e_3} \tag{4.40}
$$

Die so gewonnenen Informationen können jetzt dazu genutzt werden, um die Punkte der Punktwolke zu glätten [140]. In der Praxis wird dabei ein Punkt $\vec{p}$ durch $\vec{t_E}$ ersetzt, falls mindestens 90 % der Nachbarpunkte gültig sind. Ungültige Punkte sind dabei dadurch gekennzeichnet, dass sie auf den Wert $(0,0,0)$ gesetzt sind (siehe Kap. 4.7.1). Falls weniger Punkte gültig sind, wird der Lotfußpunkt l genommen. Daneben werden die Oberflächennormalen sowie die Krümmung für jeden Punkt gespeichert. Ein Beispiel für eine geglättete Punktwolke sowie die

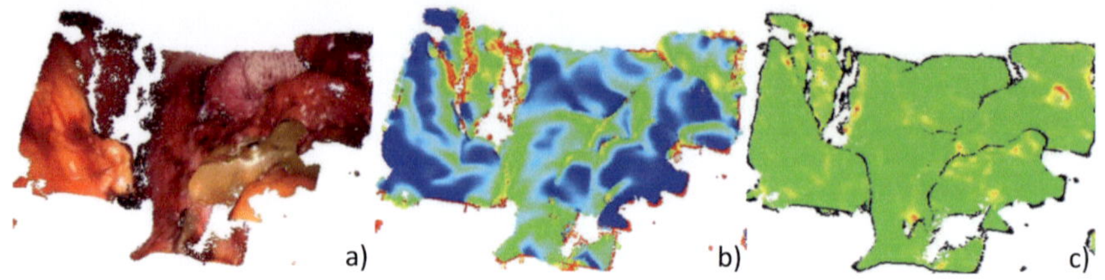

Bild 4.34: a): Punktwolke b): Oberflächennormalen; c): Oberflächenkrümmung

Bild 4.35: a): Dreiecksmodell einer Oberfläche; b): Ausschnitt des Modells; c): Darstellung der Dreiecke

farbkodierte Darstellung der Oberflächennormalen und der Krümmung findet man in Abb. 4.34. Das Verfahren an sich ist leicht zu parallelisieren und damit effizient auf der GPU implementierbar.

4.7.3 Oberflächenvernetzung und -visualisierung

Die rekonstruierte und optional geglätte Punktwolke muss schlussendlich zu einem Dreiecksnetz vernetzt und visualisiert werden. Die grundlegende Idee ist es, die implizite Anordnung der 3D-Punkte durch deren Rückführung auf das ursprüngliche Kamerabild auszunutzen. Hier sind zu jedem Pixel die Nachbarpixel bekannt. Diese Nachbarschaftsbeziehung wird jetzt auf die Punktwolke übertragen. Diese Annahme trifft in den meisten Fällen zu, d.h. meist sind die nächsten Pixelnachbarn auch die nächsten Nachbarn in der Punktwolke. Nur im Fall von großen Bereichen mit ungültigen Punkten sowie an Tiefensprüngen kann diese Annahme verletzt werden. Dennoch werden in den meisten Fällen kompakte Dreiecke erzeugt (Abb. 4.35).

Zur Erstellung der Dreiecke wird durch die Punktwolke iteriert. Für jeden gültigen Punkt wird ein horizontaler sowie zwei vertikale Nachbarn betrachtet. Falls

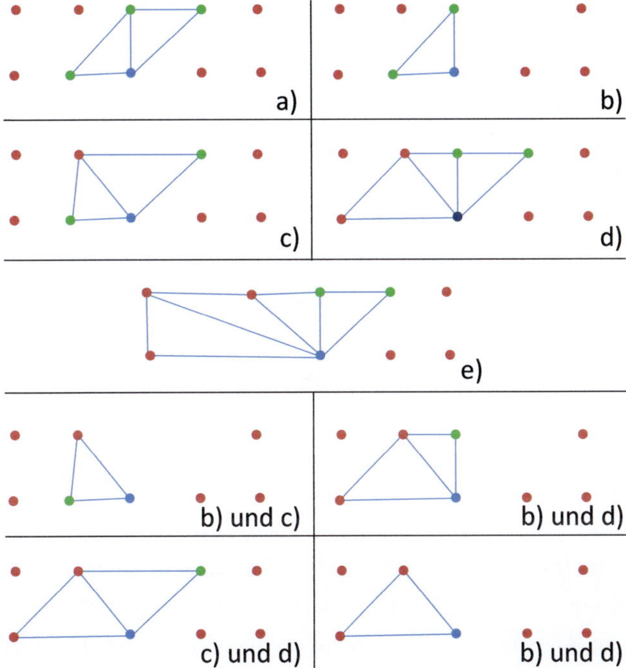

Bild 4.36: Erzeugung von Dreiecken zu einem betrachteten Punkt: a) Standard-Fall; b) rechter oberer Nachbar fehlt; c) oberer Nachbar fehlt; d) linker Nachbar fehlt; e) Spezialfall, bei dem beim nächsten linken Nachbarn Fall b) eintritt; Beispielkombinationen der Fälle

diese gültig sind, werden zwei Dreiecke erzeugt (Abb. 4.36. Fälle, bei denen ein oder mehrere Nachbarn fehlen, müssen gesondert behandelt werden. Generell wird bei fehlenden Nachbarn in horizontaler Richtung gesucht, bis gültige Nachbarn gefunden werden oder bis der Randbereich der Punktwolke erreicht ist. Es gibt insgesamt vier Spezialfälle, von denen sich alle anderen Kombinationen an fehlenden Nachbarn ableiten (Abb. 4.36 b) bis e)). Grundsätzlich gilt, dass wenn der linke Nachbar ungültig ist, solange nach links gesucht wird, bis ein gültiger linker Nachbar gefunden wird. Das gleiche gilt für den oberen Nachbarn. Fall e) ist der einzige Fall, der schwerer zu behandeln ist. Das Problem hier ist, dass für den nächsten gültigen linken Nachbarn Fall b) eintritt, d.h. er hat keinen gültigen rechten oberen Nachbarn. Es werden hier solange linke obere Nachbarn gesucht und mit ihnen

Dreiecke zwischen dem ursprünglichen Punkt, dem alten und dem neuen linken oberen Nachbarn erzeugt, bis Fall b) für den nächsten linken Nachbarn erfüllt ist.

Bei der Erstellung des Dreiecksnetzes werden Dreiecke, bei denen mindestens ein Punkt eine Tiefendifferenz zu einem der anderen Punkte hat, die größer als ein definierter Schwellwert ist, herausgefiltert. Dies bewirkt, dass bei größeren Tiefensprüngen nicht sehr langgezogene Dreiecke entstehen, die zwei getrennte Objekte miteinander verbinden. Die Punktwolke bzw. das rekonstruierte Oberflächenmodell wird mittels Methoden aus der VTK-Bibliothek (www.vtk.org) visualisiert.

4.8 Hierachisches Verfahren zur Oberflächenrekonstruktion

Die CPU-Implementierungen der einzelnen Komponenten der Oberflächenrekonstruktion sind für höhere Kameraauflösungen als 320x240 nicht geeignet, da trotz der Ausnutzung von Parallelisierungsmöglichkeiten auf mehreren Prozessoren die Laufzeit nicht ausreichend gering ist. Gleichzeitig weist insbesondere die GPU-Implementierung des HRM eine im Vergleich zur CPU-Variante geringere Robustheit auf. Deswegen wurde ein **hierarchisches CPU-GPU-Verfahren** entwickelt, das die Vorteile von CPU und GPU vereint. Es nutzt im Besonderen die Tatsache, dass das HRM zeitliche Informationen nutzt und deshalb bei einer mehrfachen Anwendung auf dem gleichen Bildpaar über mehrere Zeitschritte zu einer optimalen Lösung konvergiert.

Konkret wurde ein zweistufiges Verfahren entwickelt, bei dem zuerst eine Korrespondenzanalyse auf der halben und im Anschluss auf der vollen Bildauflösung durchgeführt wird (Abb. 4.37). Dazu müssen in einem ersten Schritt die Kamerabilder sowie die Disparitätsbilder herunterskaliert werden. Die neuen Disparitäten ergeben sich dabei als Mittelwert aus der bisherigen Disparität und ihren vier direkten Nachbarn. Diese Schritte finden auf der CPU statt, da sie nur einen minimalen Beitrag zur Gesamtlaufzeit leisten. Im Anschluss wird auf der CPU das HRM auf den verkleinerten Bildern ausgeführt. Hier wird jede Zeile und Spalte interpoliert, um die Laufzeit zu reduzieren. Dabei wird das HRM für jedes Bild zweimal durchgeführt und die Ergebnisse auf Basis des für jede Disparität berechneten Ähnlichkeitswertes wieder zu einem Disparitätsbild pro Bild fusioniert.

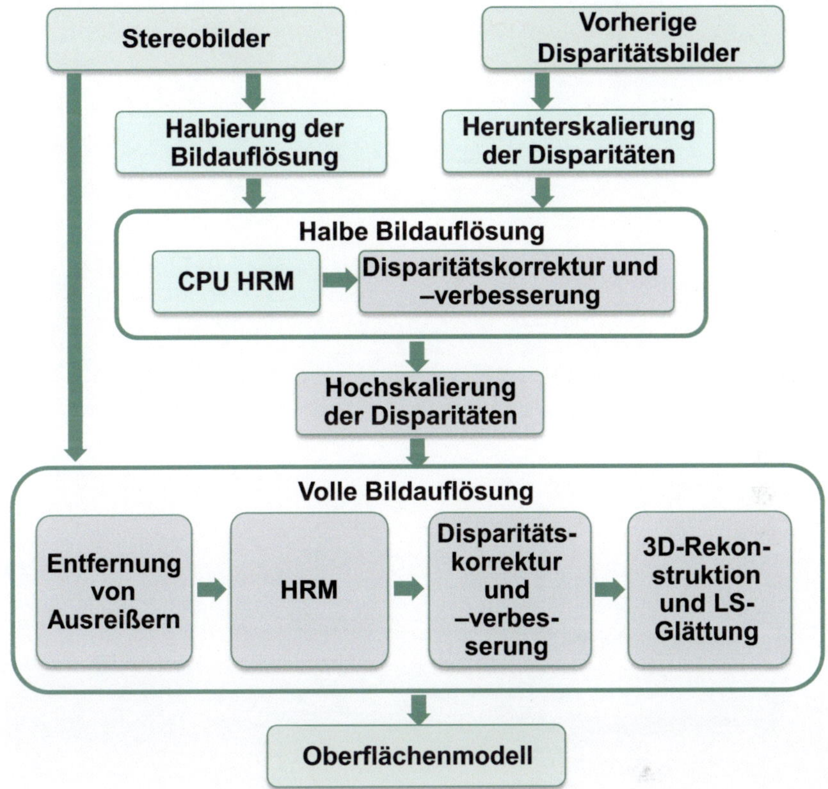

Bild 4.37: Überblick über das hierarchische CPU-GPU-Verfahren zur Oberflächenrekonstruktion (türkis: CPU-Komponenten, grau: GPU-Komponenten)

Die darauf folgende Disparitätskorrektur und -verbesserung findet komplett auf der GPU statt. Die so korrigierten Disparitäten werden auf der GPU auf die volle Bildgröße extrapoliert. Dabei wird jeder Disparitätswert verdoppelt und die Lücken mittels bilinearer Interpolation gefüllt. In den so bestimmten Disparitätsbildern werden mittels des Konsistenzchecks Ausreißer identifiziert und entfernt. Die übrig bleibenden Disparitäten dienen als zeitlicher Kandidat im zweiten HRM-Zyklus. Im Anschluss werden die vorgestellten Methoden zur Disparitätskorrektur und -verbesserung sowie zur 3D-Rekonstruktion und Oberflächenerstellung angewandt, um ein geglättetes Oberflächenmodell zu erhalten. Alle Schritte auf den Bildern mit voller Auflösung werden auf der GPU berechnet.

5 Intraoperative Modellierung: Kraft-Sensor in einem laparoskopischen Instrument

Das Ziel der intraoperativen Modellierung ist es, ein möglichst umfassendes Modell der intraoperativen Szene zu erhalten, das die Änderungen gegenüber dem präoperativen Setting sowie während des Operationsverlaufes repräsentiert. Deswegen soll in dieser Arbeit neben dem aus Endoskopbildern rekonstruierten Oberflächenmodell Kraftsensorik als weitere intraoperative Sensorquelle modelliert und untersucht werden, da sie wichtige die Endoskopbilder komplettierende Informationen über den inneren Aufbau der gerade untersuchten Struktur liefern kann. Ein Chirurg ist beispielsweise in der Lage, in der offenen Chrirurgie das Gewebe abzutasten und damit Strukturen wie Blutgefäße oder Tumore zu identifizieren. In der minimal-invasiven Chirurgie entfällt diese direkte Palpation, also das Abtasten des Gewebes. Durch den Einsatz von Kraftsensorik und die Integration eines solchen Sensors in ein laparoskopisches Instrument kann man versuchen, diesen Nachteil auszugleichen. So kann die Kraftinformation genutzt werden, um solche Strukturen auch in einem minimal-invasiven Setting zu identifizieren oder den Chirurgen zu warnen, falls bei der Operation zu große Kräfte auf das Gewebe wirken.

Eine wesentliche Motivation in dieser Arbeit für den Einsatz von Kraftsensorik ist neben der Möglichkeit der Palpation die Kombination der Kraftmessungen mit der Oberflächenrekonstruktion und dem in der Forschungsgruppe entwickelten biomechanischen Modell zur Simulation des Weichgewebes während der Operation (Abb. 5.1)[173]. Die gemessenen Kräfte sollen dabei mit der beobachteten Verformung fusioniert werden, da Kräfte und Verformungen als Randbedingungen auf das biomechanische Modell übertragen werden können [136]. Als zusätzliche Komponente ist die genaue Position des Instrumentes und eine Registrierung des Instrumentes mit dem Oberflächen- und dem biomechanischen Modell nötig. Im Folgenden werden die einzelnen Komponenten, die für die Integration der Kraftsensorik in ein laparoskopisches Setting genutzt wurden, kurz vorgestellt.

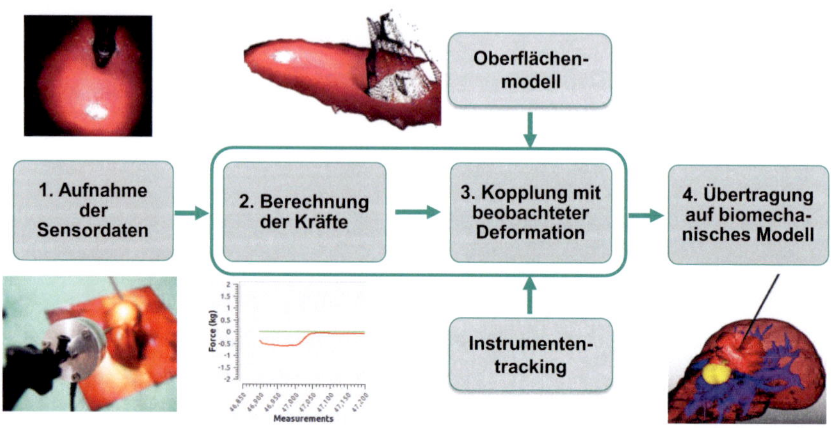

Bild 5.1: Konzept des Einsatzes der Kraftsensorik und der Kopplung mit der Oberflächenrekonstruktion und der biomechanischen Modellierung

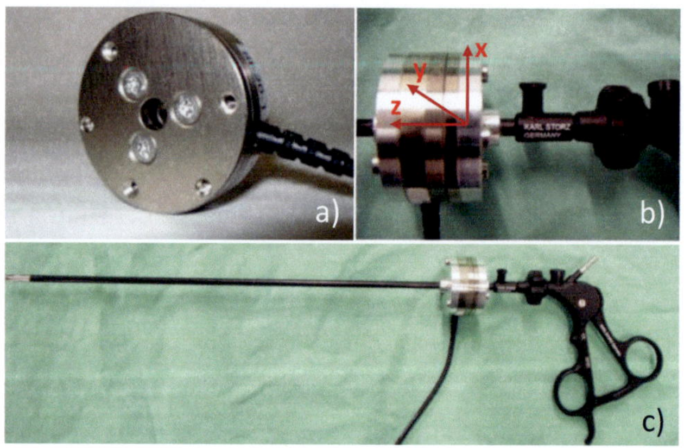

Bild 5.2: Integration des Kraftsensors in ein laparoskopisches Instrument: a) ATI Mini40; b) Integration nahe des Instrumentengriffes (mit Kraft-Koordinatensystem des Sensors); c) Gesamtaufbau

Kenngrößen

Durchmesser	40 mm
Höhe	14 mm
Gewicht	50 g
Kraftmessbereich x-/y-Richtung	+/- 20 N
Kraftmessbereich z-Richtung	+/- 60 N
Auflösung x-/y-Richtung	1/200 N
Auflösung z-Richtung	1/100 N
Momentemessbereich	+/- 1 Nm
Auflösung Momente	1/8000 Nm
Maximale Abtastrate Sensor	2000 Hz

Tabelle 5.1: Überblick über die wichtigsten Kenngrößen des ATI Mini40-Kraft-Momenten-Sensors

5.1 Integration eines Kraftsensors in ein laparoskopisches Instrument

In dieser Arbeit wurde der Mini40-Sensor der Firma ATI Industrial Automation in einen laparoskopischen Greifer der Firma Storz integriert (Abb. 5.2). Der Sensor wurde unter anderem für Anwendungen in der minimal-invasiven Chirurgie konstruiert und kann Kräfte und Momente in alle drei Raumdimensionen in positiver wie negativer Richtung messen. Die wichtigsten Kenngrößen sind in Tabelle 5.1 zu sehen. Da in einem minimal-invasiven Setting Kräfte im Bereich von 0 - 10 N erwartet werden, wobei sich die meisten Manipulationskräfte im Bereich von 0 - 1 N bewegen, ist dieser Sensor prinzipiell für diesen Einsatzzweck geeignet.

Die Kommunikation mit dem Sensor erfolgt über die ATI Net Box, die per Netzwerkkabel an den Rechner angeschlossen werden kann. Somit ist ein schneller Austausch von Befehlen, z.B. zum Starten oder Beenden der Sensorakquisition, sowie ein Auslesen der Daten mittels des TCP/IP-Protokolls einfach möglich. Es kann dabei mit bis zu 2000 Hz gemessen werden, wobei in der Praxis 100 Hz ausreichend sind. Die gemessenen Kräfte und Momente werden dabei schon in Newton bzw. Newtonmeter zurück gegeben, d.h. eine Umrechnung von analogen Spannungen in die endgültigen digitalen Größen ist nicht nötig. Weiterhin wird der Sensor kalibriert ausgeliefert.

Integriert wurde der Sensor kurz unterhalb des Griffes (Abb. 5.2 b) und c)).Durch das Loch in der Mitte des Sensors kann der Führungsstab des Greifers durchgeführt

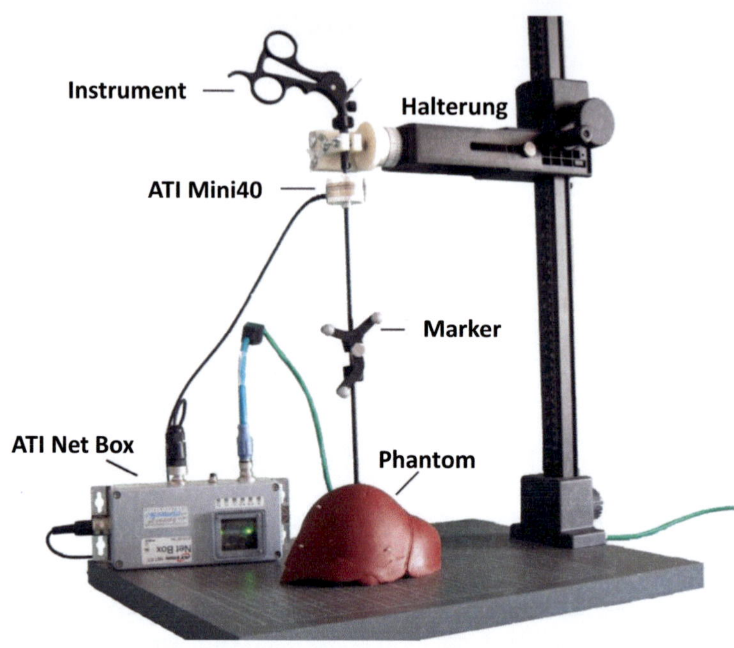

Bild 5.3: Gesamtaufbau des Settings mit Instrument, Instrumentenhalterung und Phantom

werden, wodurch die Funktionalität des Greifers erhalten werden kann. Alternativ kann der Greifer entfernt und das Instrument mit einer Kappe versehen werden, wodurch Druckmessungen entlang des Instrumentenschaftes erleichtert werden, da keine Störkräfte bedingt durch Spannungen im Instrument aufgrund des starren Führungsstabes entstehen und die Spitze eine symmetrische Bauform hat. Da sie im Gegensatz zum Greifer auch nichtmetallisch ist, kann sie auch bei CT-Versuchen genutzt werden. Das Instrument ist zusätzlich mit einem Polaris-Tracker versehen, womit man die Position und Orientierung des Instrumentes bestimmen kann. Eine wichtige Aufgabe liegt nun darin, den Kraftsensor im Instrument neu zu kalibrieren.

Zusätzlich wurde eine höhenverstellbare Instrumentenhalterung entwickelt, in die das Instrument fest eingespannt und unterschiedlich ausgerichtet werden kann. Damit ist zum einen die Kalibrierung des Kraftsensors im Instrument erleichtert, zum anderen können Experimente in einer kontrollierten Instrumentenposition durchgeführt werden. Versuche im CT sind mit dieser Halterung ebenfalls möglich. Ein vollständiger Überblick über das Setting ist in Abb. 5.3 zu sehen.

Bei dieser Art der Integration ist zu beachten, dass sie nicht für einen Klinikeinsatz geeignet ist. Der Kraftsensor kann aufgrund seines Durchmessers nicht in den Patienten eingeführt werden und eine Sterilisation ist ebenfalls nicht möglich. Wenn sich der Sensor außerhalb es Körpers befindet, entstehen zusätzliche Störkräfte durch den Trokar, welche nur sehr schwer kompensiert werden können. Im wesentlichen sind damit nur statische Messungen möglich. Ziel dieser Arbeit ist es allerdings nicht, eine ausgereifte Hardware-Lösung zu präsentieren, da hier unter anderem eine Eigenentwicklung des Sensors nötig wäre. Es geht vielmehr darum, in einer Machbarkeitsstudie zu untersuchen, inwiefern Kräfte und Momente im Rahmen eines Assistenzsystems als weitere Messgrößen hilfreich sein können.

5.2 Kalibrierung des integrierten Sensors

Der Kraftsensor an sich ist vom Hersteller kalibriert ausgeliefert worden, allerdings verfälscht die Integration in das Instrument die Messwerte. Zum einen muss sichergestellt werden, dass die Kräfte, die gemessen werden, mit den Kräften, die an der Instrumentenspitze auftreten, übereinstimmen oder zumindest in Korrelation stehen. Problematisch ist dabei beispielsweise die Biegung des Instrumentes bei seitlich wirkenden Kräften. Weiterhin muss eine Kompensation des Gewichtes abhängig von der Orientierung des Instrumentes gegenüber der Schwerkraft durchgeführt werden. Schlussendlich werden bei der Nutzung der Greiffunktionalität die Messwerte stark verändert, da im Führungsstab starke Spannungen auftreten, die zu Kräften im Bereich mehrerer Newton führen. Eine physikalische Modellierung des Instrumentes, um beispielsweise die Biegung des Schaftes zu simulieren, findet dabei nicht statt.

Bei der Nutzung des Kraftsensors werden die Kraftmomente nicht berücksichtigt. Grund dafür sind die starken Störungen, die aufgrund der Biegung entstehen, sowie der große Abstand zwischen Instrumentenspitze und Sensor. Kräfte senkrecht zum Instrumentenschaft werden zu einem gemeinsamen xy-Vektor zusammen gefasst. Hierbei wird als Näherung von einem rotationssymmetrischen Aufbau ausgegangen. Diese Kräfte können ebenfalls aufgrund der Instrumentenbiegung nicht exakt gemessen werden, allerdings kann im Einzelfall die Information, ob solche Kräfte überhaupt auftreten, schon einige sinnvolle Rückschlüsse ermöglichen.

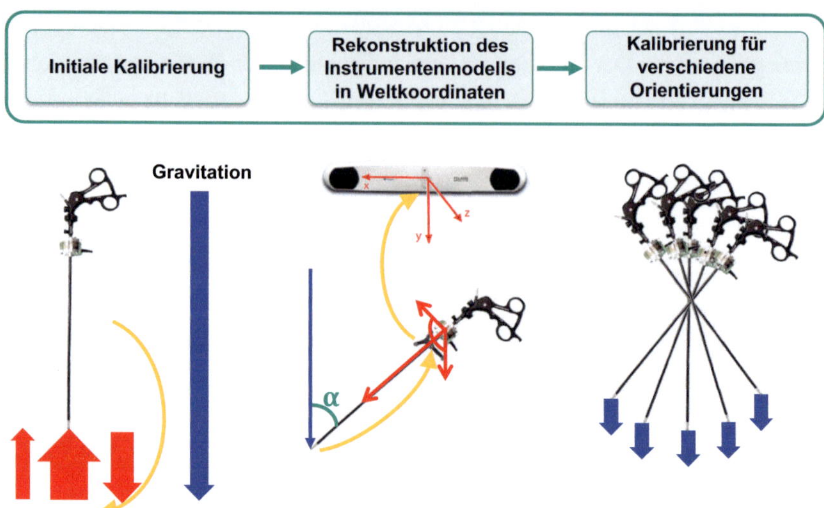

Bild 5.4: Dreistufiger Prozess zur Kalibrierung der Kraftmessung in Richtung des Instrumentenschaftes abhängig von der Orientierung des Instrumentes

Der Fokus der Kalibrierung liegt hier auf den gemessenen Kräften in Richtung des Instrumentenschaftes, als z-Richtung definiert. Diese Kräfte sind unabhängig von der Instrumentenbiegung, d.h. hier kann eine erfolgreiche Kalibrierung durchgeführt werden, um die gemessenen Kräften mit den Kräften an der Spitze in Übereinstimmung zu bringen.

Zur Kalibrierung der z-Richtung des Kraftsensors wurde ein dreistufiger Prozess entwickelt (Abb. 5.4) [136]. In der ersten Stufe wird dabei das Instrument in eine initiale Position parallel zur Schwerkraftrichtung ausgerichtet, verschiedene vordefinierte Kräfte an der Spitze aufgebracht und mit den gemessenen Kräften verglichen. Im zweiten Schritt wird das Instrumentenmodell rekonstruiert, um die Orientierung bezüglich der Schwerkraft während des Einsatzes bestimmen zu können. Als letztes wird eine Kalibriermatrix erstellt, die für verschiedene Instrumentenorientierungen reale und gemessene Kräfte vergleicht.

Während der Kalibrierung werden die gemessenen Daten mit einem Median-Filter mit 501 Einträgen gefiltert. Solch ein großer Filter ist hier sinnvoll, da nur statische Messungen durchgeführt werden und damit die aufgrund von Störeffekten teilweise schwankenden Messwerte geglättet werden. Bei dynamischen Messungen können deutlich kleinere Filtergrößen verwendet werden.

Bei ersten Experimenten mit dem Sensor ergab sich, dass reale und gemessene Kräfte nur durch einen konstanten Offset verschoben sind (siehe Kap. 7.3). Dieser Offset kann herauskalibriert werden, indem das Instrument in diese initiale Position gebracht wird, wobei bis auf das Instrumentengewicht keine weiteren Kräfte auf die Instrumentenspitze wirken dürfen. In dieser Stellung werden die Messwerte auf 0 gesetzt. Diese initiale Offset-Kalibrierung muss nach jedem Neustart des Sensors vor der Durchführung von Experimenten durchgeführt werden. In der Theorie sollte der Offset konstant bleiben, allerdings kommt es in der Praxis zu einem leichten Drift der Messungen, wodurch auch während länger dauernden Experimenten eine Nachkalibrierung eventuell nötig wird. Dies ist allerdings durch die Einfachheit dieses Schrittes kein Problem.

Im zweiten Kalibrierschritt wird das Instrumentenmodell und seine Orientierung bezüglich der Schwerkraft und dem optischen Trackingsystem erzeugt. Dazu muss zuerst eine Referenzebene bestimmt werden, welche abhängig von der aktuellen Position und Ausrichtung des Trackingsystems die Schwerkraftrichtung festlegt. Dazu werden mit einem passiven Pointer drei Punkte aufgenommen, die in einer Ebene senkrecht zur Schwerkraft liegen. Der Normalenvektor der Referenzebene gibt dann die Richtung der Schwerkraft im Koordinatensystem des Trackingsystems an.

Als nächstes wird die Transformation zwischen Instrumentenspitze und dem am Instrument angebrachten Tracker bestimmt. Dazu wird mit dem passiven Pointer die Spitze angefahren und dieser Punkt gespeichert. Um zusätzlich die Orientierung des Instrumentes zu berechnen, wird ein weiterer Punkt am Instrumentenende mit dem Pointer angefahren und die Gerade zwischen den beiden Punkten bestimmt. Aus dieser Gerade sowie dem Normalenvektor der Ebene kann dann mittels des Skalarproduktes der eingeschlossene Winkel α berechnet werden, der die Orientierung des Instruments bezüglich der Schwerkraft angibt. Diese Orientierung ist allerdings nur dann gültig, wenn das optische Trackingsystem seine Position nicht ändert, da ansonsten die Referenzebene neu bestimmt werden muss. Alternativ dazu könnte man einen Tracker nutzen, der fest positioniert ist, und die Referenzebene bezüglich dieses Trackers festlegen.

Als letztes soll das Instrumentengewicht herauskalibriert werden, so dass, falls keine externen Kräfte auf das Instrument wirken, die Kraftmessung auf 0 gesetzt wird, unabhängig von der Orientierung des Instruments. Dazu wird das Instrument zuerst in die initiale Position in Richtung der Schwerkraft ($0°$) gebracht und die Messwerte auf 0 gesetzt. Im Anschluss werden verschiedene Winkelstellungen von $5°$ bis $60°$ in $5°$-Schritten angefahren und die gemessenen Kräfte in z-Richtung, in xy-Richtung sowie der gesamte Kraftvektor als Offset-Werte in einer Kalibriermatrix gespeichert. Die Orientierung ergibt sich dabei aus dem vorherigen Kalibrierschritt. Dabei wird davon ausgegangen, dass Winkel größer als $60°$ in der Praxis nicht vorkommen, da hier nur sehr schwer operiert werden kann. Diese Kalibriermatrix kann bei späteren Anwendungen geladen werden, um die aktuell gemessenen Kräfte mit den dort vorhanden Offset-Werten zu korrigieren. Dabei werden die Werte gegebenenfalls interpoliert, falls der gemessene Winkel zwischen zwei gespeicherten Winkeln liegt.

6 Registrierung von intra- und präoperativen Modellen

Um präoperative Planungsdaten während des Eingriffes nutzen zu können, ist neben der Erstellung eines intraoperativen Modells aus akquirierten Sensordaten die Registrierung dieses Modells mit den Planungsdaten notwendig. Registrierung bedeutet dabei, dass zum einen die intra- und präoperativen Daten im selben Koordinatensystem dargestellt werden können, zum anderen dass darauf aufbauend die präoperative Planung an die intraoperative Szene adaptiert wird. Die erste Komponente umfasst dabei im Wesentlichen Koordinatentransformationen, die

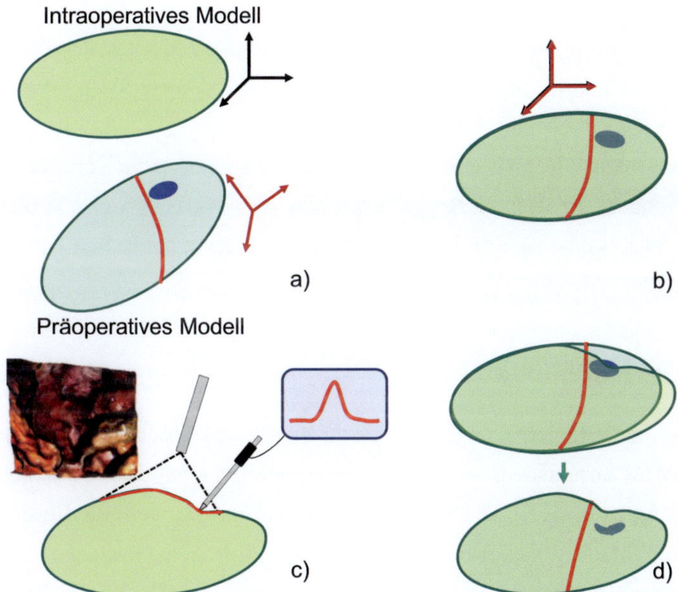

Bild 6.1: Schema des Registrierungsprozesses: a) Unregistrierte prä- und intraoperative Modelle mit Risiko- (rot) und Zielstruktur (blau); b) Initiale Registrierung und Darstellung in gemeinsamem Koordinatensystem; c) Erfassung von Änderungen mittels intraoperativer Sensordaten; d) Nachregistrierung und Übertragung der Änderungen auf das präoperative Modell

in der Regel rigide sind, also nur aus Rotationen und Translationen der Modelle bestehen. Sie bringt die Modelle grob in Übereinstimmung (Abb. 6.1 a) und b)). Unter dem zweiten Teil kann man sich eine Feinregistrierung vorstellen, die die Modelle genau in Übereinstimmung bringt. Hier können lokale Änderungen der Operationsumgebung aufgrund von Weichgewebedeformationen berücksichtigt werden und nicht-rigide bzw. elastische sowie lokal rigide Registrierungsverfahren zum Einsatz kommen (Abb. 6.1 c) und d)). Daneben kann man unterscheiden, zu welchem Zeitpunkt die Registrierung statt findet. Zum einen kann das zu Beginn des Eingriffes oder eines Teilabschnittes des Eingriffes sein, was im Folgenden als **initiale Registrierung** bezeichnet wird. Wenn diese initiale Registrierung erfolgreich durchgeführt wurde, muss diese Registrierung über die Zeit auch aufrecht erhalten bzw. gegebenenfalls bei zu großen Abweichungen komplett neu registriert werden. Zur initialen Registrierung sowie zur **Aufrechterhaltung der Registrierung** sollen in diesem Kapitel Ansätze vorgestellt werden.

Im Folgenden soll noch einmal betont werden, dass die hier vorgestellten Ansätze das Problem der intraoperativen Registrierung nur teilweise lösen können und in diesem Bereich noch viel Arbeit zu verrichten ist, bis eine akkurate und örtlich wie zeitlich robuste Registrierung erreicht ist. Insbesondere die Kompensation von Weichgewebedeformation im Registrierungsprozess ist nur teilweise berücksichtigt bzw. soll in Zukunft in Kombination mit einer biomechanischen Modellierung gelöst werden.

6.1 Initiale Registrierung

Ziel der initialen Registrierung ist es, die zu Beginn des Eingriffes oder einer Phase des Eingriffes unregistrierten prä- und intraoperativen Modelle in örtliche Übereinstimmung zu bringen. Damit ist eine gemeinsame Darstellung dieser Modelle und der aus ihnen extrahierten Informationen möglich. So besteht zum Beispiel nach einer erfolgreichen Registrierung die Möglichkeit, eine Zielstruktur an ihrer korrekten Stelle im Endoskopbild einzublenden. In der hier vorgestellten Arbeit bedeutet das, die Koordinatensysteme der intraoperativen Oberflächenrekonstruktion, des Instruments mit Kraftsensor sowie eines virtuellen Planungsmodells des Patienten mit dem realen Patient in Übereinstimmung zu bringen, wobei alle

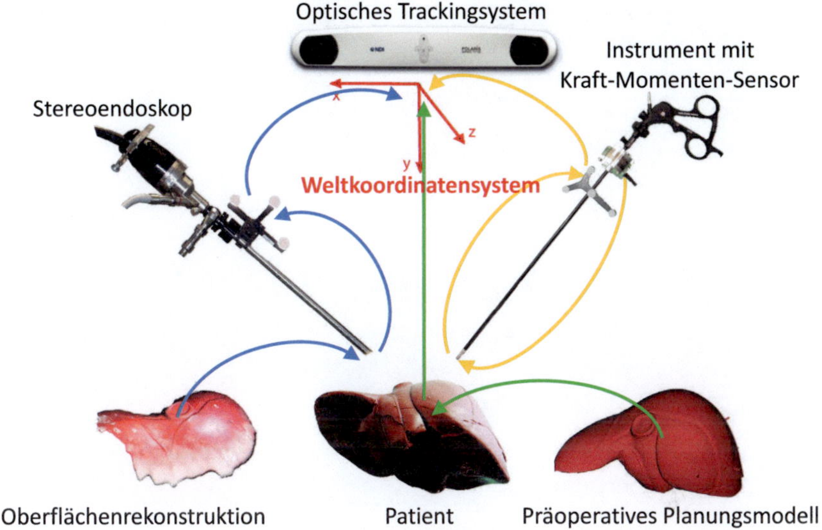

Bild 6.2: Überblick über die verwendete Sensorik sowie die verschiedenen Registrierungsprozesse zur Darstellung aller Modelle in einem einheitlichen Weltkoordinatensystem

Modalitäten von einem optischen Trackingsystem verfolgt werden (Abb. 6.2 und Abb. 6.3). Der Patient wird durch ein am Institut entwickeltes deformierbares Silikonphantom einer menschlichen Leber repräsentiert, von dem ein virtuelles Modell mit Gefäßbaum und einem Tumor als Zielstruktur aus CT-Daten erzeugt wurde. Das virtuelle Modell besteht aus ca. 400 000 Modellpunkten. Als gemeinsames Weltkoordinatensystem dient dabei das vom optischen Trackingsystem genutzte Koordinatensystem. Das Trackingsystem bestimmt und verfolgt die Position und Orientierung des Endoskops, des Instruments sowie des Phantoms. Im folgenden wird dabei nur ein rigides Szenario betrachtet, d.h. das Silikonphantom ist zu Beginn gegenüber der präoperativen Planung nicht deformiert.

Bei der initialen Registrierung kann man zwischen der merkmalsbasierten **Grob-** und einer oberflächenbasierten **Feinregistrierung** unterscheiden. Die Grobregistrierung dient dazu, die Modelle in ungefähre Übereinstimmung zu bringen. Sie ist ein semi-automatischer Prozess, der vom Benutzer verlangt, Merkmalspunkte in den Modellen zu identifizieren. Die Feinregistrierung nutzt das Ergebnis der Grobregistrierung als Initialisierung und versucht aufbauend darauf in einem auto-

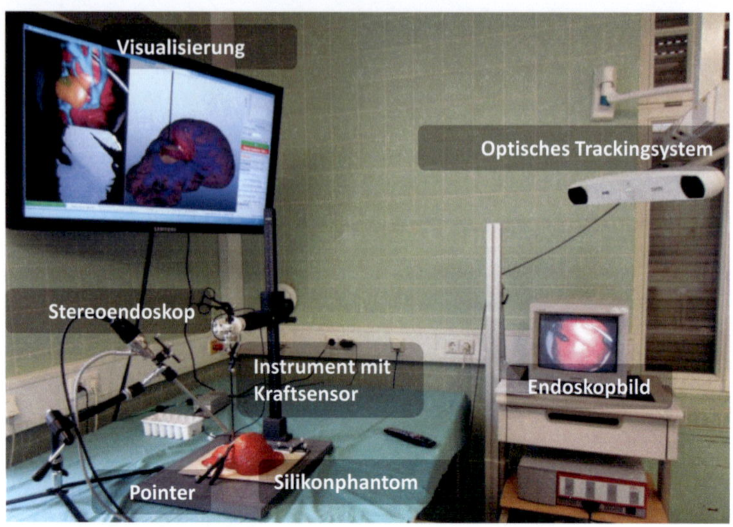

Bild 6.3: Übersicht des Hardware-Aufbaus

matisch ablaufenden Prozess eine exaktere Übereinstimmung zu erreichen. Einen
Überblick des Ablaufes der initialen Registrierung von intraoperativem Oberflä-
chenmodell und virtuellem Planungsmodell findet man in Abb. 6.4. Sie soll im
Folgenden genauer erläutert werden. Im Anschluss wird kurz auf die Registrierung
des Instruments mit Kraftsensor mit dem optischen Trackingsystem sowie die
Integration der Kraftmessungen eingegangen.

6.1.1 Grobregistrierung von optischem Trackingsystem, Oberflächenmodell und virtuellem Modell

Um das Oberflächen- und das virtuelle Planungsmodell in einem gemeinsamen
Weltkoordinatensystem darstellen zu können, müssen die Transformationen zwischen den einzelnen Modellen bestimmt werden. Nötig für die Berechnung der
Transformation sind korrespondierende Punktepaare in den einzelnen Modellko-
ordinatensystemen. Falls nur die Position der Punkte bekannt ist, kann bei einem
Punktepaar nur der translatorische Anteil der Transformation berechnet werden,
d.h. die Modelle liegen an diesem Punkt korrekt übereinander, sind aber noch
nicht korrekt aufeinander rotiert. Für die Rotation sind mindestens drei Punkte-

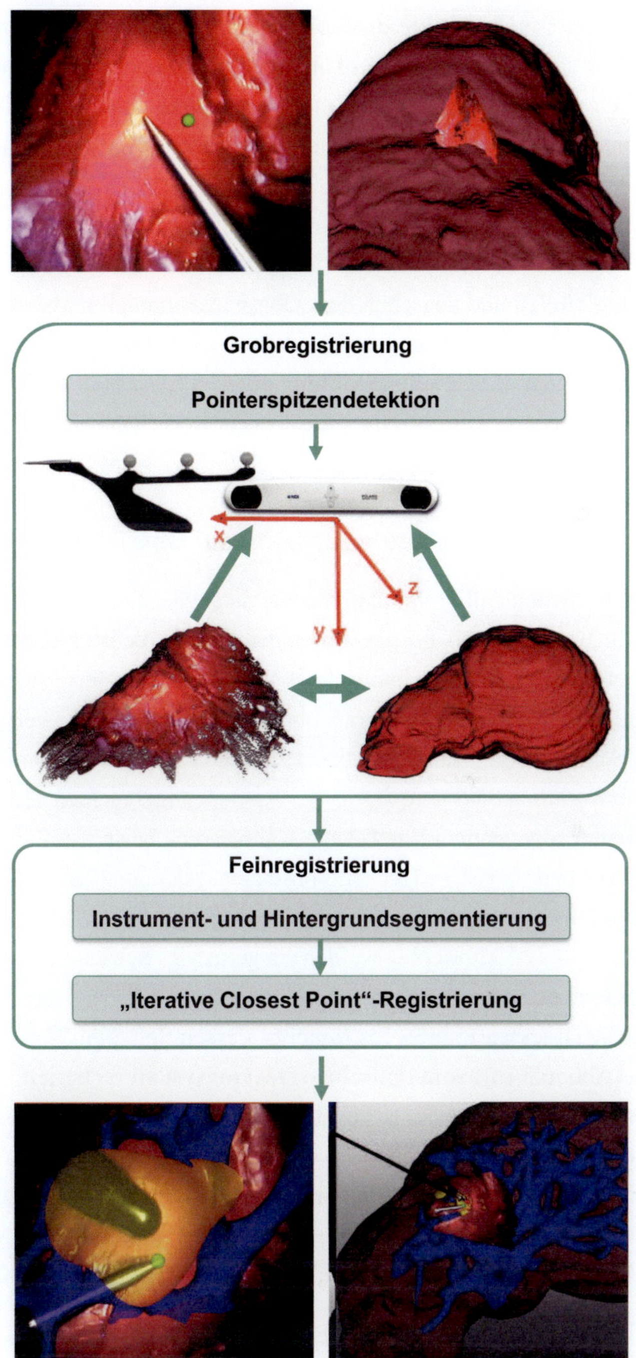

Bild 6.4: Schema des Ablaufes der initialen Registrierung

paare nötig, wobei mehr Punkte die Robustheit deutlich erhöht. Grundsätzlich gilt dabei, dass sich Fehler in der Lokalisierung der korrespondierenden Punkte deutlich schwerwiegender bei der Rotation auswirken als bei der Translation. Die Berechnung der Transformation basiert hier auf einem geschlossenem „Least Squares"-Lösungsverfahren [67].

Im hier vorgestellten Setting können Korrespondenzen zwischen dem optischen Trackingsystem und dem Oberflächenmodell, zwischen dem Trackingsystem und dem virtuellen Modell und zwischen dem Oberflächenmodell und dem virtuellen Modell hergestellt werden (Abb. 6.4). In der Praxis sind nur zwei Registrierungsprozesse für eine vollständige Registrierung nötig, d.h. sie bietet an dieser Stelle eine gewisse Redundanz. Die einzelnen Ansätze zur Korrespondenzfindung werden im Folgenden genauer erläutert.

Registrierung zwischen Trackingsystem und Oberflächenmodell

Um das Oberflächenmodell in Weltkoordinaten darstellen zu können, sind mehrere Transformationen nötig (Abb. 6.5 a)). Zum einen müssen die Bildkoordinatensysteme der beiden Kameras in ein gemeinsames Kamerakoordinatensystem überführt werden. Dies wird mithilfe der Kamerakalibrierung bewerkstelligt (siehe Kap. 4.3). Der zweite Schritt ist die Transformation zwischen dem Kamerakoordinatensystem und dem Koordinatensystem des an der Kamera angebrachten Trackers. Dies wird mithilfe der sogenannten Hand-Auge-Kalibrierung bewerkstelligt [163]. Die Transformation zwischen dem Trackerkoordinatensystem und dem Weltkoordinatensystem wird über das optische Trackingsystem bestimmt.

Bei der Hand-Auge-Kalibrierung werden ein getracktes Schachbrett (Abb. 6.5 b)) sowie rektifizierte und entzerrte Kamerabilder benötigt. Das Schachbrett wird dabei mithilfe eines getrackten Pointer-Instruments, dessen Spitze in Weltkoordinaten bekannt ist (Abb. 6.5 c)), zum optischen Trackingsystem registriert, indem mit dem Pointer einzelne Punkte des Schachbrettes angefahren werden. Als Ergebnis wird ein Modell des Schachbrettes im Weltkoordinatensystem erzeugt. Die Punkte dieses Modells werden mit den rekonstruierten Punkten aus der schon bei der Kamerakalibrierung verwendeten Schachbrettdetektion in Korrespondenz gesetzt und daraus die Transformation zwischen den Koordinatensystemen berechnet. Beide

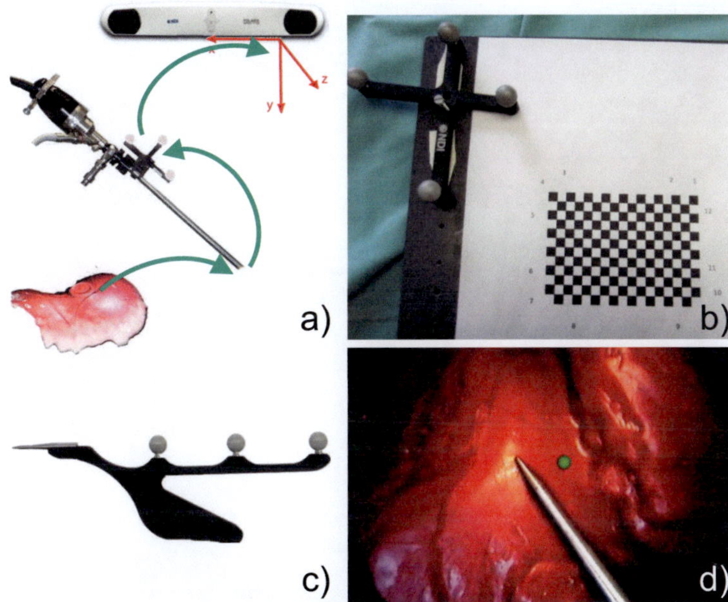

Bild 6.5: a): Registrierung zur Darstellung des Oberflächenmodells in Weltkoordinaten; b): Getrack-
tes Schachbrett zur Bestimmung der Hand-Auge-Kalibrierung; c): Verwendetes Pointer-
Instrument; d): Beispielhaftes Ergebnis der Registrierung mit Projektion der Spitze des
Pointers in das Kamerabild

Kalibrierungen werden offline erzeugt, d.h. nicht direkt vor oder während eines
Eingriffes. Zur visuellen Überprüfung kann die Position des Pointers in Weltkoordinaten in das Endoskopbild hineinprojiziert werden (Abb. 6.5 d)). Dazu wird
die inverse Transformation zwischen Welt- und Bildkoordinatensystem berechnet.
Wichtig dabei ist, dass dazu das Kamerabild nur entzerrt und nicht rektifiziert ist,
da sich Punkte im Bildkoordinatensystem immer auf unrektifizierte Koordinaten
beziehen.

Aufgrund von Ungenauigkeiten bei der Kamera- und Hand-Auge-Kalibrierung
kann es sein, dass die hineinprojizierte Spitze sowie die im Bild sichtbare Spitze des
Pointers nicht übereinstimmen. Deswegen besteht die Möglichkeit, dieses manuell
beziehungsweise semi-automatisch zu korrigieren. Die Idee dabei ist, erneut den
Pointer als Referenz zu benutzen und die Spitze des Pointers im Kamerabild
zu bestimmen. Den 3D-Punkt der Spitze in Kamerakoordinaten kann man im

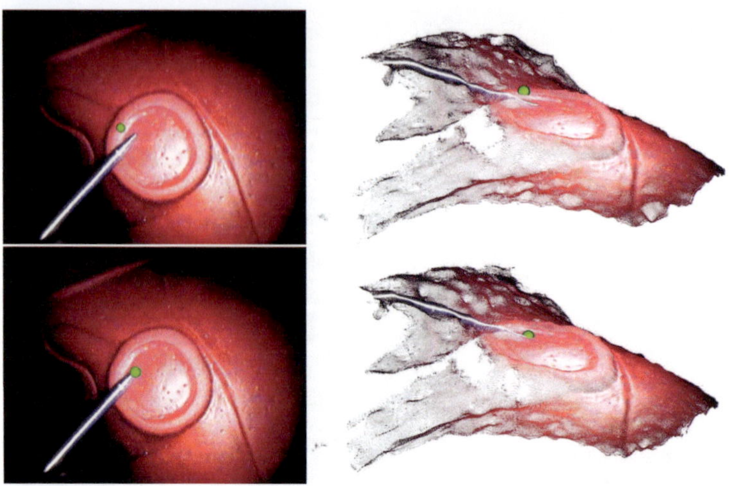

Bild 6.6: Pointerspitze im Kamerabild und der rekonstruierten Oberfläche vor (oben) und nach (unten) Anwendung der Korrekturtransformation

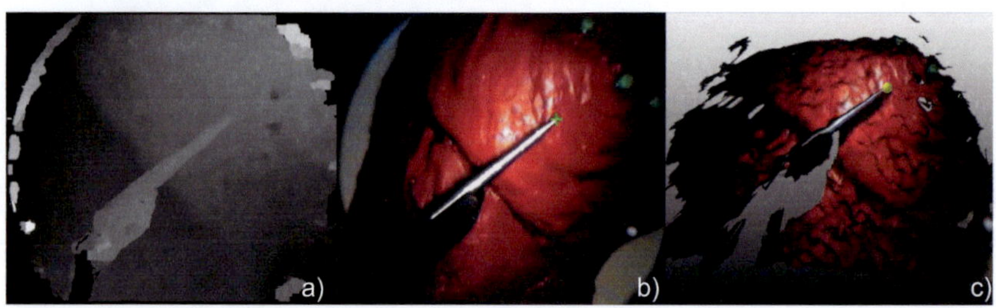

Bild 6.7: a): Disparitätsbild der aktuellen Szene; b) Kamerabild mit segmentiertem Pointer (weiß) und detektierter Spitze (grün); c): Spitze im Oberflächenmodell (gelb)

rekonstruierten Oberflächenmodell finden. Dieser 3D-Punkt wird der Position der Spitze des Pointers in Weltkoordinaten zugeordnet. Aus den Punktkorrespondenzen kann dann eine Korrekturtransformation berechnet werden (Abb. 6.6). Es gibt zwei Ansätze, um die Pointerspitze im Kamerabild zu bestimmen. Zum einen ist das manuell durch Anklicken der Spitze im Bild möglich. Alternativ dazu wurde eine einfache automatische Spitzendetektion entwickelt (Abb. 6.7). Die Grundideen sollen im Folgenden kurz skizziert werden.

Der gesamte vordere Bereich des Pointers ist metallisch, d.h. ein farbbasierter Ansatz zur Spitzendetektion ist hier naheliegend. Er weist auch ähnliche Charakteristiken wie im Bild befindliche Glanzlichter auf. Deswegen werden zuerst ähnlich zur Glanzlichtdetektion bei der Erstellung des Oberflächenmodells alle Pixel segmentiert, die Glanzlichteigenschaften aufweisen. Dazu werden zuerst die Sättigung und Intensität jedes Pixels bestimmt (siehe Kap. 4.5.2). Ein Pixel wird jetzt als Kandidat aufgefasst, wenn seine Sättigung einen gewissen Schwellwert unterschreitet, wenn seine Intensität einen Schwellwert überschreitet und wenn in diesem Pixel keine der drei Grundfarben dominiert. Letztere Bedingung wird überprüft, in dem die Pixelintensität mit den drei Farbwerten verglichen wird. Damit lassen sich schon Glanzlichter auf Organoberflächen zum Teil ausschließen, da sie beispielsweise oftmals rotdominiert sind.

Im nächsten Schritt werden auf Basis dieser Segmentierung Kandidatenregionen im Bild identifiziert und bewertet. Aussortiert werden beispielsweise Regionen, die aus zu wenigen Pixeln bestehen oder die keine längliche Form haben. Dazu wird die Kovarianzmatrix der Region erstellt und die zwei Eigenwerte und Eigenvektoren der Matrix ermittelt, die zu den zwei Hauptausdehnungsrichtungen gehören. Je kleiner das Verhältnis des kleinen zum großen Eigenwert ist, desto länglicher ist dabei die betrachtete Region. Deswegen wird die Region mit dem kleinsten Verhältnis als Pointerregion klassifiziert. Im Anschluss wird in dieser Region der Pixel als Spitze ausgewählt, der sich in Richtung der längsten Ausdehnung der Region befindet und, da hier zwei Kandidaten erzeugt werden, näher zur Bildmitte liegt. Sobald ein oder mehrere Punktepaare auf diese Weise erzeugt wurden, kann die Transformation berechnet werden, die das Oberflächenmodell in Weltkoordinaten darstellt. Mit dieser einfachen Methode ist es möglich, die Instrumentenspitze von spitz zulaufenden metallischen Instrumenten wie dem Pointer robust zu detektieren, solange sich keine weiteren Instrumente im Bild befinden.

Registrierung zwischen Trackingsystem und virtuellem Modell

Um das virtuelle Modell zum Trackingsystem zu registrieren, gibt es grundsätzlich zwei Ansätze. Zum einen können künstliche Marker verwendet werden, die auf dem Phantom angebracht werden, deren Position im virtuellen Modell exakt bekannt ist und die entweder direkt vom optischen Trackingsystem identifiziert oder mit dem Pointer angefahren werden können. Der Vorteil ist, dass sie leicht zu

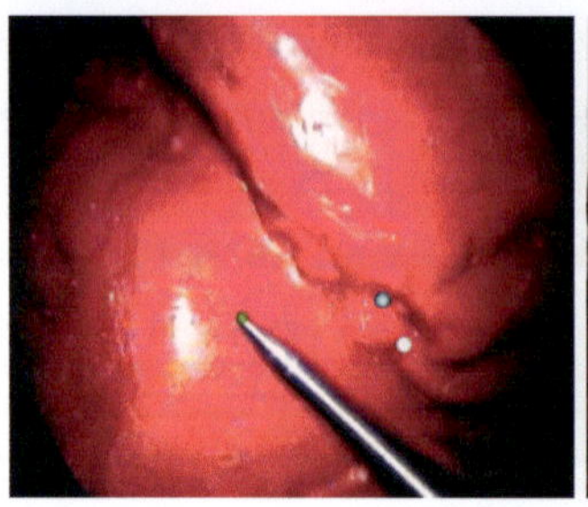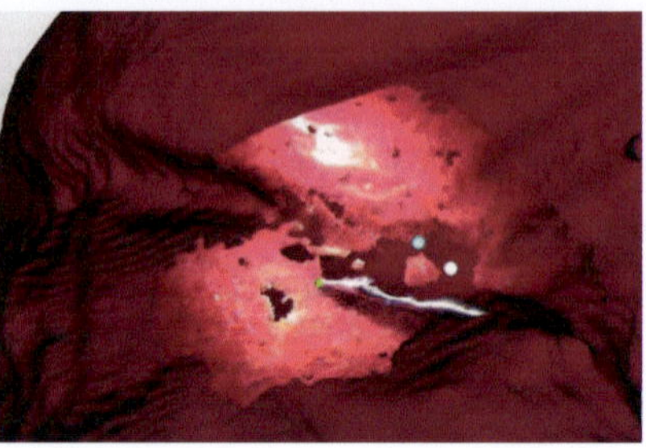

Bild 6.8: Bestimmung von Korrespondenzen im virtuellen Modell (türkis) und im Kamerabild (weiß) und Darstellung der Punkte in der Visualisierung des virtuellen Modells sowie Projektion in das Kamerabild

identifizieren sind und auch gleichmäßig über das Phantom verteilt werden können. Allerdings ist so ein Ansatz im medizinischen Umfeld nur begrenzt einsetzbar. So können zwar vor einer diagnostischen Untersuchung Hautmarker am Patienten angebracht werden, aber diese sind im laparoskopischen Setting sehr weit von möglichen Zielstrukturen entfernt und haben auch aufgrund von Weichgewebe-deformationen keinen festen Bezug zu diesen, was die Registrierungsgenauigkeit stark beeinträchtigt.

Alternativ dazu können auf dem Phantom natürliche Landmarken vom Benutzer identifiziert und mit dem Pointer angefahren werden. Parallel dazu müssen diese ebenfalls im virtuellen Modell bestimmt werden. Dazu kann der Benutzer den entsprechenden Punkt im virtuellen Modell bestimmen. Die so erzeugten Punktkorrespondenzen erreichen nicht die Genauigkeit der Korrespondenzen bei künstlichen Markern und hängen davon ab, ob natürliche Landmarken gefunden werden können. Da dieser Registrierungsschritt jedoch nur eine Initialisierung der folgenden Feinregistrierung ist, reicht dies oftmals schon aus.

Registrierung zwischen Oberflächenmodell und virtuellem Modell

Es besteht auch die Möglichkeit, das Oberflächenmodell direkt mit dem virtuellen Modell zu registrieren, ohne das Trackingsystem zu benutzen. Dazu müssen manuell korrespondierende Landmarken im Kamerabild sowie im virtuellen Modell ausgewählt werden. Um sofort die Auswahl der Korrespondenzen evaluieren zu können, werden die im Kamerabild ausgewählten Punkte in der gemeinsamen

Bild 6.9: Kamera- und Disparitätsbild sowie rekonstruierte Oberfläche ohne (a)) und mit (b)) Instrumenten- und Hintergrundsegmentierung

Visualisierung von Oberflächen- und virtuellem Modell hervorgehoben, während die im virtuellen Modell ausgewählten Punkte in das Kamerabild projiziert werden (Abb. 6.8).

6.1.2 Feinregistrierung der Modelle

Die Grobregistrierung liefert eine gute initiale Überlagerung der einzelnen Modelle. Diese wird als Ausgangspunkt für eine Feinregistrierung der Modelle genutzt. Die grundlegende Idee ist es, hier oberflächenbasiertes Registrierungsverfahren zu verwenden, welches die Transformation zwischen Oberflächen- und virtuellem Modell präzisiert. Im Folgenden wird die hier verwendete Prozesskette kurz vorgestellt.

Instrumenten- und Hintergrundsegmentierung

Bei der Feinregistrierung ist es wichtig, dass im Oberflächenmodell nur Punkte für die Registrierung verwendet werden, die tatsächlich zur Oberfläche des virtuellen Modells gehören und nicht beispielsweise zu einem Instrument. Auch sollten Bereiche ausgespart werden, in denen das Oberflächenmodell stark verrauscht ist. Deswegen wird vor der Feinregistrierung eine Instrumenten- und Hintergrundsegmentierung auf Basis der Farb- und Disparitätsbilder durchgeführt (Abb. 6.9).

Zu Beginn wird genauso wie bei der Pointerspitzendetektion das Kamerabild im HSI-Raum betrachtet und der Farbton, die Intensität sowie die Sättigung jedes Pixels bestimmt und alle Pixel heraussegmentiert, die nicht zum Farbbereich des Silikonphantoms gehören. Ebenfalls werden nur Pixelregionen betrachtet, die eine gewisse Mindestgröße aufweisen. Damit wird beispielsweise vermieden, dass kleine Glanzlichtregionen heraussegmentiert werden, da diese bei der Oberflächenrekonstruktion keine Probleme darstellen. Mit dieser Vorsegmentierung können farblich von der Zielregion abweichende Regionen, Glanzlichter sowie sehr dunkle Bereiche im Bild, in denen die 3D-Rekonstruktion oftmals nur unzureichende Ergebnisse liefert, identifiziert und aus dem Oberflächenmodell entfernt werden. Bei Instrumenten reicht die Segmentierung oft nicht an den Instrumentenrand heran. Dies führt dazu, dass teilweise noch Punkte am Instrumentenrand rekonstruiert werden. Um diese zu entfernen, wird das Disparitätsbild genutzt. Die grundlegende Idee ist, dass Instrumente einen gewissen Abstand zum darunter liegenden Gewebe haben und dieses nur an der Instrumentenspitze berühren. Dieser Abstand wird im Disparitätsbild durch unterschiedliche Disparitäten repräsentiert.

Betrachtet werden jetzt alle Randpixel der bisherigen Segmentierung. Für diese werden in Richtung der Nachbarn, die nicht zur Segmentierung gehören, Suchstrahlen losgeschickt (Abb. 6.10 a)) und der maximale Disparitätsgradient auf den einzelnen Suchstrahlen bestimmt, d.h. die größte Änderung der Disparität zwischen zwei benachbarten Pixeln. Die Suchstrahlen haben dabei eine maximale Länge, bis zu der die Disparitätsgradienten untersucht werden. Falls auf einem Suchstrahl der größte Disparitätsgradient größer als ein bestimmter Schwellwert ist, werden alle Pixel bis zur Stelle des Gradienten ebenfalls zur Segmentierung hinzugerechnet (Abb. 6.10 c)). Falls kein Disparitätsgradient auf dem Suchstrahl diesen Schwellwert überschreitet und das Ende des Suchstrahls erreicht ist, wird kein Pixel auf dem Suchstrahl segmentiert. Damit verhindert man, dass auch Bereiche ohne große Disparitätsänderungen, z.B. bei Glanzlichtern oder an dunklen Stellen, ebenfalls segmentiert werden. Allerdings können sich Suchstrahlen überkreuzen, wodurch die Wahrscheinlichkeit, einen Bereich nicht zu segmentieren, sinkt. Die zugehörigen 3D-Punkte der segmentierten Pixel werden im anschließenden Feinregistrierungsschritt nicht berücksichtigt (Abb. 6.9 b)).

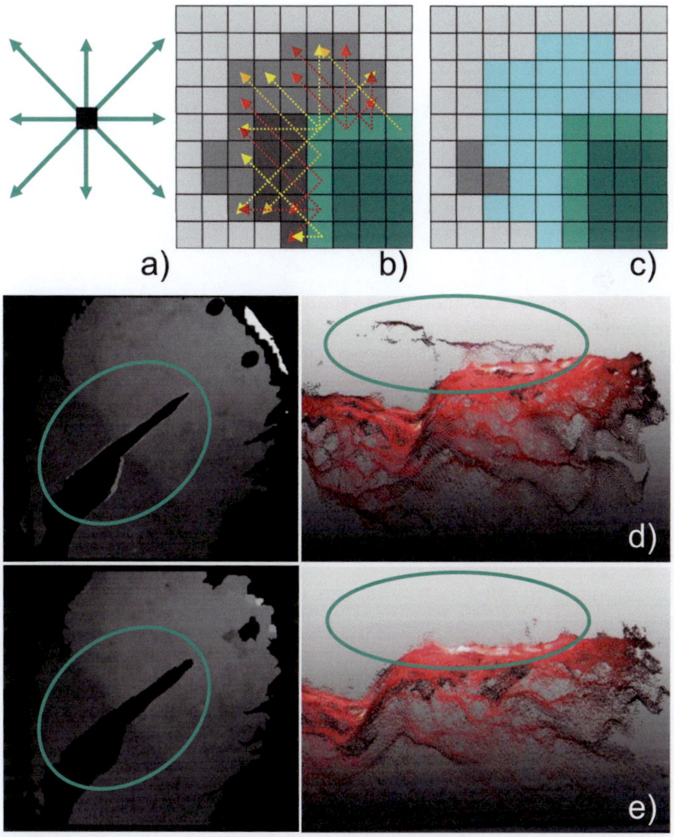

Bild 6.10: a) Mögliche Richtungen des Suchstrahls; b) Segmentierte Pixel (grün), Disparitäten der Nachbarn (Grauwerte) und Suchstrahlen der Randpixel des segmentierten Bereichs; c) Hinzugenommene Pixel nach Anwendung der Suchstrahlen und Berechnung der Gradienten (türkis); d) Segmentierung vor Suchstrahlentechnik; e) nach Suchstrahlentechnik

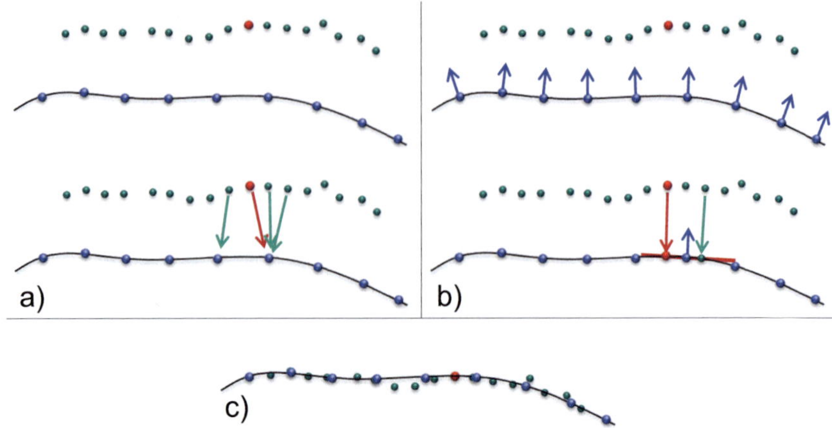

Bild 6.11: a) Punkt-zu-Punkt-Zuordnung bei der Suche der nächsten Nachbarn; b) Punkt-zu-Modell-Zuordnung durch Extraktion der Oberflächennormalen und Approximation der Oberfläche durch eine Ebene; c) Ergebnis der ICP-Registrierung

Ïterative Closest PointRegistrierung

Das Oberflächen- und das virtuelle Modell liegen nach der Grobregistrierung schon in ungefährer Übereinstimmung. Das Registrierungsergebnis lässt sich verbessern, in dem der Ïterative Closest Point"(ICP) - Algorithmus verwendet wird, der das Oberflächenmodell mit der Oberfläche des virtuellen Modells registriert [15]. Da der ICP dazu tendiert, in lokalen Minima zu konvergieren, muss die Grobregistrierung ausreichend gut sein. Außerdem kann der ICP nicht mit starken Deformationen umgehen, weswegen entweder nur undeformierte Modelle registriert oder deformierte Bereiche ebenfalls von der Registrierung ausgeschlossen werden sollten.

Der ICP besteht dabei aus zwei Schritten. Im ersten Schritt werden jedem Punkt in der segmentierten Oberflächenrekonstruktion ein Punkt auf der Oberfläche des virtuellen Modells zugeordnet. Dazu wird der nächste Nachbar des jeweiligen Punktes im virtuellen Modell gesucht. Eine direkte Punkt-zu-Punkt-Zuordnung hat allerdings den Nachteil, dass in der Praxis diese nur selten den kleinsten Abstand eines Punktes zum virtuellen Modell widerspiegelt (Abb. 6.11 a)). Das ist insbesondere dann kritisch, wenn das virtuelle Modell aus relativ wenigen Punkten besteht. Deswegen soll eine Punkt-zu-Modell-Zuordnung erfolgen, bei der ein neuer Punkt auf dem Modell generiert werden muss. Dies wird erreicht, indem

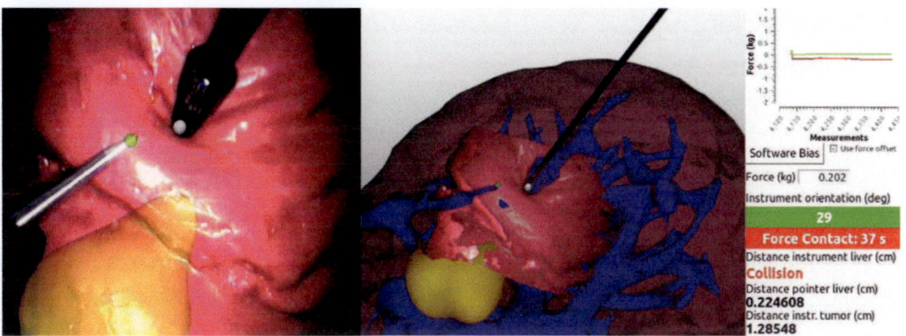

Bild 6.12: Kraft-Sensor-Instrument nach Registrierung mit dem optischen Trackingsystem: Position im Kamerabild, einfaches Instrumentenmodell zusammen mit virtuellem Modell und Oberflächenrekonstruktion, Informationen über Größe der Kräfte, Abstände, Instrumentenorientierung und Kontaktzeitdauer

zusätzlich zum Nachbarpunkt dessen Oberflächennormale extrahiert wird. Diese wird dazu genutzt, um eine Ebene aufzuspannen, in dem der nächste Nachbar liegt. Die Ebene soll dabei die Oberfläche des virtuellen Modells approximieren. Im Folgenden wird der Punkt auf der Ebene berechnet, der den geringsten Abstand zum ursprünglichen Punkt hat, und dieser Punkt als nächster Nachbar genutzt (Abb. 6.11 b)).

Nachdem jedem Punkt der Oberflächenrekonstruktion ein Punkt auf dem virtuellen Modell zugeordnet ist, wird über die Minimierung des durchschnittlichen Abstandes eine neue Transformation berechnet, die die beiden Modelle besser ineinander überführt. Dieser Schritt wird gegebenenfalls wiederholt, bis sich die Transformation kaum oder nicht mehr ändert (Abb. 6.11 c)). Verwendet wird dazu die Berechnung in der IVT-Bibliothek [10]. Das Ergebnis der Registrierung kann visualisiert werden, indem jedem Punkt der Oberflächenrekonstruktion abhängig von seinem Abstand zum virtuellen Modell eine Farbe zugewiesen wird. Zusätzlich kann der durchschnittliche Abstand der Modelle zueinander berechnet werden. Bei der Abstandsberechnung wird ebenfalls das Punkt-zu-Ebene-Verfahren angewendet.

6.1.3 Registrierung des Kraft-Sensor-Instruments mit dem optischen Trackingsystem

Als zusätzliche intraoperative Modalität wurde ein Kraft-Sensor in ein laparoskopisches Instrument integriert (siehe Kap. 5). Um die Position der Instrumentenspitze sowie die Instrumentenorientierung im Weltkoordinatensystem zu bestimmen, ist dieses mit einem Tracker versehen. Durch einen Kalibrierungsprozess wird das Instrument mit dem optischen Trackingsystem registriert und kann so verfolgt werden (siehe Kap. 5.2).

Sobald die Lage des Instruments im Weltkoordinatensystem bekannt ist, können weitere wichtige Informationen extrahiert werden (Abb. 6.12). So besteht die Möglichkeit, mithilfe einer Kollisionsdetektion den Abstand des Instruments zur Oberfläche des virtuellen Modells zu berechnen. Für die Kollisionsdetektion wird SOLID als Bibliothek verwendet [182]. Damit kann man den Kontaktort und -zeitpunkt des Instruments mit dem virtuellen Modell bestimmen und diese mit der Kraftmessung fusionieren. Dies ermöglicht eine weitere Kontrolle der Registrierung, da im Idealfall die Kollisionsdetektion sowie die Kraftmessung gleichzeitig eine Kollision melden. Außerdem kann mithilfe der Kollisionsdetektion der Abstand zu weiteren interessanten Strukturen, z.B. einer Zielstruktur, gemessen werden. Weiterhin ist auch die Kontaktdauer sowie die Eindringtiefe von Interesse. Erstere ist hilfreich, um eine gewisse Sicherheit über die Kraftmessung zu erhalten, da die Messsignale mitunter etwas schwanken. Letztere wird beispielsweise benötigt, um eine durch das Instrument induzierte Deformation auf ein biomechanisches Modell zu übertragen. Schlussendlich kann bestimmt werden, ob das Instrument gerade von der Kamera gesehen werden kann, indem man die Instrumentenspitze ähnlich zur Pointerspitze in das Kamerabild hineinprojiziert. Damit ist es prinzipiell leichter möglich, Instrumente im Bild zu detektieren, insbesondere wenn man ein detailliertes Instrumentenmodell hat. Des weiteren können damit abhängig vom Kontext des Instruments und des Endoskops Assistenzfunktionen generiert werden.

6.2 Aufrechterhaltung der Registrierung

Der bisher vorgestellte Registrierungsprozess ist insbesondere bei großen Deformationen noch nicht praktikabel. Deswegen soll in diesem Abschnitt ein Ansatz

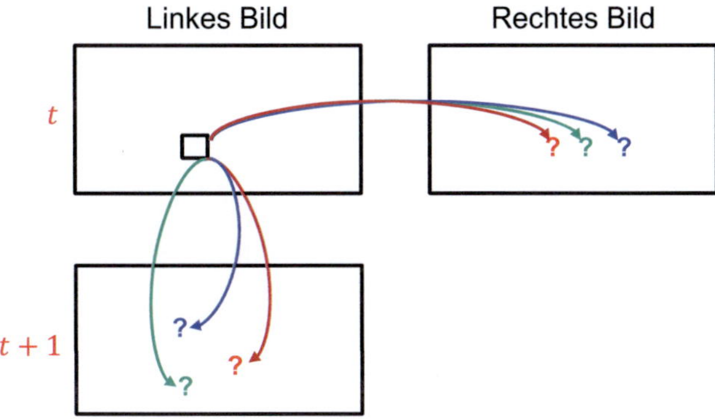

Bild 6.13: Mögliche Kandidaten für die Stereo- sowie die zeitliche Korrespondenzanalyse

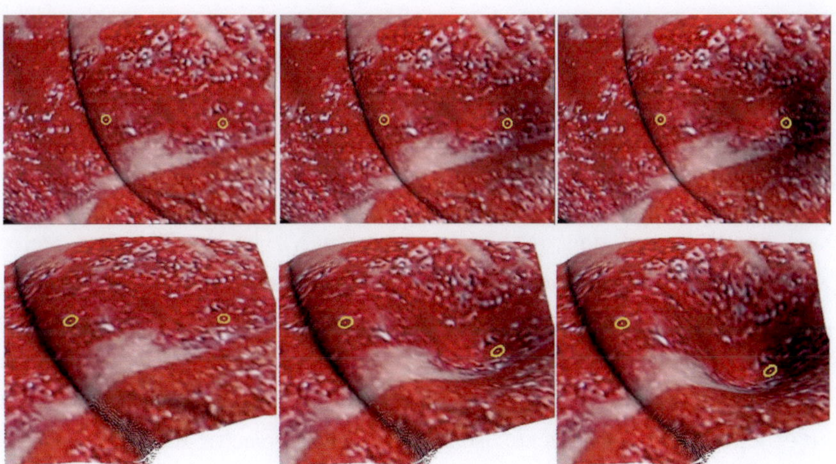

Bild 6.14: Position zweier Oberflächenpunkte im Kamerabild (oben) und in der zugehörigen Oberflächenrekonstruktion (unten) zu unterschiedlichen Zeitpunkten

vorgestellt werden, um eine bestehende Registrierung nach Änderungen des betrachteten Oberflächenausschnitts, z.B. durch Kamerabewegungen oder Deformationen, zu aktualisieren. Das ganze soll nur auf Basis der Kamerabilder und der Oberflächenrekonstruktion geschehen. Die grundlegende Idee ist es, eine **zeitliche Korrespondenzanalyse** durchzuführen. Dazu muss das bestehende Verfahren zur Korrespondenzanalyse und -korrektur (siehe Kap. 4.5.2 und 4.6) so erweitert werden, dass die Korrespondenzsuche im ganzen Bild durchgeführt wird (Abb. 6.13). Weiterhin müssen Bildpunkte über mehrere Bildpaare verfolgt werden können. Wenn zusätzlich die Oberfläche rekonstruiert wird, kann somit einem Bildpunkt ein 3D-Punkt zugeordnet werden. Somit ist eine Verfolgung eines 3D-Punktes über die Zeit möglich (Abb. 6.14). Insbesondere kann damit herausgefunden werden, wie sich ein 3D-Punkt bei einer Deformation der Oberfläche verschiebt. Diese Verschiebung kann dann als Randbedingung auf ein biomechanisches Modell übertragen werden. Die Grundidee ist vergleichbar zu einem von Stoyanov vorgestellten Verfahren [165], das eine Oberflächenrekonstruktion mit der bildbasierten Analyse der Bewegung der Szene verknüpft.

Um die Korrespondenzanalyse für zeitliche Korrespondenzen zu ermöglichen, muss insbesondere das HRM-Verfahren angepasst werden. Weitere Anpassungen müssen im Korrekturschritt erfolgen. Die nötigen Änderungen werden in den folgenden Abschnitten kurz vorgestellt.

6.2.1 Das HRM für die zeitliche Korrespondenzanalyse

Die wesentliche Änderung der Korrespondenzanalyse im Vergleich zum Stereo-Fall ist, dass korrespondierende Punkte nicht mehr nur auf einer horizontalen Linie sondern im ganzen Bild gesucht werden müssen. Damit muss die skalare Disparität d, die nur entweder positive oder negative Werte enthält, durch einen Vektor $\vec{d} = (d_x, d_y)$ mit beliebigen Werten ersetzt werden. Weiterhin kann dieser Vektor jetzt auch der Nullvektor sein, ein nicht untypischer Fall, da hier keine Bewegung zwischen zwei Zeitpunkten aufgetreten sind. Disparitätsvektoren nahe am Nullvektor müssen ebenfalls gesondert behandelt werden, da hier oftmals keine eindeutige Bewegungsrichtung vorliegt.

Die Grundstruktur des Verfahrens bleibt allerdings gleich. In der Blockrekursion werden weiterhin drei Kandidaten, zwei örtliche und ein zeitlicher Kandidat, ausgewertet und mittels des vereinfachten Census ein Ähnlichkeitswert berechnet. Die Pixelrekursion liefert einen vierten Kandidaten, der sich im Gegensatz zu den ersten drei Kandidaten auch stark von bisherigen Disparitäten unterscheiden kann und somit neue Disparitäten einführt. Ebenfalls wird eine Glanzlichtdetektion wie in der Stereo-Version durchgeführt und für so identifizierte Pixel die Disparitäten aus der Nachbarschaft interpoliert. Auch hier gibt es die Möglichkeit, jede zweite Zeile und Spalte zu interpolieren.

Die größten Änderungen sind bei der Berechnung der Subpixeldisparitäten nötig. Gegeben sei ein Punkt $\vec{p}$ und ein Disparitätskandidat $\vec{d}_{cand} = (d_{x1}, d_{y1})$. Hier werden zwei Fälle getrennt voneinander betrachtet. Der erste Fall betrachtet größere Bewegungen im Bild, bei dem entweder $|d_{x1}|$ oder $|d_{y1}|$ größer als ein bestimmter Schwellwert ist (hier 0,45). In diesem Fall wird das Ähnlichkeitsmaß S_{neu} sowie der neue Disparitätsvektor $\vec{d}_{neu} = (d_{x2}, d_{y2})$ folgendermaßen berechnet.

Zuerst wird der Betragsvektor $|\vec{d}_{cand}| = (|d_{x1}|, |d_{y1}|)$ gebildet. Im Anschluss werden drei einschließende ganzzahlige Disparitätsvektoren

$$
\begin{aligned}
\vec{d}_{min} &= (\lfloor |d_{x1}| \rfloor, \lfloor |d_{y1}| \rfloor) = (d_{xmin}, d_{ymin}) \\
\vec{d}_{max1} &= (d_{xmin} + 1, d_{ymin}) \\
\vec{d}_{max2} &= (d_{xmin}, d_{ymin} + 1)
\end{aligned}
$$

bestimmt. Falls d_{x1} bzw. d_{y1} negativ sind, werden die jeweiligen Komponenten der drei Vektoren negiert. Der neue Disparitätsvektor $\vec{d}_{neu}$ wird mithilfe der drei Punkte $\vec{p}_{min} = \vec{p} + \vec{d}_{min}$, $\vec{p}_{max1} = \vec{p} + \vec{d}_{max1}$ und $\vec{p}_{max2} = \vec{p} + \vec{d}_{max2}$ erzeugt. Für diese wird jeweils der vereinfachte Census und damit ihre Ähnlichkeitswerte S_{min}, S_{max1} und S_{max2} berechnet (siehe Gl. 4.24). Im Anschluss werden getrennt voneinander die Disparitätsänderung δd_x und die zugehörige Ähnlichkeit S_x für die x-Komponente des Disparitätsvektors mithilfe von S_{min} und S_{max1} sowie δd_y und S_y für die y-Komponente mithilfe von S_{min} und S_{max2} bestimmt. Genutzt werden dabei die in Kap. 4.5.2 genutzten Methoden zur Subpixelberechnung (siehe Gl. 4.26, 4.28 und 4.30). Da 4.28 die Disparitäten tendenziell unter- und Gl. 4.26 die

Werte überschätzt, wird eine Kombination beider Ähnlichkeitsmaße genommen, bei denen einfach zwischen beiden Werten gemittelt wird. Der neue Disparitätsvektor berechnet sich dann als

$$\vec{d}_{neu} = (\frac{d_{x1} + d_{xmin} + \delta d_x}{2}, \frac{d_{y1} + d_{ymin} + \delta d_y}{2}) \qquad (6.1)$$

wobei *deltad*$_x$ bzw. *deltad*$_y$ jeweils negativ sind, falls d_{x1} bzw. d_{y1} negativ sind. Das neue Ähnlichkeitsmaß ergibt sich als

$$S_{neu} = \frac{S_x + S_y}{2} \qquad (6.2)$$

Diese Berechnung kann nicht genutzt werden, wenn der Disparitätskandidat $\vec{d}_{cand}$ sehr nahe bei $(0,0)$ liegt. Dies ist z.B. der Fall, wenn an der Stelle keine Bewegung aufgetreten ist. Hier wäre es wünschenswert, wenn nicht zwischen 0 und 1 bzw. -1 und 0 interpoliert wird, sondern zwischen -0,5 und 0,5, da sonst ein langsamer Drift dieser Punkte in eine Richtung erzeugt wird, wodurch Punkte in diese Richtung wandern, obwohl in der Realität keine Bewegung auftritt. Um dies zu verhindern, muss die Subpixelberechnung etwas angepasst werden.

Dazu werden als ganzzahlige Kandidatenvektoren die Vektoren $(0,0)$, $(1,0)$, $(-1,0)$, $(0,1)$ und $(0,-1)$ gebildet. Für alle fünf Vektoren werden mittels des vereinfachten Census die Ähnlichkeiten S_{00}, $S_{1,0}$, $S_{-1,0}$, $S_{0,1}$ und $S_{0,-1}$ berechnet. Es werden jetzt jeweils für die x- und y-Komponente des Disparitätsvektors zwei Disparitätsänderungen δd_{x1} und δd_{x2} bzw. δd_{y1} und δd_{y2} bestimmt. Dabei ergeben sich δd_{x1} mithilfe von $S_{0,0}$ und $S_{1,0}$, δd_{x2} mithilfe von $S_{0,0}$ und $S_{-1,0}$, δd_{y1} mithilfe von $S_{0,0}$ und $S_{0,1}$ sowie δd_{y2} mithilfe von $S_{0,0}$ und $S_{0,-1}$. Die endgültigen Disparitätsänderungen ergeben sich dann als

$$\delta d_x = \frac{\delta d_{x1} + \delta d_{x2}}{2}$$
$$\delta d_y = \frac{\delta d_{y1} + \delta d_{y2}}{2}$$

Der neue Disparitätsvektor $\vec{d}_{neu}$ berechnet sich wie oben, das neue Ähnlichkeitsmaß S_{neu} muss hier nicht durch 2 sondern durch 4 geteilt werden.

Die Änderungen in der Pixelrekursion sind relativ simpel. Hier werden nur für den lokalen Intensitätsgradienten getrennt für die x- und y-Komponente des Disparitätsvektors Werte berechnet, während die Berechnung des Disparitätsgradienten zwischen den Bildern vom Prinzip gleich bleibt.

6.2.2 Korrektur und -verbesserung zeitlicher Disparitäten

Für die Korrektur fehlerhafter Disparitäten sowie die Glättung des Disparitätsbildes werden dieselben Methoden verwendet, wie sie schon in Kap. 4.6 zum Einsatz kamen. Beim Konsistenzcheck wird dabei nicht mehr das linke und rechte Disparitätsbild sondern das Disparitätsbild vom aktuellen zum vorherigen sowie vom vorherigen zum aktuellen Kamerabild genommen und miteinander verglichen. Der wesentliche Unterschied ist, dass hier wie auch in der Korrespondenzanalyse nicht mehr ein skalarer sondern ein vektorieller Disparitätswert korrigiert wird. Zuerst wird überprüft, ob eine Fehlzuordnung vorliegt. Dies ist der Fall, wenn sich die Disparität eines Pixels im ersten Disparitätsbild zu stark von der Disparität des korrespondierenden Pixels im anderen Disparitätsbild unterscheidet. Falls so eine Falschzuordnung vorliegt, wird zuerst versucht, diese Zuordnung mithilfe des anderen Disparitätsbildes zu korrigieren. Dazu werden wie bei der Korrektur im Stereofall die Ähnlichkeitswerte der betroffenen Pixel betrachtet. Falls diese Korrektur nicht erfolgreich ist, wird das Disparitätsbild mithilfe der lokalen Nachbarschaft korrigiert. Dies ist entweder eine einfache Interpolation aus vier Nachbarschaftswerten oder eine Median-Filterung in einer größeren Nachbarschaft.

Im Anschluss findet ähnlich wie im Stereofall eine Bilateral-Filterung zur Glättung der Disparitäten sowie eine Joint-Bilateral-Filterung zur weiteren Korrektur statt. Die Glättung findet dabei getrennt für die x- und y-Komponente des Disparitätsvektors statt. Bei der Korrektur werden zuerst Disparitäten als fehlerhaft gekennzeichnet, bei denen die lokale 8er-Nachbarschaft nicht ausreichend glatt ist. Diese werden mithilfe verbliebener nicht fehlerhafter Disparitäten gewichtet mit dem Farbbild ersetzt.

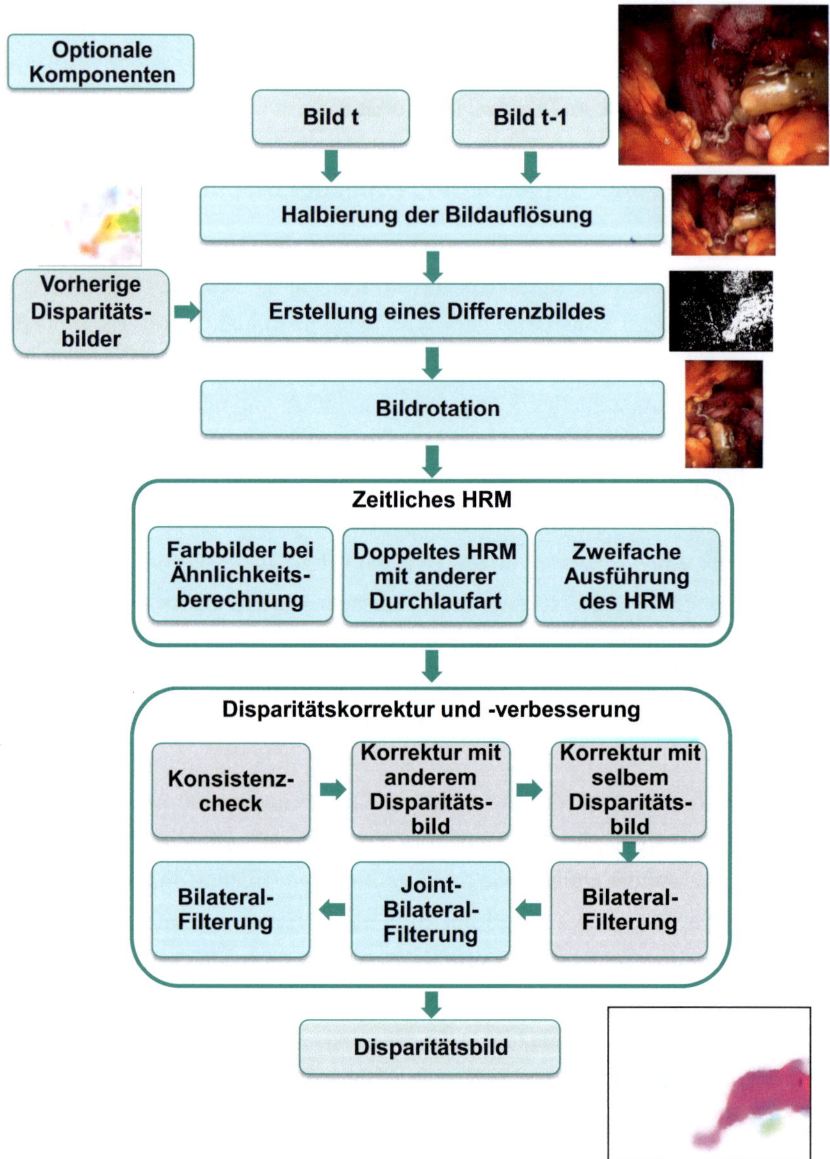

Bild 6.15: Ablauf der zeitlichen Korrespondenzanalyse sowie der Disparitätskorrektur und -verbesserung: Optionale Komponenten in türkis

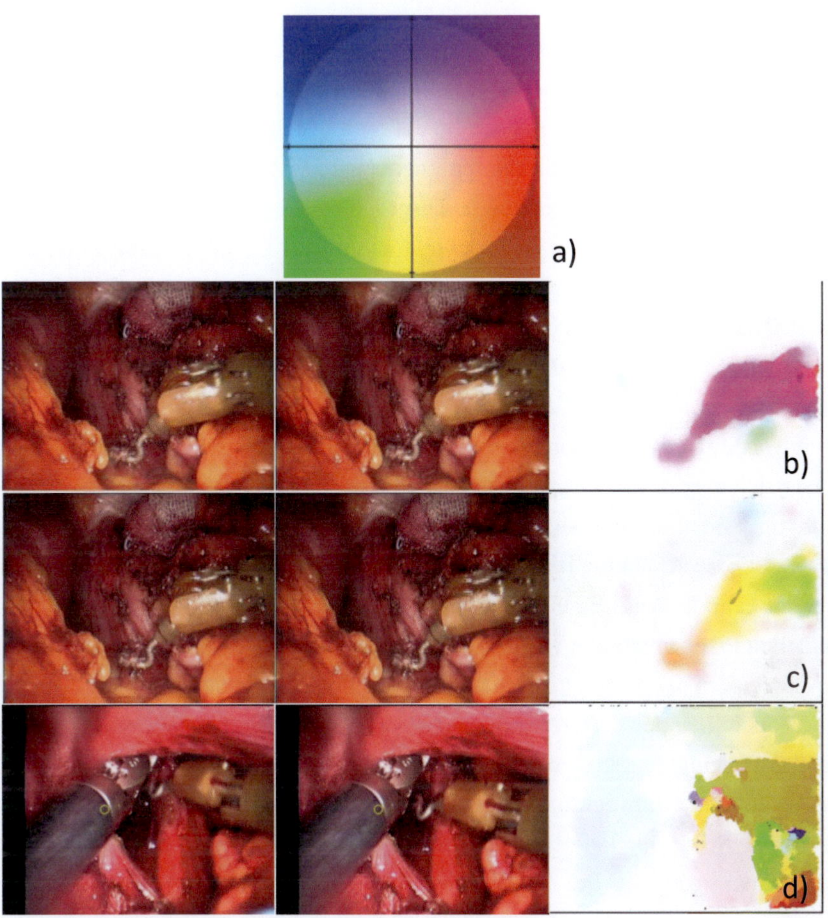

Bild 6.16: a) Farbkodierung der Richtung der Disparitätsvektoren; b) bis d): Beispielbildpaare mit Disparitätsbild

6.2.3 Prozesskette der zeitlichen Korrespondenzanalyse

Um Korrespondenzen über die Zeit zu verfolgen, wurden unterschiedliche Varianten der Korrespondenzanalyse implementiert und ausgetestet. Diese werden im Folgenden kurz erläutert. Einen Überblick über die Prozesskette zur zeitlichen Korrespondenzanalyse inklusive dieser optionalen Komponenten findet man in Abb. 6.15. Beispiele für eine durchgeführte Analyse auf Bildern einer mit dem daVinci-Endoskop aufgenommenen Operation sowie die Farbkodierung der Länge und Richtung der Disparitätsvektoren findet man in Abb. 6.16.

Das HRM nutzt unter anderem die Disparitäten des vorherigen Zeitabschnittes als potentiellen Kandidaten im Blockrekursionsschritt. Allerdings kommt es vor allem bei lokalen Deformationen vor, dass sich große Bereiche des Bildes nicht ändern, d.h. hier findet keine Pixelverschiebung statt. Deswegen soll mithilfe einer einfachen Differenzbildanalyse untersucht werden, ob eine Bewegung aufgetreten ist oder nicht. Dazu wird der Grauwert jedes einzelnen Bildpunktes mit dem Grauwert desselben Bildpunktes im vorherigen Zeitabschnitt verglichen. Falls dieser sich maximal um 1 unterscheidet, wird davon ausgegangen, dass sich dieser Bildpunkt nicht bewegt hat, und der zeitliche Disparitätskandidat wird auf $(0,0)$ gesetzt. Diese Annahme ist zwar nicht allgemein gültig, da hier nicht detektiert werden kann, ob zufällig ein gleichfarbiger Pixel durch eine Bewegung auf den aktuellen Pixel abgebildet wird, kann aber insgesamt zu einer reduzierten Anzahl an Ausreißern bei Änderungen in der Bewegung im Bild führen.

Zusätzlich zu der Differenzbildanalyse soll der Einfluss zeitlicher Disparitätskandidaten eingeschränkt werden. Der Grund dafür ist, dass in der Praxis oftmals ungleichmäßige Bewegungen auftreten, bei denen der zeitliche Kandidat meist keine gute Schätzung liefert sondern teilweise auch einen negativen Einfluss haben kann. Deswegen wird bei der Berechnung des Differenzbildes zusätzlich jeder zweite zeitliche Korrespondenzkandidat entfernt.

Da im Fall der zeitlichen Korrespondenzanalyse Disparitätsvektoren beliebig orientiert sind, besteht jetzt die Möglichkeit, das Standard-Muster der mäanderförmigen Durchquerung des Bildes (Abb. 4.18) aufzubrechen. Damit kann man versuchen, die Richtungsabhängigkeiten bei der Disparitätsanalyse weiter zu reduzieren. Dies kann einfach erreicht werden, indem die Ursprungsbilder um 90°

gedreht werden und das HRM auf diesen gedrehten Bildern durchgeführt wird. Im Anschluss muss das resultierende Disparitätsbild zurückgedreht werden. Weiterhin besteht auch hier ähnlich wie bei der Stereo-Analyse die Möglichkeit, die Analyse parallel zweimal auf denselben Bildpaaren, allerdings mit unterschiedlicher Vorzugsrichtung, durchzuführen und die daraus resultierenden zwei Disparitätsbilder zu fusionieren. Die Fusion erfolgt dabei relativ simpel. Für jeden Pixel wird immer der Disparitätsvektor ausgewählt, bei dem das Ähnlichkeitsmaß einen kleineren Wert annimmt. Diese Erweiterung lässt sich gut mit der Analyse auf rotierten Bildern kombinieren, da hier eine komplett andere Vorzugsrichtung genutzt wird und damit auch andere Disparitätsvektoren erzeugt werden. Ebenfalls vergleichbar zum Stereo-Fall kann das HRM zweimal hintereinander auf den Bildpaaren durchzuführen. Der Unterschied zur vorherigen optionalen Erweiterung ist, dass hier die Disparitäsbilder des ersten HRM-Schrittes die Eingangsbilder des zweiten HRM-Schrittes sind.

Beim HRM selber besteht die Möglichkeit, im Blockrekursionsschritt neben der ursprünglichen Berechnung des Ähnlichkeitsmaßes auf Basis der Grauwerte diese auch auf Basis der RGB-Werte des Bildes durchzuführen. Ziel ist es, das Verfahren dadurch robuster zu machen. Dies führt allerdings auch zu einem dreimal höheren Berechnungsaufwand in diesem Schritt. Die eigentliche Berechnung der Subpixeldisparitäten muss dabei nur leicht modifiziert werden. Beim vereinfachten Census werden jetzt für jeden Pixel drei Vergleiche anstatt einem durchgeführt.

Im Anschluss findet die Disparitätskorrektur und -verbesserung statt. Hier besteht die Möglichkeit, optional den Joint-Bilateral-Filter und im Anschluss eine zweite Bilateral-Filterung durchzuführen, um das Ergebnis zu verbessern.

Bis auf die Bilateral-Filterung sind alle Komponenten auf der CPU implementiert. Da die Berechnung der zeitlichen Korrespondenzanalyse recht zeitaufwändig ist, auch im Vergleich zur Stereo-Korrespondenzanalyse, und aufgrund der zusätzlichen Freiheitsgrade bei der Korrespondenzsuche weniger robust, besteht optional die Möglichkeit, die Analyse auf einer verringerten Bildauflösung durchzuführen. Der Nachteil ist, dass damit auch eine geringere Genauigkeit bei der Subpixelberechnung der Korrespondenzen erreicht wird.

Alle diese optionalen Erweiterungen bis auf die Reduktion der Bildauflösung

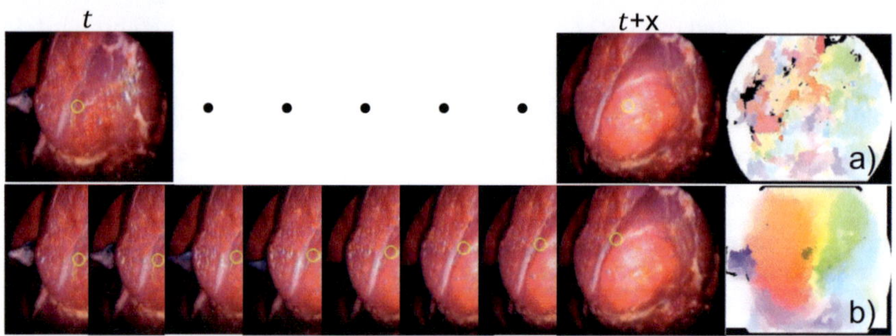

Bild 6.17: a) Zeitliche Korrespondenzanalyse zwischen Bild t im undeformierten und Bild $t+x$ im deformierten Zustand mit resultierendem Disparitätsbild; b) Akkumulierte zeitliche Korrespondenzanalyse mit resultierendem akkumulierten Disparitätsbild

führen zu einem erhöhten Rechenaufwand, wobei dieser teilweise durch Nutzung einer Mehrkern-Architektur sowie Parallelisierung reduziert werden kann.

6.2.4 Verfolgung von Bildpunkten über die Zeit

Bisher wurde nur betrachtet, wie sich Bildpunkte zwischen zwei hintereinander folgenden Bildern verschieben. Wenn man jetzt beispielsweise eine Deformation als Randbedingung auf ein biomechanisches Modell übertragen möchte, muss man wissen, welche Bildpunkte im undeformierten und im deformierten Zustand in Relation stehen, d.h. die Punkte müssen über einen größeren Zeitbereich verfolgt werden. Der naive Ansatz ist, dass einfach das Bild im undeformierten mit dem Bild im deformiertem Zustand verglichen wird. Das Problem hier ist, dass sich durch die Deformation die Oberflächentextur sehr stark ändert und damit eine Korrespondenzanalyse kaum noch möglich ist, da ja davon ausgegangen wird, dass die Nachbarschaft korrespondierender Pixel annähernd gleich bleibt (Abb. 6.17 a)).

Alternativ dazu kann man ein akkumuliertes Disparitätsbild aus den Disparitätsbildern zeitlich benachbarter Bilder erstellen. Dazu wird, ausgehend vom ersten Bild, für jeden Pixel dieses Bildes über mehrere Bilder verfolgt, wohin sein Disparitätsvektor zeigt (Abb. 6.18). Sei t der Startzeitpunkt der Akkumulation und $P(x,y)$ ein Pixel des Startbildes. Weiterhin ist $\vec{d}_{t+s}$ ein schon akkumulierter Disparitätsvektor zum Bild zum Zeitpunkt $t+s$, der auf den Pixel $P(x_s, y_s)$ zeigt. Wenn jetzt ein weiteres Bild hinzukommt, muss zuerst der Disparitätsvektor $\vec{d}_{s+1}$ von $P(x_s, y_s)$

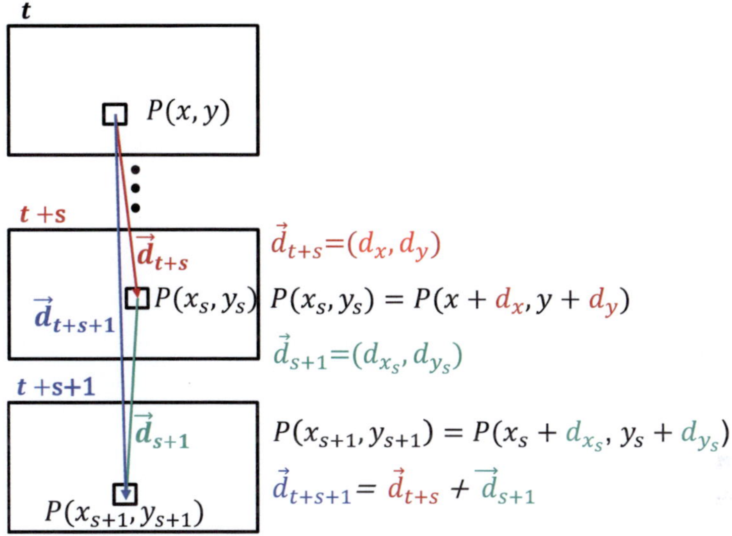

Bild 6.18: Prinzip der Akkumulation der Disparitätsvektoren

ermittelt werden. Hierbei wird $P(x_s,y_s)$ auf einen ganzzahligen Pixel gerundet und dessen Disparitätsvektor genutzt. Der neue akkumulierte Disparitätsvektor $\vec{d}_{t+s+1}$ von $P(x,y)$ ergibt sich dann aus der Vektorsumme von $\vec{d}_{t+s}$ und $\vec{d}_{s+1}$. Diese Berechnung wird bei jedem neuen Bild wiederholt und somit der Disparitätsvektor des ursprünglichen Pixels $P(x,y)$ aktualisiert.

Um auch bei dem akkumulierten Disparitätsbild möglichst gleichmäßige Disparitätsübergänge zu haben, wird auch dieses Bild mit dem Bilateral-Filter geglättet. Zusätzlich kann auch hier mit dem Joint-Bilateral-Filter eine Ausreißerkorrektur durchgeführt werden. Das Ergebnis der Akkumulation ist in Abb. 6.17 b) zu sehen. Das so erhaltene Disparitätsbild ist deutlich rauschärmer als das Disparitätsbild, das man bei einem direkten Vergleich von erstem und letztem Bild erhält. Damit können auch einzelne Punkte deutlich robuster verfolgt werden.

Mit dieser Methode ist es prinzipiell möglich, alle Bildpunkte über einen längeren Zeitraum zu verfolgen. Allerdings kann diese Verfolgung durch ein einziges fehlerhaftes Disparitätsbild ungenau werden. Falls nur kleine Regionen fehlerhaft sind, kann dies über die Zeit mittels des Joint-Bilateral-Filters korrigiert werden. Dies äußert sich darin, dass manchmal ein verfolgter Punkt in einem Bild "wegspringtünd in den darauf folgenden Bildern wieder an seine korrekte Position ßurückspringt". Eine Möglichkeit, den gesamten Ansatz robuster zu machen, wäre es, zusätzlich einzelne Merkmale zu detektieren und zu verfolgen. Diese können als Stützstellen verwendet werden. Weiterhin kann man versuchen, sehr schlecht rekonstruierte Disparitätsbilder auszuschließen und dafür einen Vergleich zum darauf folgenden Bild zu machen. Generell können einzelne Bilder ausgespart werden, solange die Änderungen im Bild nicht zu groß ausfallen und sich dadurch die Textur zu stark ändert.

Zusammenfassend wurde hier ein Ansatz zur Verfolgung von Punkten im Kamerabild entwickelt, der direkt mit den Oberflächenrekonstruktionen verknüpft ist. Damit ist es beispielsweise möglich, eine lokale oder globale Deformation über die Zeit auch im Oberflächenmodell zu verfolgen und Punkte im undeformierten und deformierten Zustand zueinander in Relation zu setzen.

7 Evaluation

Im folgenden Kapitel werden die in den Kapiteln 4, 5 und 6 vorgestellten Methoden evaluiert und diskutiert. Als Grundlage dienen dazu Aufnahmen verschiedener Stereo-Endoskope. Weiterhin wurde eine Simulationsumgebung entwickelt, in der ein Teil der Verfahren bezüglich ihrer Genauigkeit und Robustheit evaluiert werden kann. Als zusätzliche Evaluationsumgebung wird das in Abb. 6.3 abgebildete Setting genutzt. Im ersten Abschnitt steht die Erstellung einer robusten Kamera-Kalibrierung im Mittelpunkt. Diese ist essentiell für die im Anschluss ausführlich evaluierte Oberflächenrekonstruktion, bei der reale und synthetische Daten, teilweise mit bekanntem "Ground Truth", genutzt wurden. Als weitere Komponente wird die Integration und Kalibrierung des Kraft-Sensors im laparoskopischen Instrument evaluiert. Schlussendlich folgt die Evaluation der intraoperativen Registrierung, bestehend aus initialer Registrierung und der zeitlichen Korrespondenzanalyse zur Aufrechterhaltung der Registrierung.

7.1 Evaluation der Erstellung der Kamera-Kalibrierung

In Tabelle 4.2 wurden Evaluationskriterien vorgestellt, die es ermöglichen sollen, eine erstellte Kamera-Kalibrierung zu bewerten und aus einer Menge an erstellten Kalibrierungen die bestmögliche auszuwählen. Das Verfahren zur Erstellung und Auswahl der Kalibrierung soll hier im Folgenden bewertet werden. Dazu wurden mit dem Stereoendoskop Schachbrettaufnahmen mit drei unterschiedlichen Schachbrettmustern aufgenommen. Die Schachbrettmuster unterscheiden sich dabei in der Anzahl und der Breite der Kästchen. Dies führt zu einem unterschiedlichen Entfernungsbereich, in dem die Schachbretter komplett von der Kamera gesehen werden können. Zu jedem Schachbrettmuster wurden jeweils zwei Sequenzen mit 60 Bildpaaren aufgenommen und Schachbretter in beiden Bildern detektiert. Die erste Sequenz dient dabei zur Erstellung von Kalibrierungen, während die zweite Sequenz nur zur Evaluation genutzt wird (Tab. 7.1).

Tabelle 7.1: Schachbrettsequenzen für die Erstellung der Kalibrierungen sowie deren Evaluation (Minimalabstand = nötiger Abstand, um die Schachbretter komplett im Kamerabild sehen zu können)

Sequenz	Funktion	Muster	Breite (mm)	Minimalabst. Kamera (cm)	Anzahl detekt. Schachbretter
1	Training	17x12	5	7	41
2	Test	17x12	5	7	51
3	Training	11x10	10	10	59
4	Test	11x10	10	10	53
5	Training	9x8	15	12	50
6	Test	9x8	15	12	53

Zur Erstellung der Kalibrierungen (Training) wurde dabei das in Abb. 4.15 dargestellte Verfahren verwendet. Anschließend wurde für jeden der drei Schachbrettypen eine Evaluation durchgeführt. Konkret wurden für jede der drei Trainingssequenzen 40 Kalibrierungen erstellt, diese bewertet und nach ihrer Güte angeordnet. 20 dieser Kalibrierungen wurden mit dem Standard-Verzerrungsmodell mit vier Verzerrungsparametern, die restlichen 20 mit dem rationalen Verzerrungsmodell mit acht Parametern berechnet. Dabei wurden für jede Kalibrierung zufällig zwischen 5 und 20 Bildpaare aus der Gesamtmenge an Bildpaaren mit detektierten Schachbrettern ausgewählt. Aus diesen Kalibrierungen wurden in jeder Evaluation die besten 10 mit dem Ranking-Verfahren ausgewählt. Daneben wurden für jeden Schachbrettyp zum Vergleich drei Kalibrierungen ohne das Ranking-Verfahren aus zufälligen Bildpaaren erstellt. Einen Überblick über die so erstellten Kalibrierungen gibt Tabelle 7.2. Hier wird neben der Nummerierung der Kalibrierungen deren Rang, Anzahl an verwendeten Bildpaaren und das Verzerrungsmodell angegeben.

Die so gewonnenen Kalibrierungen wurden jeweils mit den Testsequenzen evaluiert. Dabei wurde zum einen darauf geachtet, wie sich das Ranking der Kalibrierungen verändert (Tab. 7.3). Zusätzlich wurde für jede Trainingssequenz eine neue Reihenfolge aus dem Durchschnitt der bei allen Tests berechneten Ranges der einzelnen Kalibrierungen erstellt (Tab. 7.4).

Weiterhin wurden drei Gütemaße herausgegriffen und genauer betrachtet: Der Distanz-Fehler zwischen echten und rekonstruierten Punkten δ_{d_k} als Maß für den 3D-Fehler, der gewichtete Rektifizierungsfehler δ_{rek_k} als Maß für die Rektifizie-

Tabelle 7.2: Überblick über die mithilfe des Ranking-Verfahrens erstellten Kalibrierungen (1-10) sowie die drei zufälligen Kalibrierungen (11-13) für alle drei Evaluation mit den drei Trainingssequenzen

Kal. Nr.	Sequenz 1			Sequenz 3			Sequenz 5		
	Rang	Anz. Bilder	Entzerr. param.	Rang	Anz. Bilder	Entzerr. param.	Rang	Anz. Bilder	Entzerr. param.
1	6,84	6	4	10,20	15	4	9,09	9	4
2	11,39	10	4	11,32	14	4	12,16	11	8
3	12,99	10	4	13,62	10	4	16,00	6	4
4	13,95	15	4	15,15	13	4	16,10	11	4
5	16,05	9	4	15,43	11	4	17,03	11	4
6	16,25	12	4	15,54	15	8	17,38	12	8
7	17,88	7	8	15,99	16	4	17,45	6	4
8	18,37	13	4	17,58	7	4	19,93	6	8
9	18,43	9	4	17,69	18	4	18,53	11	4
10	18,62	16	4	18,94	12	4	18,93	8	4
11	—	10	4	—	13	4	—	10	4
12	—	12	4	—	7	4	—	10	4
13	—	11	8	—	12	8	—	8	8

rung und der mittlere Abstand der Schachbrettpunkte zu der durch die Punkte beschriebenen Ebene δ_{E_k} als Maß für die Entzerrung. Für die nach Tab. 7.4 besten sechs Kalibrierungen wurden diese Werte für alle Trainingssequenzen miteinander verglichen (Abb. 7.1).

Folgende Schlüsse können aus den evaluierten Daten gezogen werden:

- Um gute Kalibrierungen zu erzeugen, reichen relativ wenige Bildpaare aus. Allerdings scheinen Kalibrierungen aus sehr wenigen Aufnahmen schlechter bei anderen Schachbrettern und damit einem anderen Abstand der Kamera zu dem Schachbrett zu generalisieren (siehe z.B. Kalibrierung 1 von Sequenz 1 oder Kalibrierung 3 von Sequenz 3).

- Das rationale Verzerrungsmodell mit 8 Verzerrungsparametern erzeugt im Schnitt schlechter bewertete Kalibrierungen als das Verzerrungsmodell mit 4 Parametern. Nur wenige Kalibrierungen, die dieses Modell verwenden, sind unter den 10 besten Kalibrierungen jeder Evaluation. So kommen hier vermeintliche Vorteile des Modells wie seine angeblich bessere Generalisierbarkeit nicht zum Tragen. Eventuell kann man bessere Ergebnisse erzeugen, indem man deutlich mehr Bildpaare zur Kalibrierung verwendet als beim Standard-Modell, aber klare Anzeichen gibt es dafür hier nicht.

Tabelle 7.3: Neues Ranking der Kalibrierungen (Nummer der Kalibrierung = Position bei Erstellung)

	Sequenz 1 (Training)					
	Testsequenz 2		Testsequenz 4		Testsequenz 6	
Platz	Kalib.	Rang	Kalib.	Rang	Kalib.	Rang
1	1	3,35	7	4,80	7	4,49
2	12	5,56	2	5,23	2	5,16
3	8	5,58	5	5,56	5	5,45
4	2	6,11	8	5,63	12	6,05
5	4	6,40	4	6,68	8	6,52
6	3	6,54	9	6,87	9	7,23
7	6	7,06	12	7,07	4	7,39
8	7	7,78	6	8,58	1	7,53
9	5	8,33	1	9,13	3	7,92
10	9	8,43	3	9,50	6	9,93
11	10	8,45	10	10,98	10	12,06
12	11	14,4	11	13,94	11	13,32
13	13	37,2	13	36,97	13	35,81

	Sequenz 3 (Training)					
	Testsequenz 2		Testsequenz 4		Testsequenz 6	
Platz	Kalib.	Rang	Kalib.	Rang	Kalib.	Rang
1	9	4,22	1	3,77	8	3,90
2	5	5,62	8	3,98	1	5,67
3	3	6,90	2	5,48	2	6,57
4	4	7,27	3	6,18	7	6,72
5	10	7,27	9	6,84	3	7,10
6	2	7,49	4	7,37	9	7,19
7	12	7,54	6	7,65	4	7,54
8	1	7,64	7	7,78	5	8,35
9	8	7,80	12	9,01	6	8,41
10	7	7,90	11	9,96	11	8,51
11	13	8,86	5	10,23	12	8,51
12	6	9,91	10	11,43	13	11,99
13	11	10,41	13	13,47	10	12,82

	Sequenz 5 (Training)					
	Testsequenz 2		Testsequenz 4		Testsequenz 6	
Platz	Kalib.	Rang	Kalib.	Rang	Kalib.	Rang
1	1	3,41	1	3,31	1	3,50
2	11	4,85	5	5,07	5	4,37
3	5	5,27	2	5,24	2	5,09
4	9	5,50	11	5,55	6	6,82
5	10	6,56	9	6,20	3	7,15
6	3	7,68	4	5,94	9	7,50
7	12	9,22	6	7,15	11	7,69
8	8	9,51	3	8,12	10	7,84
9	13	9,74	10	8,43	4	8,92
10	2	9,89	8	10,56	8	9,15
11	7	10,21	7	10,73	7	9,21
12	4	11,43	12	10,74	12	9,44
13	6	12,47	13	13,15	13	12,18

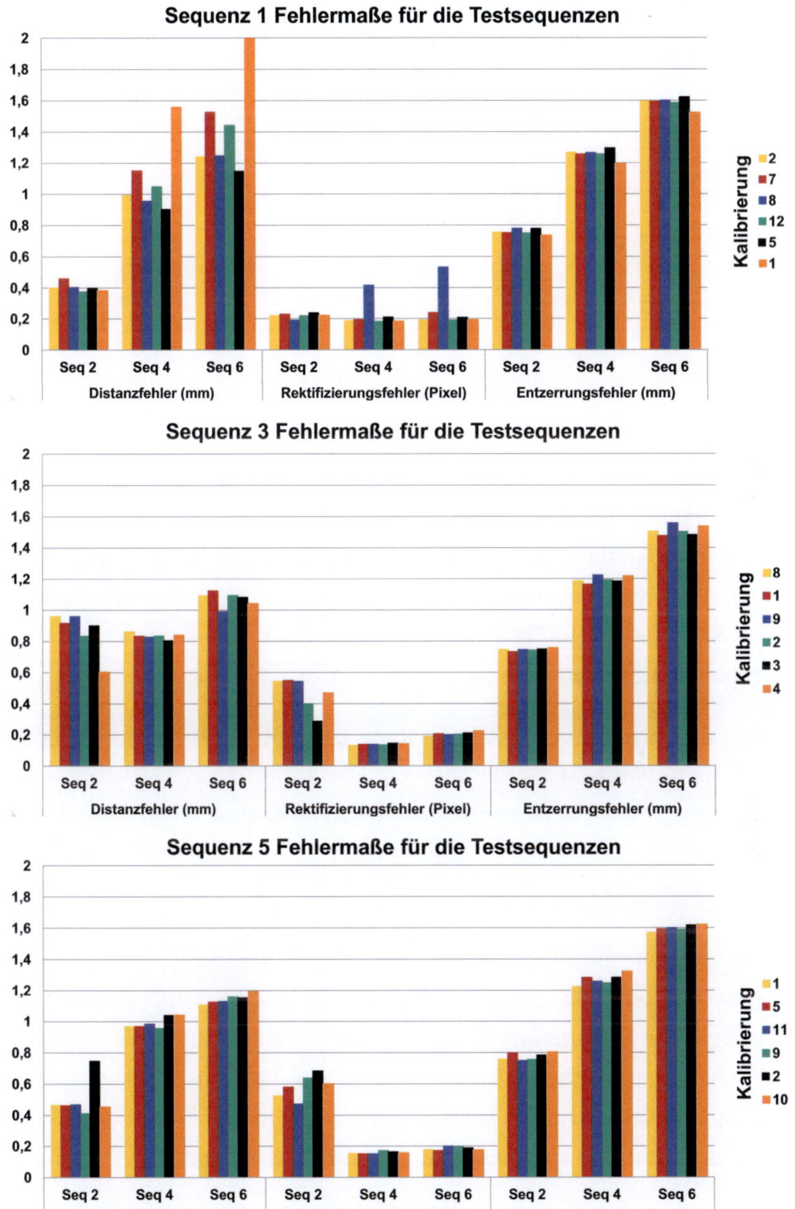

Bild 7.1: Vergleich des Distanzfehlers δ_{d_k}, des Rektifizierungsfehlers δ_{rek_k} und des Entzerrungsfehlers δ_{E_k} für alle Trainingssequenzen

Tabelle 7.4: Durchschnittsrang und neue Reihenfolge der Kalibrierungen der drei Trainingssequenzen (Nummer der Kalibrierung = Position bei Erstellung)

Platz	Trainingssequenz 1		Trainingssequenz 3		Trainingssequenz 5	
	Kalibr.	Rang	Kalibr.	Rang	Kalibr.	Rang
1	2	5,50	8	5,23	1	3,41
2	7	5,69	1	5,69	5	4,90
3	8	5,91	9	6,08	11	6,03
4	12	6,23	2	6,51	9	6,40
5	5	6,45	3	6,73	2	6,74
6	1	6,67	4	7,39	10	7,61
7	4	6,82	7	7,47	3	7,65
8	9	7,51	5	8,07	4	8,76
9	3	7,99	12	8,35	6	8,81
10	6	8,52	6	8,66	8	9,74
11	10	10,50	11	9,63	12	9,80
12	11	13,89	10	10,51	7	10,05
13	13	36,66	13	11,44	13	11,69

- Im Vergleich zu den zufällig erstellten Kalibrierungen ist es mit dem Ranking-Verfahren deutlich leichter möglich, eine brauchbare Kalibrierung zu erstellen. Auch wenn hin und wieder ohne Ranking eine gute Kalibrierung erzeugt wird (vergleiche Kalibrierung 12 von Sequenz 1), belegen die meisten so erstellten Kalibrierungen die hinteren Plätze.

- Der hier berechnete gewichtete Rang (vgl. Gl. 4.19) liefert eine deutlich feinere Unterscheidung der Güte einzelner Kalibrierungen als eine klassische Rangliste. So ist es dadurch besser nachvollziehbar, wenn Kalibrierungen ihre Plätze tauschen, da ihr während des Trainings zugewiesener Rang schon sehr ähnlich ist.

- Generell sind die Kalibrierungen, die im ursprünglichen Ranking beim Training weit oben stehen (Tab. 7.2), auch tendenziell wieder oben zu finden (vergleiche Kalibrierung 2 bei Sequenz 1, 3 und 5 und Kalibrierung 1 bei Sequenz 3 und insbesondere Sequenz 5 (Tab. 7.4). Allerdings ist die Anordnung der Kalibrierungen bei Evaluation mit einem anderen Schachbrett als mit dem, mit dem kalibriert wurde, deutlich gemischter.

- Kalibrierungen, die bei der Evaluation mit demselben Schachbrett mitunter sehr gut abschneiden (Kalibrierung 1 von Sequenz 1, Abb. 7.1)), können insbesondere bei der 3D-Rekonstruktion bei der Verwendung eines anderen

Schachbrettes deutlich größere Fehler aufweisen als andere Kalibrierungen, die ursprünglich schlechter abschnitten (Kalibrierung 7 bei Sequenz 1). Es gibt also Kalibrierungen, die vor allem bezüglich der Entfernung der Objekte zur Kamera deutlich besser generalisieren als andere. Diese Eigenschaft kann nur bedingt durch das Rankingverfahren mit einer Schachbrettsequenz erfasst und bewertet werden.

- Es kann vorkommen, dass auch Kalibrierungen, die beim Ranking während des Trainings nicht ganz vorne stehen, bei der Evaluation mit Bildern desselben Schachbrettes deutlich ihre Position ändern (Kalibrierung 8 bei Sequenz 1 und 3 oder Kalibrierung 4 bei Sequenz 5). Man sollte beim Erstellen der Kalibrierungen im Idealfall zwei Bildsequenzen zur Verfügung haben: die erste zum Kalkulieren und die zweite zur Evaluation der Kalibrierung. Allerdings erhöht das auch den Kalibrierungsaufwand deutlich.

- Wenn man die Distanzfehler aller Kalibrierungen miteinander vergleicht, zeigt sich, dass die größten Schwankungen bei Kalibrierungen, die mit dem 17x12-Schachbrett erstellt wurden, vorliegen. Bei den anderen Schachbretttypen ist die Verteilung deutlich gleichmäßiger.

- Beim Rektifizierungsfehler zeigt sich, dass dieser im Allgemeinen recht ähnlich ist. Allerdings weisen Kalibrierungen, die mit dem 11x10- und dem 9x8-Schachbrett erstellt wurden, eine deutlich schlechtere Rektifizierung bei Testsequenz 2 mit 17x12-Schachbrettern auf.

- Der Entzerrungsfehler ist bei allen Kalibrierungen für die einzelnen Testsequenzen sehr ähnlich, wobei wiederum deutliche Unterschiede zwischen den einzelnen Testsequenzen vorliegen. Der Kalibrierungsprozess scheint hier aber recht unabhängig von der Wahl des Schachbrettes zu sein.

Insgesamt kann man zusammenfassen, dass das Ranking-Verfahren die Wahrscheinlichkeit deutlich reduziert, eine schlechte Kalibrierung zu verwenden. Dies wird vor allem deutlich, wenn man die besten Kalibrierungen des Rankingverfahrens mit den zufällig erstellten Kalibrierungen vergleicht. Auch hier kann eine gute Kalibrierung gefunden werden, allerdings ist das deutlich stärker vom Zufall abhängig oder man muss mühsam die so erstellten Kalibrierungen auf Basis der Evaluationskriterien miteinander vergleichen. In der Regel sind die beim ursprünglichen Ranking vorne platzierten Kalibrierungen auch bei den Testsequenzen vorne zu finden. Allerdings kann das Ranking-Verfahren nicht alle Eigenschaften wie beispielsweise den Entfernungsbereich, in dem eine Kalibrierung gute Distanzwerte erzeugt, vollständig erfassen.

Weiterhin ist es vor allem beim Einsatz von Stereoendoskopen mit kleinem Fokusbereich besonders wichtig, ein Schachbrett für die Kalibrierung auszuwählen, das für den Entfernungsbereich ausgelegt ist, in dem später auch Objekte zu finden sind. Deswegen werden in den folgenden Abschnitten immer Kalibrierungen genutzt, die mit dem 17x12-Schachbrett erzeugt wurden. Während der Aufnahme der Bilder ist darauf zu achten, dass möglichst keine Bewegung der Schachbretter oder des Endoskops auftritt, da sonst Interlacing-Artefakte diese Bilder unbrauchbar machen. Kritisch ist auch die Beleuchtung. Wenn die Umgebung zu dunkel erscheint, werden oftmals die Schachbretter nicht korrekt detektiert. Auch sollte eine genügend große Anzahl an Bildern (mindestens 40), in denen Schachbretter detektiert werden können, aufgenommen werden.

7.2 Evaluation der Oberflächenrekonstruktion

Im folgenden Abschnitt soll das Oberflächenrekonstruktionsverfahren bezüglich **Genauigkeit**, **Robustheit** und **Geschwindigkeit** evaluiert werden. Im Fokus stehen dabei einerseits die Auswirkungen von einzelnen Komponenten sowie der Vergleich der CPU-, GPU- und der hierarchischen Variante des Workflows. Als Grundlage dienen zum Einen künstliche Bildsequenzen mit bekanntem Ground Truth zur quantitativen und zum Anderen Aufnahmen von Operationen zur qualitativen Beurteilung. Die künstlichen Sequenzen unterscheiden sich dabei in Sequenzen aus der Literatur mit und ohne medizinischem Hintergrund sowie Sequenzen aus einer im Rahmen der Arbeit entstandenen Simulationsumgebung. Eine Standard-Evaluation zur Analyse von Korrespondenzverfahren, das Middlebury Data Set [148], wird in dieser Evaluation nicht betrachtet. Gründe dafür sind die Verwendung von Bildpaaren anstatt Sequenzen, die geringe Bildauflösung sowie der nichtmedizinische Hintergrund dieser Evaluation.

Parameter	Wert
HRM Blockgröße	9x9
Konsistenzcheck Schwellwert	0,5
Konsistenzcheck Median-Filter	9x9
Größe Bilateral-Filter	17x17
Bilateral-Filter σ_s	8
Bilateral-Filter σ_i	1,5
Größe Joint-Bilateral-Filter	9x9
Joint-Bilateral-Filter σ_s	4
Joint-Bilateral-Filter σ_i	0,5

Tabelle 7.5: Evaluation der Robustheit: Die Werte der wichtigsten Parameter

Bild 7.2: Künstliche Bildsequenzen sowie zugehörige "Ground TruthDisparitäten von Richardt et al. [134]

7.2.1 Evaluation der Robustheit der Korrespondenzanalyse

Der Fokus dieser Evaluation ist die Betrachtung des Einflusses einzelner Komponenten der Korrespondenzanalyse auf die Robustheit der berechneten Disparitätsbilder bei unterschiedlich stark verrauschten Bildern. Die Komponenten sind dabei der Einfluss einer Glättung der Bilder vor der Korrespondenzanalyse, der Einfluss zeitlicher Informationen im HRM-Schritt sowie der Nutzen des Bilateral-Filters zur Disparitätsverbesserung und des Joint-Bilateral-Filters zur Disparitätskorrektur. Als Grundlage wird dabei die GPU-Variante des Workflows mit den in Tabelle 7.5 angegebenen Parametern genutzt (siehe Kap. 4.5.3, vgl. [140], hier CPU-Version).

Als Evaluationsgrundlage wurden fünf künstliche Bildsequenzen mit ganzzahligen "Ground TruthDisparitäten, die von Richardt et al. [134] stammen, genutzt (Abb. 7.2). Sie haben eine Auflösung von 400x300 Pixeln. Vergleichbar zu ihrer Arbeit wurden die einzelnen Farbkanäle der Bilder mit künstlichem nullzentriertem Gaussschem Rauschen versehen. Das Rauschen wird mit der Polar-Methode berechnet [141]. Die Evaluation wurde für drei Rauschstufen mit Varianzen $\sigma_1 = 0$,

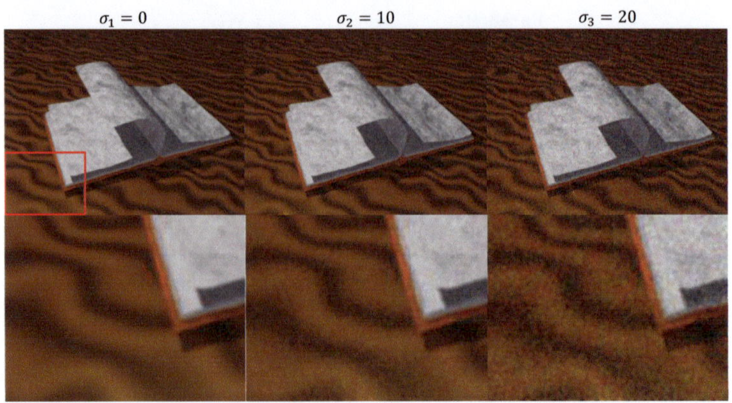

Bild 7.3: Drei verschiedene Rauschstufen mit $\sigma_1 = 0$, $\sigma_2 = 10$ und $\sigma_3 = 20$

$\sigma_2 = 10$ und $\sigma_3 = 20$ durchgeführt (Abb. 7.3). Als Evaluationskriterien wurde dabei der prozentuale Anteil der Disparitäten, die stärker als einen Pixel von den "Ground TruthDisparitäten abweichen, betrachtet.

Ergebnisse der Evaluation sind in Abb. 7.4 und Abb. 7.5 zu sehen. Das Korrespondenzanalyse zeigt im Allgemeinen gute Ergebnisse für rauschfreie Sequenzen. Insbesondere die "tunnelSequenz liefert sehr gute Ergebnisse, da hier viele sanfte Tiefenübergänge vorliegen und die Berechnung sehr stark von der rekursiven Struktur sowie des implizit enthaltenen Glattheits-Kriteriums profitiert. Schon hier kann man den Nutzen von zeitlichen Informationen und des Bilateral-Filters zur Disparitätsglättung und -korrektur gut sehen. Der Bilateral-Filter glättet dabei effektiv die Disparitäten, ohne die Kanten zu verschmieren (vgl. Abb. 7.4, 2. und 3. Zeile). Eine Vorglättung der Bilder liefert hier leicht schlechtere Ergebnisse, was leicht erklärbar ist, da hier noch kein Rauschen vorliegt, das geglättet werden muss.

Bei verrauschten Sequenzen ist allgemein eine deutliche Zunahme der fehlerhaften Disparitäten zu erkennen. Insbesondere fehlende zeitliche Informationen führen zu einer deutlichen Verschlechterung der Ergebnisse, was vor allem in der book- und temple-Sequenz auffällt, da in diesen große Teile des Bildes keine Tiefenänderung über die Zeit aufweisen. Beim Vergleich der Versionen mit und ohne Disparitätsglättung wird ebenfalls deutlich, dass der Bilateral-Filter einen deutlichen Einfluss auf die Robustheit des Verfahrens hat (vgl. Abb. 7.4 4. und 5. Zeile). Die zusätzliche Anwendung des Joint-Bilateral-Filters zur Disparitätskorrektur

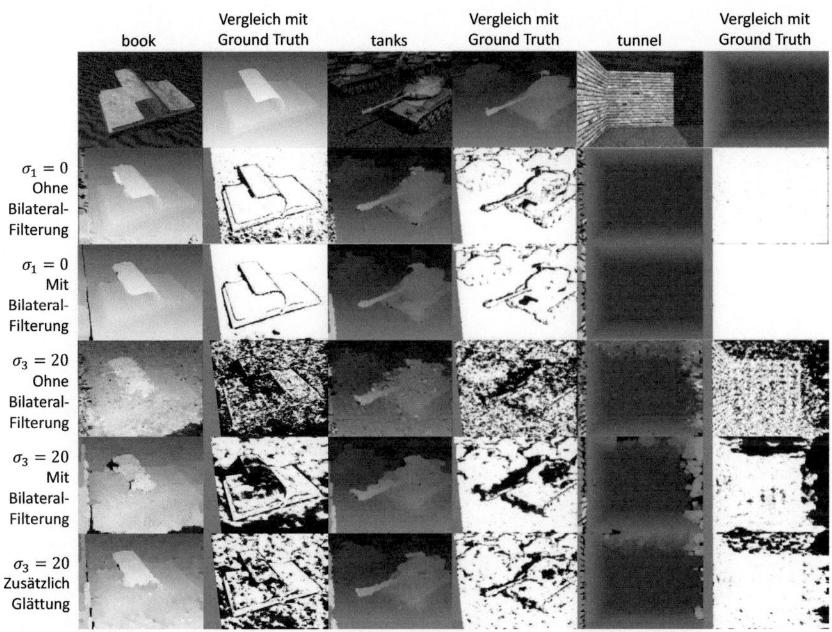

Bild 7.4: Resultierende Disparitätsbilder und Vergleich mit Ground Truth zur Untersuchung des Einflusses von Disparitätsglättung, -korrektur und Bildglättung

führt insbesondere in der book- und der temple-Sequenz zu einer Verbesserung, da hier relativ ausgeprägte Tiefensprünge vorliegen und der Filter besonders an Objektgrenzen das Ergebnis verbessert. Dagegen profitiert die tunnel-Sequenz nicht von diesem Filter. Bei verrauschten Sequenzen kann man eine signifikante Verringerung der Anzahl fehlerhafter Pixel erreichen, wenn man zusätzlich zur Disparitätsglättung und -korrektur auch eine Vorglättung des Bildes durchführt (Abb. 7.5). Am meisten profitieren dabei die tanks- und die tunnel-Sequenzen von dieser Vorglättung (vgl. Abb. 7.4 5. und 6. Zeile). Bei der temple-Sequenz führt die Vorglättung zu einer leichten Verschlechterung. Eine mögliche Erklärung liegt in der hohen Anzahl an Objektkanten.

Zusammenfassend kann man sagen, dass die einzelnen hier untersuchten Komponenten bei verschiedenen Rauschstufen teilweise zu einer starken Verringerung des Fehlers führen. Eine signifikante Verschlechterung einzelner Ergebnisse ist bei keiner Komponente vorhanden. Eine Ausnahme bildet die Vorglättung rauschfrei-

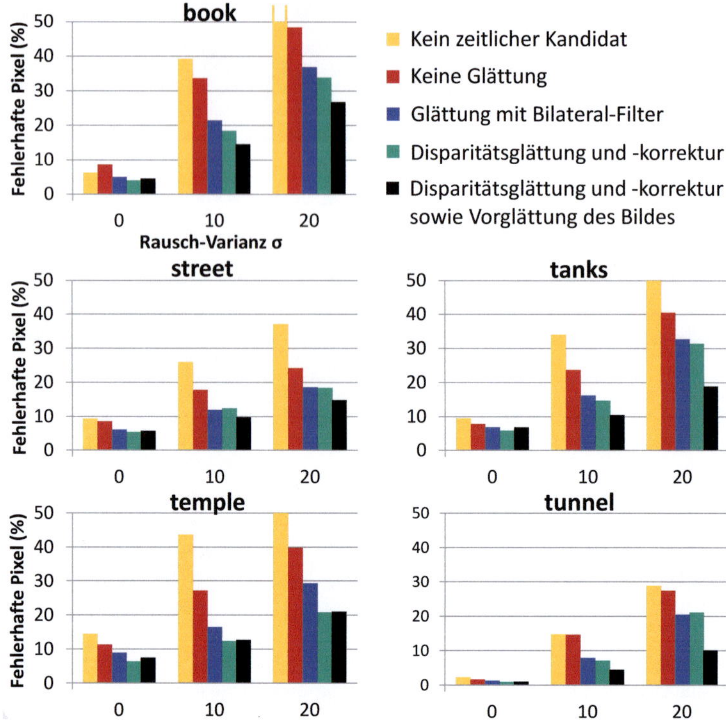

Bild 7.5: Vergleich des Prozentsatzes der fehlerhaften Disparitäten (Differenz > 1 Pixel) für verschiedene Rauschstufen und unterschiedliche Komponenten der Korrespondenzanalyse

er Bilder, bei denen ein geringer Qualitätsabfall zu beobachten ist. In der Praxis kann man allerdings immer ein gewisses Bildrauschen erwarten. Die street- und tunnel-Sequenz schneiden im Vergleich deutlich am besten ab. Dies zeigt, dass das Verfahren insbesondere für glatte Tiefenübergänge, wie sie bei endoskopischen Aufnahmen oft vorkommen, geeignet ist.

7.2.2 Vergleich der CPU-, GPU- und hierarchischen Variante der Oberflächenrekonstruktion

Im folgenden Abschnitt soll die CPU-, die GPU- sowie die die hierarchische Variante der Oberflächenrekonstruktion, im folgenden als CPU-GPU abgekürzt, mit zwei Rekonstruktionsverfahren aus der Literatur verglichen werden. Im Mittel-

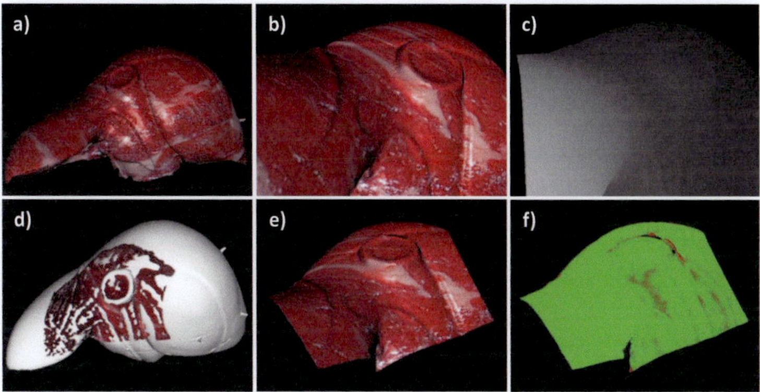

Bild 7.6: Simulationsumgebung: a) Virtuelles texturiertes Modell, b): Linkes Bild des virtuellen Endoskops; c): "Ground TruthDisparitäten; d) Überlagerung der Oberflächenrekonstruktion mit virtuellem Modell; e): Oberflächenrekonstruktion; f): farbkodierter Abstand zwischen Oberflächenrekonstruktion und virtuellem Modell

punkt stehen dabei die Genauigkeit, die Robustheit gegenüber verschiedenen für Endoskope typischen Störquellen sowie die Laufzeit der Verfahren. Evaluiert wird dabei auf künstlichen und realen Bildsequenzen. Die Evaluation ist vergleichbar zu der in [138], allerdings wird hier eine aktuellere Version des Verfahrens genutzt, der Joint-Bilateral-Filter miteinbezogen und die Evaluation etwas erweitert. Die in dieser Evaluation gewählten Parameter findet man in Tabelle 7.6.

Die Vergleichsverfahren aus der Literatur sind zum einen eine Variante des Algorithmus von Hirschmüller [64], der auf einem semi-globalen Block Matching basiert und im folgenden mit CPU-OpenCV abgekürzt wird. Zum anderen kommt ein auf der GPU implementiertes Stereorekonstruktionsverfahren von Yang et. al [191] zum Einsatz, bezeichnet als GPU-OpenCV. Beide Verfahren sind in der OpenCV-Bibliothek implementiert [18] (genutzte Version 2.4). Bei dem hier durchgeführten Vergleich wurden die Standardparameter beider Verfahren genutzt. Beide Verfahren nutzen eigene Disparitätskorrekturmechanismen und rekonstruieren nur das Disparitätsbild der linken Kamera, was einerseits den Aufwand halbiert, andererseits aber auch keinen Validitätscheck während der 3D-Rekonstruktion ermöglicht.

Um die Verfahren quantitativ zu evaluieren, wurde eine Simulationsumgebung entwickelt, in der ein virtuelles Modell eines Leberphantoms zum Einsatz kommt (Abb. 7.6). Dieses kann auf unterschiedliche Weisen texturiert werden. Zusätz-

Parameter	Wert
Disparitätsintervall	1-150 Pixel
HRM Blockgröße	7x7
GPU HRM Größe Unterbild	24x28
Konsistenzcheck Schwellwert	0,5
Konsistenzcheck Median-Filter	9x9
Größe Bilateral-Filter	17x17
Bilateral-Filter σ_s	8
Bilateral-Filter σ_i	1,5
Größe Joint-Bilateral-Filter	9x9
Joint-Bilateral-Filter σ_s	4
Joint-Bilateral-Filter σ_i	0,5
3D-Rekonstruktion Randbereich	10 Pixel
Least Squares Fenstergröße	7x7

Tabelle 7.6: Die Werte der Parameter in der Endoskopsimulation

lich wird ein Stereo-Kamera-System simuliert, dessen Kameras vergleichbar zu den realen Kameras eines Endoskops sind und Bilder des gerade betrachteten Abschnittes des Phantoms mit einer Auflösung von 640x480 erzeugen kann. Die Kalibrierung der Kameras ist dabei bekannt. Für die Bildausschnitte können die "Ground TruthDisparitäten im Subpixelbereich sowie die zugehörigen 3D-Punkte berechnet werden. Zusätzlich besteht die Möglichkeit, verschiedene Störquellen zu simulieren. In dieser Evaluation kommen schwach texturierte Bereiche, Bildrauschen, Rektifizierungsfehler, bei der ein Kamerabild leicht horizontal verschoben wird, sowie eine ungleichmäßige Ausleuchtung des Bildausschnittes zum Einsatz. Weiterhin wurden zwei Bildsequenzen eines Herz-Silikonphantoms aus der Literatur verwendet, bei denen "Ground TruthPunktwolken mithilfe eines registrieren CT-Scans erzeugt wurden [169, 127].

Qualitativ wurde das Verfahren mit verschiedenen Bildsequenzen von insgesamt drei Stereo-Endoskopen evaluiert. Operationssequenzen wurden mit dem daVinci-Stereoendoskop aufgenommen, während Testsequenzen mit Silikonphantomen sowie verschiedenen Tierorganen mit einem PAL-Endoskop der Firma WOLF (maximale Auflösung 720x576) sowie einem HD-Endoskop der Firma Storz (Auflösung 1920x1080) erstellt wurden. Diese Sequenzen wurden auch zur Bewertung der Geschwindigkeit herangezogen.

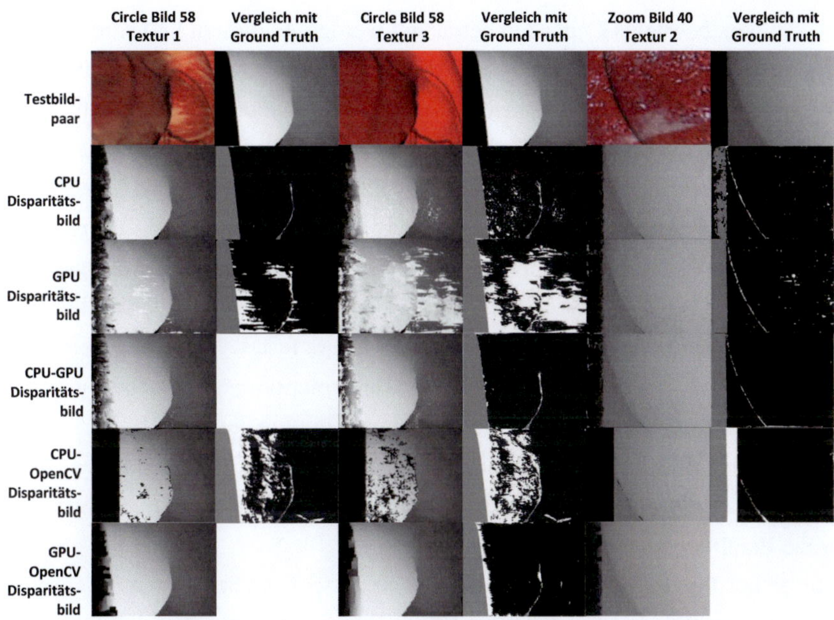

Bild 7.7: Ausgewählte Bilder mit den drei verwendeten Texturen: Erzeugte Disparitäten der fünf Oberflächenrekonstruktionsverfahren sowie Vergleich mit dem Ground Truth (Bildpunkt weiß, wenn Disparitätsdifferenz > 1 Pixel)

Evaluation in der Simulationsumgebung

Ziel der Evaluation in der Simulationsumgebung war es, die Genauigkeit sowie die Robustheit der verschiedenen Verfahren gegenüber Störungen zu vergleichen. Die drei Varianten der in dieser Arbeit vorgestellten Oberflächenrekonstruktion wurden mit den in Tabelle 7.6 angegebenen Parametern initialisiert. In der Simulationsumgebung wurden dazu drei verschiedene Sequenzen mit jeweils drei unterschiedlich texturierten Modellen erstellt (Abb. 7.7). Textur 1 und 2 besteht aus jeweils einem hochaufgelösten Bild von Weichgewebestrukturen, das auf das virtuelle Modell projiziert wird. Bei Textur 3 wird nur die Schattierung des Modells verwendet, weitere Texturinformationen gibt es hier nicht. Hier wird der Einfluss von texturarmen Regionen auf die Rekonstruktion untersucht. Bei allen Sequenzen wird ein Abstand des Endoskops von ungefähr 5 cm simuliert.

Die erste Sequenz "Circle"besteht aus einer 360°-Rotation um das Phantom mit einer Schrittweite von 5° herum. Hier kann das Verhalten der Verfahren auf ein seitwärts bewegtes Endoskop betrachtet werden. In diesem Fall sind zeitliche Disparitäten nur noch bedingt nützlich, da sich der komplette Bildausschnitt ändert, die Kamera aber in etwa denselben Abstand zum Modell behält. Sie besteht aus 76 Bildpaaren. Bei der Sequenz SZoomëntfernt sich zuerst die Kamera vom Modell, um sich dann wieder zu nähern. Die Schrittweite beträgt 2 mm, der maximale Zoom 40 mm. Die Sequenz besteht aus 41 Bildern. Hier ändern sich die Disparitäten mit jedem neuen Bildpaar komplett, was die Nutzung von zeitlichen Disparitäten nicht mehr möglich macht. Diese können sich in diesem Fall eventuell negativ auswirken. Bei der Sequenz "Deformïst die Kamera fest, während ein Teilbereich des Bildausschnitts deformiert wird. Die Deformation besteht dabei aus einer symmetrischen Gaussfunktion, mit der einzelne Punkte des Modells verschoben werden. Hier sind zeitliche Kandidaten für einen großen Teilbereich des Bildes gültig, während sie im Bereich der Deformation potentiell einen guten Startwert für die Pixelrekursion liefert.

Im ersten Teil der Evaluation wurden auf Basis der neun Sequenzen Oberflächenmodelle erstellt und mit den "Ground TruthDaten verglichen. Gemessen wurden dabei der Prozentsatz an Disparitäten mit einem Abstand kleiner als 1 Pixel zum Ground Truth, der mittlere Disparitätsabstand aller Pixel sowie der Abstand der Pixel, zu denen ein 3D-Punkt rekonstruiert wurde. Weiterhin wurde der mittlere Abstand der rekonstruierten 3D-Punkte zum Ground Truth sowie die Anzahl der rekonstruierten 3D-Punkte im Verhältnis zur maximal möglichen Anzahl bestimmt. Bei allen Berechnungen werden Bildpunkte, die näher als 10 Pixel zum Rand liegen, nicht berücksichtigt. Weiterhin werden nur Pixel betrachtet, die in beiden Bildern gesehen werden.

Qualitative Ergebnisse sind in Abb. 7.7 und Abb. 7.8 zu sehen. Quantitative Ergebnisse findet man in Tabelle 7.7 und Abb. 7.9. Insgesamt schneidet die CPU-GPU-Version am besten ab. Bei den Sequenzen mit den texturierten Modellen sind die Ergebnisse vergleichbar zur CPU- und GPU-Version und signifikant genauer als die beiden OpenCV-Versionen (im Schnitt 45% bzw. 61 % bei der Betrachtung des Abstandes). Bei dem untexturierten Modell haben die CPU- und insbesondere die GPU-Version große Probleme, während die CPU-GPU-Version immer noch sehr gute Ergebnisse liefert. Die einzige Sequenz, in der sie schlechter abschneidet als die OpenCV-Versionen ist die untexturierte Zoom-Sequenz, da hier die zeitli-

Evaluationskriterium	Algorithmus	Circle			Deform			Zoom		
		Tex1	Tex2	Tex3	Tex1	Tex2	Tex3	Tex1	Tex2	Tex3
Anzahl Pixel (%) mit	CPU	0,9	1,0	21,6	0,1	0,2	2,4	0,5	0,4	22,2
Disparitätsabstand > 1 Pixel	GPU	4,5	2,1	51,8	**0,07**	**0,04**	17,3	1,0	0,4	57,2
	CPU-GPU	**0,6**	**0,7**	**8,1**	**0,07**	0,05	**0,8**	**0,4**	**0,3**	**9,0**
Mittlere Disparitäts-	CPU	0,17	0,18	1,16	0,11	0,14	0,24	0,17	0,14	2,08
abweichung zum Ground	GPU	0,90	0,42	13,3	0,11	0,11	6,9	0,27	0,16	18,9
Truth (alle Pixel)	CPU-GPU	**0,14**	**0,16**	**0,46**	**0,08**	**0,08**	**0,15**	**0,14**	**0,13**	**0,64**
	CPU	0,11	0,10	0,72	0,10	0,10	0,22	**0,09**	**0,07**	0,90
Mittlere Disparitäts-	GPU	0,39	0,15	10,0	0,11	0,10	4,6	0,11	0,08	15,9
abweichung zum Ground	CPU-GPU	**0,09**	**0,09**	**0,34**	**0,08**	**0,08**	**0,14**	**0,09**	0,08	0,38
Truth (rekonstruierte Pixel)	CPU-OpenCV	0,34	0,29	0,50	0,20	0,16	0,33	0,18	0,14	**0,30**
	GPU-OpenCV	0,28	0,28	0,39	0,26	0,26	0,34	0,26	0,26	0,33
	CPU	0,07	0,06	0,42	0,07	0,07	0,15	**0,07**	**0,05**	0,60
Mittlerer Abstand	GPU	0,12	0,07	3,29	0,07	0,07	1,80	0,09	0,06	7,10
rekonstruierte Punktwolke	CPU-GPU	**0,05**	**0,05**	**0,20**	**0,06**	**0,06**	**0,10**	**0,07**	0,07	0,29
zu Lebermodell (mm)	CPU-OpenCV	0,14	0,11	0,32	0,12	0,10	0,21	0,12	0,09	**0,22**
	GPU-OpenCV	0,15	0,15	0,26	0,14	0,14	0,21	0,17	0,17	0,24
	CPU	81,9	81,9	75,3	85,2	85,1	85,0	84,5	84,6	73,3
Anzahl rekonstruierter	GPU	80,6	81,4	69,7	85,3	85,3	79,4	84,3	84,6	68,9
Pixel (%)	CPU-GPU	82,1	82,0	81,1	85,3	85,3	85,2	84,7	84,8	82,0
	CPU-OpenCV	67,8	68,9	56,9	73,0	73,1	68,9	73,0	73,1	59,6
	GPU-OpenCV	**83,9**	**84,1**	**83,1**	**87,8**	**87,8**	**87,0**	**87,4**	**87,4**	**86,4**

Tabelle 7.7: Vergleich der CPU-, GPU- und CPU-GPU-Version der Oberflächenrekonstruktion mit einem Verfahren aus der Literatur implementiert in der OpenCV-Bibliothek auf Basis von neun Sequenzen aus der Endoskopsimulation; beste Ergebnisse fett gedruckt

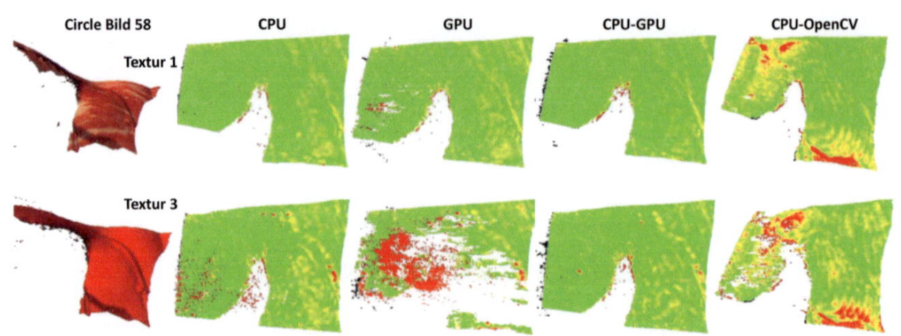

Bild 7.8: Vergleich der rekonstruierten Punktwolken für Bild 58 der Circle-Sequenz (grün = geringer Abstand, rot = großer Abstand)

chen Kandidaten nicht nutzbar sind. Die CPU-OpenCV-Version ist hier um 24 %, die GPU-OpenCV-Version um 17 % genauer. Dagegen schneidet das CPU-GPU-Verfahren bei der untexturierten Deform-Sequenz um über 50 % besser ab. Die GPU-OpenCV-Version rekonstruiert am meisten Punkte, gefolgt von der CPU-GPU-Version. Hier fällt die CPU-OpenCV-Version deutlich ab, die im Schnitt 18 % weniger Punkte rekonstruiert als die CPU-GPU-Version. Dies führt zu Löchern im Disparitätsbild, wie sie z.B. in Abb. 7.7 bei der Circle-Sequenz zu sehen sind.

Insgesamt zeigt sich, dass die CPU-GPU-Version sehr genau ist. Der mittlere Abstand bei der CPU-GPU-Version bei diesen Sequenzen liegt immer unter 0,3 mm, bei texturierten Modellen unter 0,08 mm. Weiterhin ist das Verfahren sehr robust gegenüber texturarmen Regionen. Am ungenauesten ist die GPU-OpenCV-Version, die aber eine ähnliche Robustheit aufweist wie die etwas genauere CPU-OpenCV-Version und die CPU-GPU-Version.

In einer weiteren Evaluation wurde für zwei Sequenzen (Circle Tex 1) der Einfluss von weiteren typischen Störfaktoren bei endoskopischen Aufnahmen untersucht. Dies sind verrauschte Bilddaten, Kalibrierungsfehler sowie eine ungleichmäßige Ausleuchtung des Bildausschnitts. Quantitative Ergebnisse findet man in Tabelle 7.8, Tabelle 7.9 und Abb. 7.10.

Im ersten Experiment wurde der Einfluss von Rauschen auf die Oberflächen-rekonstruktion untersucht. Dazu wurden vergleichbar zur Evaluation im vorigen Kapitel die Farbkanäle aller Bildpaare mit gaussschem Rauschen versehen. Hier wurde als Varianz $\sigma = 10$ gewählt. Verglichen wurden die fünf Rekonstruktions-

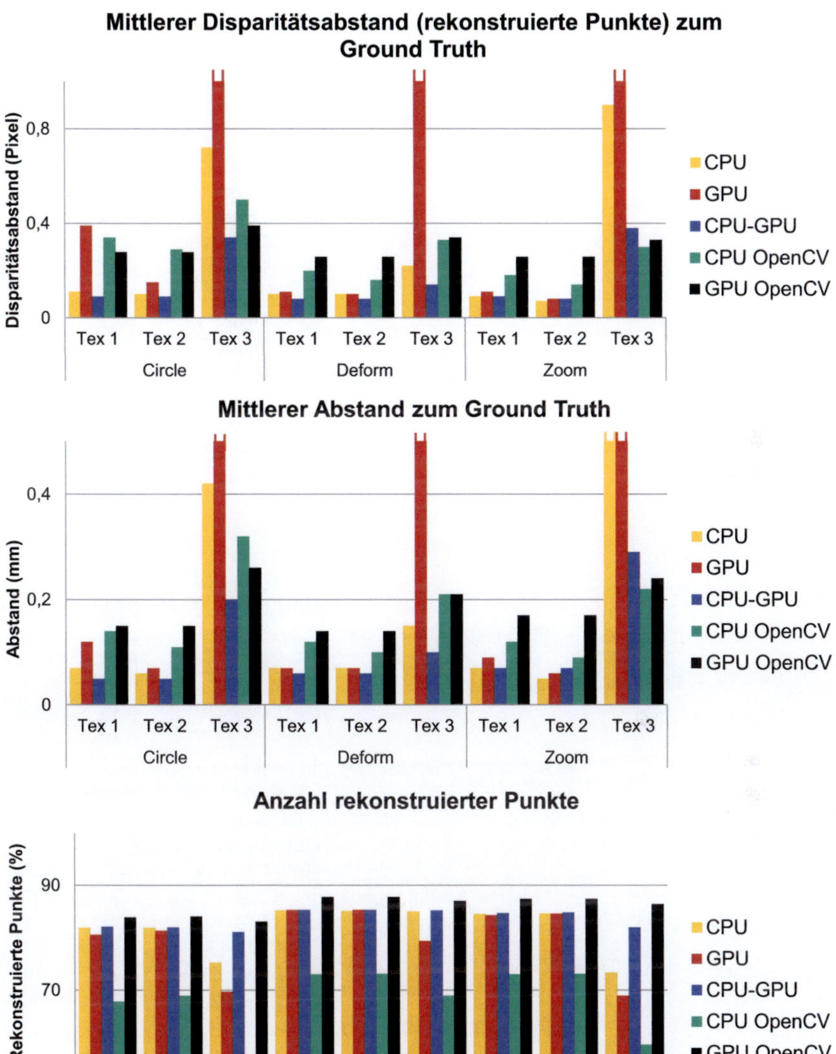

Bild 7.9: Vergleich der fünf verschiedenen Rekonstruktionsverfahren auf Basis der neun Testsequenzen

Fehlerquelle	Evaluationskriterium	Algorithmus	Deform Tex1	Circle Tex2
Bildrauschen, $\sigma = 10$	Mittlerer Abstand (mm)	CPU	0,60	0,50
		GPU	1,08	1,05
		CPU-GPU	0,25	0,42
		CPU-OpenCV	**0,17**	**0,38**
		GPU-OpenCV	0,69	0,64
	Rekonstruierte Punkte (%)	CPU	67,0	74,1
		GPU	67,2	74,2
		CPU-GPU	72,7	72,8
		CPU-OpenCV	58,1	59,4
		GPU-OpenCV	**82,0**	**85,0**
Bildrauschen, $\sigma = 10$ mit zusätzlicher Glättung	Mittlerer Abstand (mm)	CPU	0,25	0,35
		GPU	0,40	0,41
		CPU-GPU	**0,15**	0,28
		CPU-OpenCV	**0,15**	0,28
		GPU-OpenCV	0,21	**0,25**
	Rekonstruierte Punkte (%)	CPU	71,7	75,8
		GPU	70,5	78,3
		CPU-GPU	78,0	80,4
		CPU-OpenCV	63,1	67,3
		GPU-OpenCV	**83,6**	**87,6**
Rektifizierungsfehler 0,5 Pixel	Mittlerer Abstand (mm)	CPU	0,14	0,15
		GPU	0,17	0,16
		CPU-GPU	**0,13**	0,13
		CPU-OpenCV	0,14	**0,12**
		GPU-OpenCV	0,19	0,20
	Rekonstruierte Punkte (%)	CPU	81,9	85,2
		GPU	80,4	85,3
		CPU-GPU	81,9	85,3
		CPU-OpenCV	68,7	73,0
		GPU-OpenCV	**84,0**	**87,7**
Rektifizierungsfehler 1,0 Pixel	Mittlerer Abstand (mm)	CPU	0,29	0,29
		GPU	0,34	0,31
		CPU-GPU	0,26	0,27
		CPU-OpenCV	**0,22**	**0,18**
		GPU-OpenCV	0,31	0,36
	Rekonstruierte Punkte (%)	CPU	80,3	85,1
		GPU	80,4	85,3
		CPU-GPU	81,5	85,2
		CPU-OpenCV	68,3	72,9
		GPU-OpenCV	**83,3**	**87,5**

Tabelle 7.8: Vergleich der Verfahren bei verschiedenen Störquellen: Gausssches Rauschen, schlechte Rektifizierung der Kameras

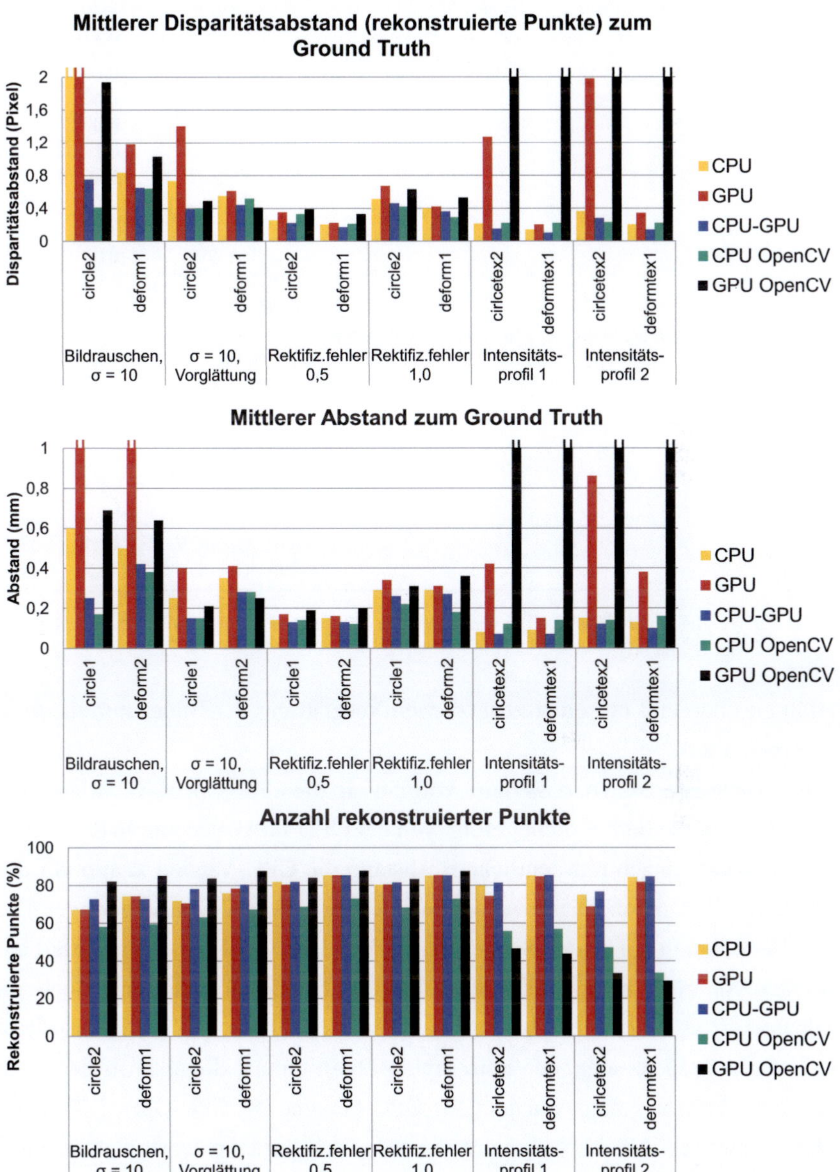

Bild 7.10: Vergleich der fünf verschiedenen Rekonstruktionsverfahren auf Basis der drei verschiedenen Störungen

Fehlerquelle	Evaluationskriterium	Algorithmus	Deform Tex1	Circle Tex2
Ungleichmäßige Beleuchtung Typ 1	Mittlerer Abstand (mm)	CPU	0,08	0,09
		GPU	0,42	0,15
		CPU-GPU	**0,07**	**0,07**
		CPU-OpenCV	0,12	0,14
		GPU-OpenCV	25,9	29,7
	Rekonstruierte Punkte (%)	CPU	79,9	85,1
		GPU	74,3	84,6
		CPU-GPU	**81,3**	**85,3**
		CPU-OpenCV	55,7	56,8
		GPU-OpenCV	46,6	43,7
Ungleichmäßige Beleuchtung Typ 2	Mittlerer Abstand (mm)	CPU	0,15	0,13
		GPU	0,86	0,38
		CPU-GPU	**0,12**	**0,10**
		CPU-OpenCV	0,14	0,16
		GPU-OpenCV	48,5	59,0
	Rekonstruierte Punkte (%)	CPU	74,9	84,3
		GPU	68,7	81,8
		CPU-GPU	**76,6**	**84,6**
		CPU-OpenCV	47,1	33,4
		GPU-OpenCV	33,2	29,2

Tabelle 7.9: Vergleich der Verfahren bei verschiedenen Störquellen: Ungleichmäßige Ausleuchtung der Bilder

verfahren ohne und mit einer zusätzlichen Vorglättung der Bilder mittels eines 3x3-Gaussfilters.

Die Ergebnisse zeigen, dass ohne Vorglättung die CPU-OpenCV-Variante die besten Ergebnisse liefert, dicht gefolgt von der CPU-GPU-Version. In der Circle-Sequenz folgt danach mit deutlichem Abstand die CPU-Version knapp vor der GPU-OpenCV-Version. Dieser Abstand ist bei der Deform-Sequenz geringer. Die GPU-Version fällt bei beiden Sequenzen stark ab. Die GPU-Version profitiert am stärksten von einer zusätzlichen Vorglättung, schneidet aber immmer noch am schlechtesten ab. Ebenfalls sehr stark profitiert die GPU-OpenCV-Version, die in der Deform-Sequenz sogar den Spitzenplatz übernimmmt. Sie rekonstruiert auch am meisten Punkte, gefolgt von der CPU-GPU-Version. Die CPU-OpenCV-Version fällt hier etwas ab. Alle Verfahren profitieren bei der Anzahl rekonstruierter Punkte durch die Vorglättung. Die CPU-GPU-Version schließt bezüglich des mittleren Abstandes zur CPU-OpenCV-Version auf und liefert zusammen mit ihr bei der Circle-Sequenz die besten Ergebnisse. Hier bleibt der mittlere Abstand ebenfalls immer unter 0,3 mm. Sie kann damit ähnlich gut mit verrauschten Daten umgehen wie die beiden OpenCV-Versionen, falls die Bilder vorgeglättet wurden.

Das Ziel des nächsten Experiments war die Untersuchung der Empfindlichkeit der Verfahren auf nicht korrekt rektifizierte Bilder. Simuliert wurde dieser Effekt, in dem ein Bild um 0,5 und um 1 Pixel in vertikaler Richtung verschoben wurde. Nicht korrekt rektifizierte Bilder sind bei Endoskopbildern ein typischer Fehler, da aufgrund der Kamerageometrie eine Kalibrierung hier sehr herausfordernd ist. Eine weitere Ursache können nicht vollständig synchron aufgenommene Bildpaare sein.

Die so erzeugten Disparitätsbilder sind zwar etwas verrauschter und der mittlere Abstand etwas größer, verändert sich aber nicht deutlich gegenüber korrekt rektifizierten Bildern und bleibt bei allen Verfahren immer unter 0,4 mm. Die GPU-OpenCV-Version liefert die schlechtesten und die CPU-OpenCV-Version die besten Ergebnisse bei einem Rektifizierungsfehler von 1 Pixel. Bei 0,5 Pixel funktioniert die CPU-GPU-Version am besten. Die GPU-Version fällt hier nicht so deutlich ab wie bei den anderen bisher betrachteten Störquellen. Auch hier rekonstruiert das GPU-OpenCV-Verfahren am meisten Punkte, dicht gefolgt von den anderen Verfahren. Nur die CPU-OpenCV-Version fällt hier wieder deutlich ab. Die Anzahl verändert sich bei allen Verfahren nur minimal gegenüber Bildern ohne Rektifizierungsfehler.

Beim letzten Experiment wurde der Einfluss einer ungleichmäßigen Ausleuchtung der Bilder untersucht. Dazu wurden das linke und rechte Bild mit zwei unterschiedlichen Intensitätsprofilen modifiziert (Abb. 7.11). Der Grund dafür ist, dass bei Endoskopaufnahmen eine punktförmige Lichtquelle genutzt wird, die eine nach außen stark abfallende Beleuchtung liefert, wobei Strukturen in der Bildmitte oftmals überbelichtet werden und damit Glanzlichteffekte auftreten. Dies führt dazu, dass korrespondierende Pixel sowie die Nachbarschaften dieser Pixel in beiden Bildern mitunter eine unterschiedliche Helligkeit aufweisen. Zusätzlich kann es vorkommen, dass beide Kamerabilder unterschiedlich farbkalibriert sind, was zu einem globalen Intensitätsunterschied führt. Untersucht werden soll nun, ob die Verfahren robust gegenüber lokalen und globalen Intensitätsschwankungen sind.

Die Ergebnisse zeigen, dass hier das GPU-OpenCV-Verfahren sehr große Probleme hat. Der mittlere Abstand ist sehr groß und es werden fast keine Punkte mehr rekonstruiert. Ebenfalls schlechter, wenn auch längst nicht in dem Ausmaß, schnei-

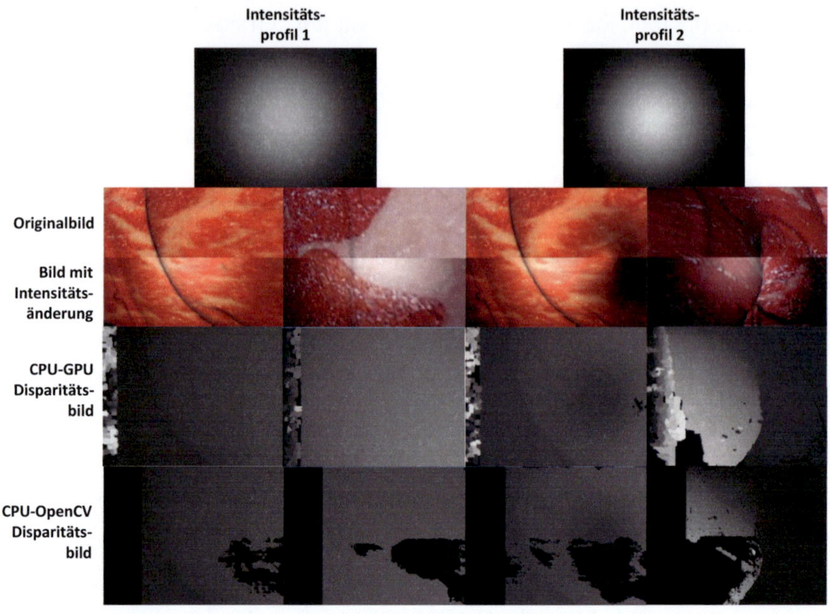

Bild 7.11: Vergleich der hierarchischen CPU-GPU-Version und der CPU-OpenCV-Version für mit zwei verschiedenen Intensitätsprofilen modifizierte Bildsequenzen

det das GPU-Verfahren ab. Das CPU-GPU-Verfahren ist sehr robust gegenüber den Intensitätsschwankungen. Der mittlere Abstand bleibt beim ersten Intensitätsprofil beinahe gleich gegenüber den Originalsequenzen und fällt beim zweiten Profil auch nur wenig ab. Die Werte bleiben immer im Schnitt unter 0,13 mm. Allerdings werden bei der Circle-Sequenz etwas weniger Punkte rekonstruiert, während die Anzahl bei der Deform-Sequenz beinahe gleich bleibt. Ebenfalls beinahe gleich bleibt der mittlere Abstand bei der CPU-OpenCV-Variante. Dafür wird nur noch ein Bruchteil der Punkte rekonstruiert (73 % bei der Original-Deform-Sequenz, 57 % bei der mit Profil 1 und 34 % bei der mit Profil 2 modifizierten Sequenz). Hier werden also viele Fehlklassifikationen erzeugt, die entfernt werden, was zu einem sehr lückenhaften Disparitätsbild führt (Abb. 7.11). Das CPU-Verfahren schneidet in allen Bereichen ein wenig schlechter als das CPU-GPU-Verfahren ab.

Zusammenfassend lässt sich sagen, dass das CPU-GPU-Verfahren im Schnitt die besten Ergebnisse liefert. Es ist am genauesten, am robustesten gegenüber Intensitätsschwankungen und bei kleinen Rektifizierungsfehlern sowie bei Rauschen ähnlich gut wie die OpenCV-Verfahren. Bei texturarmen Regionen liefert es ebenfalls sehr gute Ergebnisse, nur bei der untexturierten Zoom-Sequenz hat es etwas größere Probleme. Insgesamt werden bei allen Experimenten gute Ergebnisse erzeugt. Die CPU-Version schneidet ebenfalls meist gut ab, hat allerdings deutlich größere Probleme mit untexturierten Bereichen. Die Anzahl der rekonstruierten Punkte liegt in einem ähnlichen Bereich wie bei der CPU-GPU-Version. Die GPU-Version ist zwar ähnlich genau, ist aber deutlich weniger robust gegenüber den hier untersuchten Störquellen mit Ausnahme der Rektifizierungsfehler. Die CPU-OpenCV-Version ist etwas weniger genau als die HRM-Versionen und rekonstruiert auch deutlich weniger Punkte, weist aber bei den meisten Störquellen eine sehr hohe Robustheit auf. Allerdings kann sie nicht sehr gut mit Intensitätsschwankungen umgehen. Der mittlere Abstand bleibt zwar gering, aber die Anzahl rekonstruierter Punkte bricht deutlich ein. Die GPU-OpenCV-Version ist am ungenauesten, aber ebenfalls robust gegenüber den meisten Störquellen und rekonstruiert mit Abstand am meisten Punkte. Insbesondere bei lokalen Intensitätsschwankungen liefert es keine brauchbaren Ergebnisse.

Evaluation mit Aufnahmen eines registrierten Silikonphantoms

Die zwei hier verwendeten Sequenzen (Heart 1 mit 2426 und Heart 2 mit 3388 Bildpaaren mit einer Auflösung von 320x288 Pixeln) bestehen aus Aufnahmen eines bewegten Silikonphantoms des Herzen, von dem mittels eines CT's "Ground Truth3D-Daten erzeugt und manuell mit den Kameraaufnahmen registriert wurden (Abb. 7.12). Die Kamerakalibrierung ist dabei gegeben. Jede Sequenz besteht aus insgesamt 20 Punktwolken, die mehreren unterschiedlichen Bildpaaren zugeordnet sind. Die Sequenzen können im Internet auf der "VIP Laparoscopic/Endoscopic Video DatasetSeite heruntergeladen werden [49]. Im Rahmen dieses Eperiments wird der mittlere Abstand zum Ground Truth sowie die Anzahl rekonstruierter Punkte betrachtet. Bei diesem Experiment hängt der Fehler nicht nur von der Oberflächenrekonstruktion ab sondern im besonderen Maße von Fehlern in der Kamerakalibrierung und bei der manuellen Registrierung der Daten ab. Verglichen wurden hier alle Verfahren bis auf die GPU-Version.

Ergebnisse sind in Tabelle 7.10 zu sehen. Der durchschnittliche Abstand ist bei

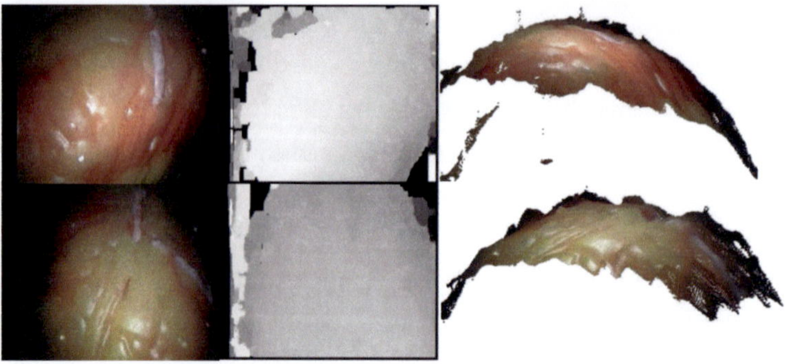

Bild 7.12: Bild, erstelltes Disparitätsbild und rekonstruierte Punktwolke für Sequenz Heart 1 (oben) und Heart 2 (unten)

beiden Sequenzen deutlich größer als bei den Versuchen in der Simulationsumgebung. Eine Erklärung sind die zusätzlichen Fehlerquellen, wobei sich insbesondere die manuelle Registrierung hier stark auswirkt. Dies wird vor allem durch den großen Unterschied des mittleren Fehlers des besten und schlechtesten Datensatzes impliziert. Weiterhin ändert sich der Rektifizierungsfehler bei jedem Bildpaar, was mitunter bei großem Fehler zu stark verrauschten Disparitätsbildern führt.

In dieser Evaluation zeigt die CPU-Version leicht bessere Ergebnisse als die CPU-GPU-Version. Die Bildauflösung hier ist ungefähr halb so groß wie bei den Versuchen in der Simulationsumgebung. Hier scheint also die Halbierung der Auflösung im ersten Teil des CPU-GPU-Verfahrens zu einer geringeren Genauigkeit zu führen. Allerdings bleiben die Ergebnisse sehr ähnlich. Die CPU-OpenCV-Version schneidet bei der der ersten Sequenz deutlich schlechter ab als die CPU- und CPU-GPU-Version, bei der zweiten Sequenz ist sie leicht besser. Allerdings werden in beiden Sequenzen deutlich weniger Punkte rekonstruiert, was diese Schwankungen in der Genauigkeit erklären kann. Auch liefern hier unterschiedliche Datensätze die besten Ergebnisse. Die GPU-OpenCV-Version schneidet bei beiden Sequenzen mit Abstand am schlechtesten ab. Zusammenfassend lasst sich sagen, dass trotz der zusätzlichen Fehlerquellen der durchschnittliche Abstand des CPU-GPU-Verfahrens bei den meisten Datensätzen deutlich unter 2 mm bleibt. Bei der ersten Sequenz ist dies bei 16 von 20 Datensätzen der Fall, bei der zweiten Sequenz in 15 von 20 Fällen.

Evaluationskriterium	Algorithmus	Heart 1	Heart 2
Mittlerer Abstand (mm)	CPU	**1,42**	1,52
komplette Sequenz	CPU-GPU	1,52	1,57
	CPU-OpenCV	1,99	**1,49**
	GPU-OpenCV	3,18	2,55
Mittlerer Abstand (mm) bester	CPU	**0,66 (12)**	**0,72 (17)**
Datensatz (Nummer in Klammer)	CPU-GPU	0,80 (12)	0,81 (17)
	CPU-OpenCV	1,19 (11)	0,80 (16)
	GPU-OpenCV	2,34 (15)	1,86 (15)
Mittlerer Abstand (mm) schlechtester	CPU	**2,68 (5)**	2,84 (6)
Datensatz (Nummer in Klammer)	CPU-GPU	2,82 (5)	**2,83 (6)**
	CPU-OpenCV	3,56 (5)	2,56 (6)
	GPU-OpenCV	4,24 (5)	3,57 (8)
Anzahl rekonstruierter Punkte (%)	CPU	**72,5**	71,1
	CPU-GPU	70,4	**71,6**
	CPU-OpenCV	60,3	57,7
	GPU-OpenCV	76,0	66,9

Tabelle 7.10: Mittlerer Abstand der rekonstruierten Punktwolken zum Ground Truth für die beiden Sequenzen sowie die besten und schlechtesten Datensätze und durchschnittliche Anzahl rekonstruierter Punkte: Vergleich der CPU-, der CPU-GPU, der CPU-OpenCV- und der GPU-OpenCV-Version

Evaluation mit Aufnahmen von realen Eingriffen

Bei der Verwendung von realen Aufnahmen während einer Intervention kann mangels Ground Truth nur qualitativ beurteilt werden, wie gut die einzelnen Verfahren funktionieren. Dennoch kann hier gut abgeschätzt werden, wie sich verschiedene Störquellen, beispielsweise Glanzlichter, eine ungleichmäßige Ausleuchtung, Rauch, Interlacing-Artefakte bei schnellen Bewegungen, Blut oder Verschmutzungen der Linse auf die Qualität der Rekonstruktion auswirken.

In Abb. 7.13 sind Beispielaufnahmen einer Intervention mit dem daVinci-System sowie die erzeugten Disparitätsbilder zu sehen. Hier zeigt sich, dass das CPU-GPU-Verfahren mit all den obengenannten Störquellen gut umgehen kann. Im ersten Bild zeigt sich beispielsweise, dass trotz Verschmutzungen der Linse (links oben) Disparitäten erzeugt werden können, die korrekt wirken. Weiterhin werden die Instrumente trotz ihrer herausfordernden Oberflächentexturen, der durch Bewegungen verursachten unscharfen Darstellung und den mitunter feinen Strukturen gut rekonstruiert (Bild 1 und 3). Blutbefleckte Areale werden ebenfalls rekonstruiert

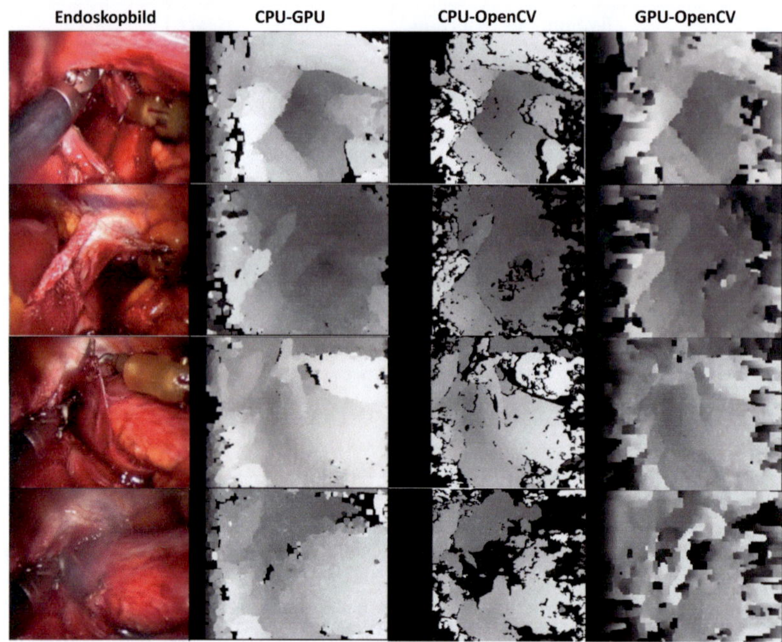

Bild 7.13: Vergleich der erzeugten Disparitätsbilder für vier Beispielbilder eines laparoskopischen Eingriffes

(Bild 1 und 2). Sogar Rauch führt nur zu relativ geringen Störungen im Disparitätsbild, wobei hier die Störungen mit der Stärke des Rauchs zunehmen. Die daraus rekonstruierten Punktwolken sind relativ dicht und weisen im Wesentlichen nur im Randbereich stärkere Störungen auf (Abb. 7.14).

Grundsätzlich gilt, dass die meisten falschen Disparitäten am Bildrand erzeugt werden, welcher meist keine wichtigen Informationen enthält und herausgefiltert werden kann. Problematisch sind schnelle Bewegungen sowie Rauch, wobei hier der zeitliche Charakter des Verfahrens bei der Korrektur oftmals hilfreich ist. Insbesondere kann sich das Verfahren in besonders schwer rekonstruierbaren Bereichen über die Zeit optimieren. Glanzlichter bereiten, solange sie nicht einen zu großen Bildausschnitt bedecken, relativ wenige Probleme. Die ungleichmäßige Beleuchtung hat keine großen Auswirkungen, auch wenn gilt, dass dunkle Areale aufgrund des erhöhten Bildrauschens meist schlechter rekonstruiert werden als helle. Insgesamt entstehen relativ wenige, meist kleine Löcher in der Oberflächen-

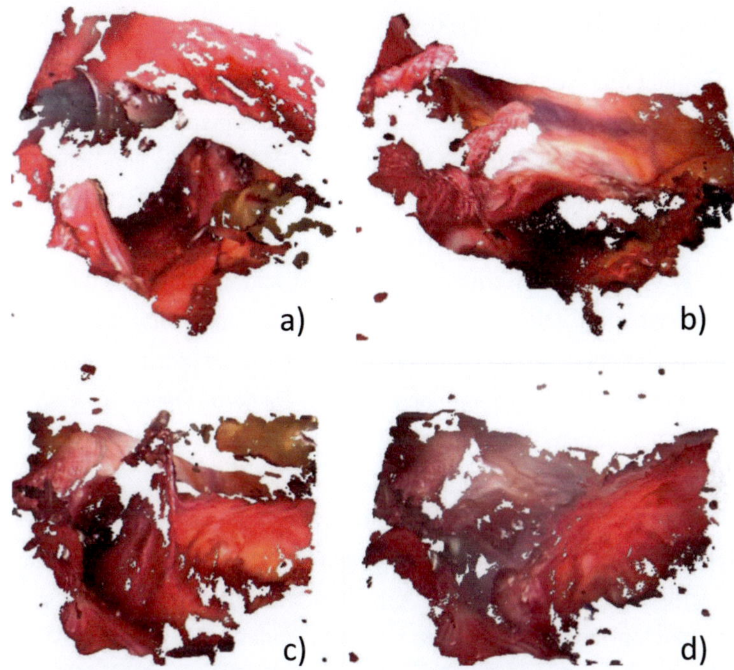

Bild 7.14: Die mit dem CPU-GPU-Verfahren rekonstruierten Punktwolken zu den Aufnahmen in
Abb. 7.13: a) erstes, b) zweites, c) drittes, d) drittes Bild

rekonstruktion und die resultierende Punktwolke ist trotz des kleinen Abstands der Kameras relativ glatt.

Die CPU-OpenCV-Version liefert ebenfalls gute Ergebnisse, hat aber insbesondere mit Rauch, Verschmutzungen der Linse und blutbefleckten Gebieten etwas größere Probleme. Deutlich schwieriger sind auch besonders dunkle Gebiete für das Verfahren. Hier werden oftmals kaum oder keine Punkte rekonstruiert. Vorteile hat das Verfahren bei Objektgrenzen, die etwas präziser rekonstruiert werden. Das GPU-OpenCV-Verfahren fällt deutlich in der Qualität ab. Es sind viel mehr Störungen im Bild zu sehen, insbesondere in homogenen Bereichen oder in Bereichen mit verminderter Bildqualität aufgrund von schlechter Ausleuchtung, Verschmutzungen oder Unschärfe. Allerdings kann es ebenfalls Objektgrenzen ein wenig besser erhalten und rekonstruiert deutlich mehr Punkte als das CPU-OpenCV-Verfahren.

Evaluation der Geschwindigkeit

Die CPU- und GPU-Komponenten des Workflows zur Oberflächenrekonstruktion wurden bezüglich der Laufzeit auf Basis von Bildsequenzen mit verschiedenen Auflösungen evaluiert und mit den beiden OpenCV-Versionen verglichen. Es wurden dabei die drei Auflösungen 320x240, 640x480 und 960x540 genutzt, wobei letztere die halbe Auflösung des HD-Endoskops ist. Die Laufzeit wurde auf einem Intel i7 930 mit vier Kernen, 12 GB RAM und einer Nvidia TEsla C 2070 Grafikkarte evaluiert. Die CPU-Komponenten wurden, soweit möglich, mittels OpenMP parallelisiert, so dass mehrere Kerne genutzt werden können. Bei allen Versionen werden dieselben Parameter genutzt. Da beide OpenCV-Versionen nur Disparitäten berechnen, wurden die GPU-Komponenten zur 3D-Rekonstruktion und Least-Squares-Glättung genutzt.

Ergebnisse sind in Tabelle 7.11 zu finden, wobei die Gesamtlaufzeit der CPU-GPU-Version nur für die höheren Auflösungen untersucht wurde. Weiterhin gibt es nur eine GPU-Implementierung des Joint-Bilateral-Filters. Dabei zeigt sich, dass die GPU-Version in allen Bereichen deutlich schneller als die CPU-Version ist. Der größte Geschwindigkeitsgewinn zeigt sich beim Bilateralfilter (28x schneller bei 640x480), obwohl nur eine approximierende Variante bei der CPU-Version genutzt wird, und der Disparitätskorrektur (12x schneller bei 640x480). Die Korrespondenzanalyse hat den geringsten Faktor, da hier die rekursive Struktur die Parallelisierung behindert. Allerdings verbessert sich das Verhältnis mit höheren Auflösungen (von 2x über 3,4x bis 4,1x).

Das CPU-GPU-Verfahren liegt in der Laufzeit hinter dem reinen GPU-Verfahren, ist aber deutlich schneller als alle anderen Verfahren. Da der CPU-Teil des Verfahrens nur auf der halben Auflösung ausgeführt wird, ist hier der Geschwindigkeitsverlust deutlich geringer als beim reinen CPU-Verfahren. Das Verfahren macht allerdings erst ab einer Auflösung von mindestens 640x480 Sinn, da ansonsten zu viele Bildinformationen bei der Reduktion der Auflösung verloren gehen. Bei geringeren Auflösungen können einfach das CPU- und das GPU-Verfahren kombiniert werden. Auffällig ist auch, dass die Kopiervorgänge von und zur GPU fast keine Zeit kosten. Beide OpenCV-Varianten sind signifikant langsamer als das CPU-GPU-Verfahren, obwohl hier nur ein Disparitätsbild erzeugt wird.

Komponente	CPU	GPU	320 x 240 CPU-OpenCV	GPU-OpenCV
Korrespondenzanalyse	17 ms	9 ms		
Disparitätskorrektur	5-10 ms	2 ms	30 ms	41 ms
Bilateralfilter	14 ms	2 ms		
Joint-Bilateralfilter	x	2 ms		
3D-Rekonstruktion	2 ms	1 ms	1 ms	1 ms
Least Squares	12 ms	1 ms	1 ms	4 ms
Kopieren von/auf GPU	x	1 ms	1 ms	1 ms
Insgesamt	19 fps	60 fps	30 fps	22 fps

Komponente	CPU	GPU	640 x 480 CPU-GPU	CPU-OpenCV	GPU-OpenCV
Korrespondenzanalyse	85 ms	25 ms	25 ms		
Disparitätskorrektur	50 ms	7 ms	5 ms	275 ms	150 ms
Bilateralfilter	170 ms	6 ms	6 ms		
Joint-Bilateralfilter	x	5 ms	5 ms		
3D-Rekonstruktion	7 ms	1 ms	1 ms	1 ms	1
Least Squares	35 ms	3 ms	3 ms	3 ms	3
Kopieren von/auf GPU	x	2 ms	3 ms	2 ms	1
CPU-Teil (CPU-GPU)	x	x	25 ms	x	x
Insgesamt	3 fps	21 fps	14 fps	3,5 fps	6,5 fps

Komponente	CPU	GPU	960 x 540 CPU-GPU	CPU-OpenCV	GPU-OpenCV
Korrespondenzanalyse	140 ms	34 ms	34 ms		
Disparitätskorrektur	90 ms	10 ms	10 ms	375 ms	180 ms
Bilateralfilter	200 ms	10 ms	10 ms		
Joint-Bilateralfilter	x	7 ms	7 ms		
3D-Rekonstruktion	12 ms	2 ms	2 ms	2 ms	2 ms
Least Squares	75 ms	11 ms	11 ms	11 ms	11 ms
Kopieren von/auf GPU	x	3 ms	4 ms	3 ms	1 ms
CPU-Teil (CPU-GPU)	x	x	37 ms	x	x
Insgesamt	1,5 fps	13 fps	9 fps	2,5 fps	5 fps

Tabelle 7.11: Laufzeitvergleich der einzelnen Komponenten der Oberflächenrekonstruktion auf der CPU und GPU sowie der OpenCV-Varianten für verschiedene Auflösungen

Zusammenfassung

Die Evaluation der Oberflächenrekonstruktion zeigt, dass das hier vorgestellte Verfahren sehr genaue Ergebnisse im Subpixelbereich liefert und sich auch robust gegenüber vielen Störungen, die typisch für endoskopische Aufnahmen sind, verhält. Vor allem die CPU-GPU-Variante, die die Vorteile der CPU- und der GPU-Variante kombiniert, zeigt sehr gute Ergebnisse, auch im Vergleich mit populären Methoden aus der Literatur. Zusätzlich ist die Laufzeit für typische Bildauflösungen in einem Bereich, der eine Echtzeitanwendung während einer Intervention zulässt.

Die zunehmende Verwendung von HD-Endoskopen bereitet allerdings neue Herausforderungen. Die Nutzung der vollen Bildauflösung führt zu einem deutlich erhöhten Aufwand und ist mit der derzeitigen Hardware noch nicht für den Echtzeiteinsatz umsetzbar. Weiterhin besteht noch Verbesserungspotential im Bereich von Diskontinuitäten, vor allem an Instrumenten. Problematisch sind starke Verschmutzungen der Linse sowie Interlacing-Artefakte, wobei erstere durch das OP-Personal verhindert werden muss, während für das Interlacing auf Seiten der Hardware eine Lösung gefunden werden muss.

7.3 Evaluation des Kraft-Sensors im laparoskopischen Instrument

Bei der Evaluation des Kraftsensors geht es im Wesentlich darum, zu überprüfen, ob die gemessenen Kräfte mit den realen Kräften übereinstimmen und ob die Messungen wiederholbar sind. Dazu wurden mehrere Experimente mit Schweinelebern, einem Silikonphantom einer menschlichen Leber, verschiedenen Gewichten sowie einer Waage durchgeführt. Daneben kommt der Kraftsensor in einer Gesamtdemo zum Einsatz, bei der eine einfache Assistenz auf Basis der Interpretation der gemessenen Kräfte sowie der Kontaktdauer generiert wird.

7.3.1 Evaluation der Korrektheit und Wiederholbarkeit

Die im Kapitel 5.2 vorgestellte Kalibrierung des Sensors im Instrument macht nur dann Sinn, wenn die Messungen während eines Experiments wiederholbar sind, d.h. bei gleichen Bedingungen dieselben Werte gemessen werden. Dies betrifft zum einen die wiederholte Messung von unterschiedlichen an der Instrumentenspitze

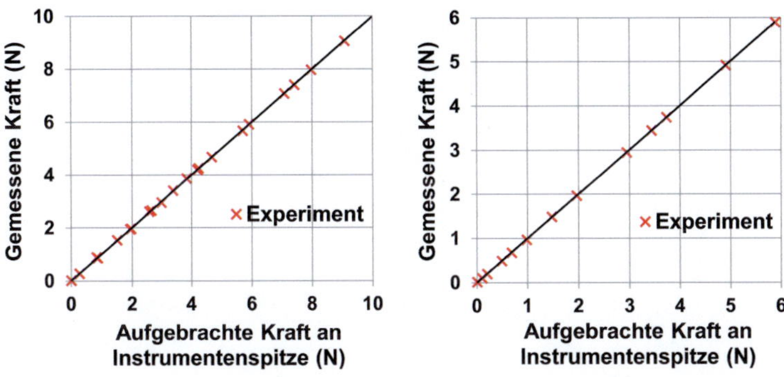

Bild 7.15: Vergleich zwischen unterschiedlich starken realen und gemessenen Kräften: a) Druckkräfte; b) Zugkräfte

auftretenden Kräften. Weiterhin muss untersucht werden , ob die Gewichtskompen-
sation des Instrumentes nach der Kalibrierung bei verschiedenen Winkelstellungen
erfolgreich ist. Schlussendlich soll noch verglichen werden, ob die Nutzung des
Greifinstrumentes die Messungen stark verfälscht und ob man diese Verfälschun-
gen herauskalibrieren kann. Als Messwerte werden dabei die z-Komponente des
Kraftvektors, die xy-Komponente sowie der gesamte Kraftvektor genutzt.

In einem ersten Versuch wurden verschiedene Gewichte im Bereich von 1g bis
500 g am Instrument angebracht, um Zugkräfte zu simulieren, sowie das Instrument auf eine hochpräzise Waage gedrückt, um Druckkräfte zu simulieren. Zu
Beginn wurde dabei das Instrument in seine initiale Position gebracht und das
Instrumentengewicht herauskalibriert. Im Anschluss wurden mehrere Messungen
durchgeführt. Abb. 7.15 zeigt die Ergebnisse für Zug- und Druckkräfte. Dabei
wurden bei dem Experiment mit Druckkräften drei verschiedene Winkelstellungen
(0°, 24°, 36°) angefahren und die kalibrierten Werte verglichen, während bei den
Zugexperimenten nur die initiale Stellung betrachtet wurde. Es zeigt sich, dass der
Zusammenhang zwischen realer und gemessener Kraft nicht nur linear ist, sondern
es sogar möglich ist, nach einer initialen Offset-Kalibrierung und der Kalibrierung
für verschiedene Winkelstellungen über einen größeren Messbereich die Kräfte
zu messen, die an der Spitze aufgebracht werden. Die mittlere Abweichung der
tatsächlichen und der gemessenen Kräfte lag bei $0,015N$.

In einem weiteren Versuch wurde eine Messabfolge für verschiedene Winkelstel-

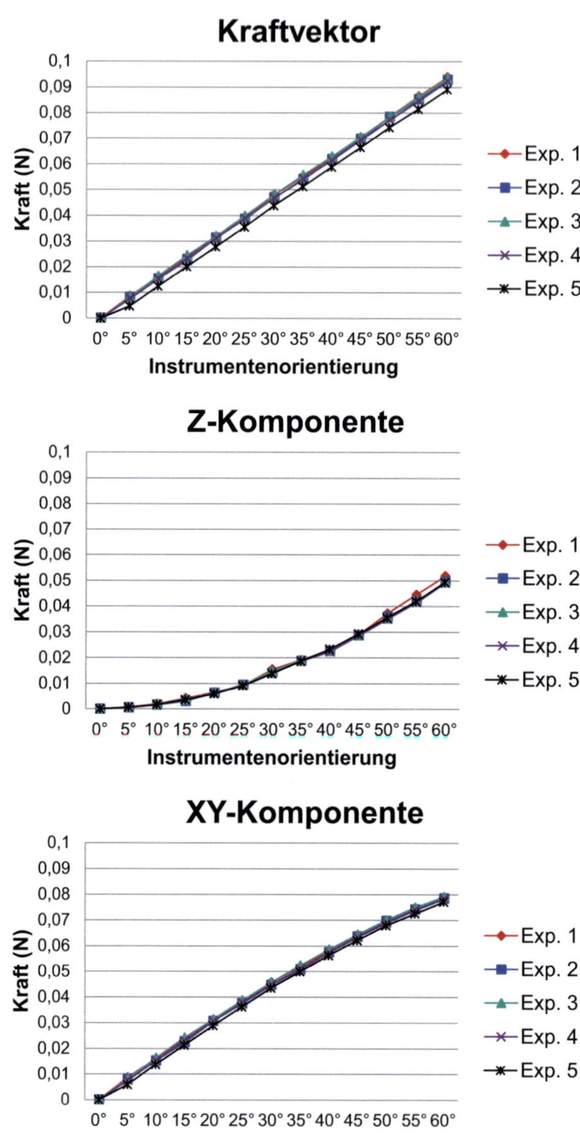

Bild 7.16: Vergleich der Messwerte für eine Messsequenz mit verschiedenen Winkelstellungen: oben gesamter Kraftvektor; mitte Z-Komponente; unten XY-Komponente

lungen fünfmal wiederholt. Hier soll überprüft werden, ob die Kompensation des Instrumentengewichts für verschiedene Instrumentenorientierungen funktioniert oder ob die Messwerte von Experiment zu Experiment stark schwanken und wie sich die gemessene Kraft in die z- sowie die xy-Komponente des Kraftvektors aufteilt (Abb. 7.16).

Die Ergebnisse zeigen, dass die Werte bei allen Experimenten sehr ähnlich sind. Experiment 5 zeigt bei der Betrachtung des Gesamtvektors eine größere Abweichung, wobei hier alles darauf hindeutet, dass die initiale Kalibrierung fehlgeschlagen ist, da der Offset bei Winkeln ungleich $0°$ nahezu konstant ist. Auch ist das Verhalten des Kraftvektors nach Kompensation des Instrumentengewichts näherungsweise linear, während die z- und xy-Komponenten einen nichtlinearen Verlauf zeigen.

Abschließend wurde untersucht, ob die Nutzung des Greifers im Instrument die Kraftmessung stark verfälschen und ob man die Verfälschung herauskalibrieren kann. Dazu wurde das Instrument wieder initial ausgerichtet und bei vollständig geöffnetem Greifer die Werte auf 0 gesetzt. Dann wurde der Greifer wiederholt geöffnet und geschlossen. In diesem Experiment wurde zwischen geschlossen sowie geschlossen und arretiert unterschieden, wobei geschlossen nur bedeutet, dass die Greifbacken sich berühren, während bei geschlossen und arretiert der Benutzer den Greifer nicht mehr versehentlich öffnen kann.

Die in Tabelle 7.12 dargestellten Ergebnisse zeigen, dass bei der Verwendung des Greifers die Kraftmessung nur bedingt aussagekräftig ist. Schon beim Wechsel zwischen geöffnet und geschlossen entstehen durch Spannungen im Instrument starke Störkräfte. Wenn man das Instrument zusätzlich arretiert, werden die Störkräfte extrem groß, so dass jedes Messsignal überlagert wird. Dies betrifft nicht nur die Z-Komponente des Kraftsensors sondern auch die anderen beiden Richtungen, wenn auch in einem deutlich geringerem Maß. Weiterhin ist auch die Wiederholbarkeit der Messungen nicht sonderlich gut. Der Größenbereich bei gleichen Greiferstellungen bleibt zwar einigermaßen gleich, allerdings können die relativ schwachen Kräfte, die bei der Manipulation mit Gewebe entstehen, nicht mehr genau erfasst werden, da eine Kompensation der Störkräfte nicht vollständig möglich ist. In diesem Fall ist der Kraftsensor im Wesentlichen nur dazu einsetzbar, die Greiferstellung zu detektieren.

Tabelle 7.12: Experiment mit Verwendung des Greifers und verschiedenen Greiferstellungen

| | | Kraft | | |
Messung	Greiferstellung	X	Y	Z
1	offen	0,009	0,006	0,008
2	zu	0,525	0,296	1,595
3	zu + arretiert	-0,701	-1,325	102,840
4	zu	0,378	0,221	1,520
5	offen	-0,119	0,115	0,410
6	zu	0,315	0,229	1,409
7	zu + arretiert	-0,52	-1,332	101,375
8	zu	0,240	0,156	1,474
9	offen	-0,105	0,152	0,222

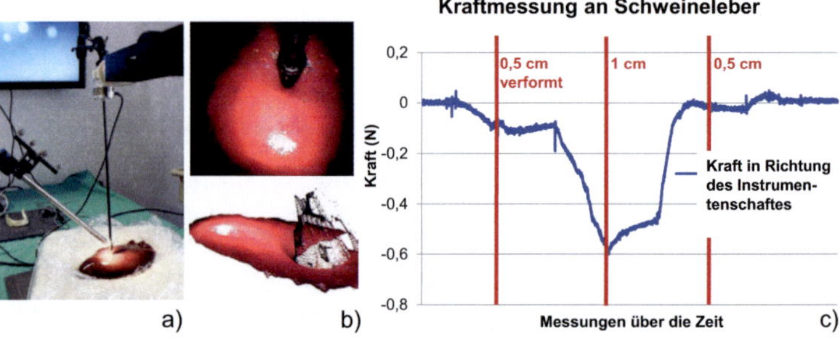

Bild 7.17: Experiment mit Schweinelebern: a) Versuchsaufbau; b) Kamerabild und rekonstruierte Oberfläche; c) Gemessene Kraftkurve für die Messsequenz [undeformiert, 0,5 cm deformiert, 1 cm, 0,5 cm, undeformiert]

In einem weiteren Versuch wurde untersucht, ob man mit dem Kraftsensor typische Gewebeeigenschaften realer Organe abbilden kann. Dazu wurden mehrere Schweinelebern mit dem Instrument deformiert, wobei die Tiefe der Deformation genau festgelegt war, und die gemessenen Kräfte analysiert. Gleichzeitig wurde die Verformung des Organs beobachtet. Die Ergebnisse zeigen, dass mit dem Kraftsensor sehr gut das typische visko-elastische Weichgewebeverhalten gemessen werden kann (Abb. 7.17). Für kleine Deformationen liegen die gemessenen Kräfte in dem aus der Literatur erwarteten Bereich. Es zeigt sich auch, dass das Spannungs-Dehnungs-Verhalten wie erwartet nicht-linear ist, d.h. die Kräfte nehmen bei größerer Deformation nichtlinear zu. Auffällig ist auch, dass die gemessenen Kräfte bei gleichbleibender Deformation über die Zeit nachlassen, was ein gutes Indiz für das visko-elastische Verhalten ist. Ebenfalls aus dem Experiment ersichtlich ist, dass die Messwerte stark verrauscht sind, weswegen eine Glättung dieser Werte unabdingbar ist.

Als Fazit kann man festhalten, dass es mit dieser Kraftsensorintegration möglich ist, Zug- und Druckkräfte in Richtung des Instrumentenschaftes sehr exakt zu messen. Diese Messungen können auch jederzeit wiederholt werden. Allerdings ist es nicht möglich, die Greiffunktionalität bei gleichzeitiger Kraftmessung zu nutzen, da hier durch Spannungen im Instrumentenschaft sehr starke Störkräfte entstehen. Somit kann man das Instrument nur als Tastinstrument nutzen. Des weiteren sind auch die Kräfte, die nicht parallel zum Instrumentenschaft wirken, nur recht ungenau erfassbar, da hier der flexible Schaft die Messwerte verfälscht. Kraftmomente wurden hier nicht betrachtet.

7.3.2 Experimente in der Demo-Umgebung

Das Instrumentenmodell und die Kraftmessung wurde zusammen mit der Oberflächenrekonstruktion und einem Silikonphantom integriert und die einzelnen Komponenten zueinander registriert (siehe Kap. 6.1.3 und Abb. 7.18). Hierbei kommt eine Kollisionsdetektion zum Einsatz, mit der der Abstand des Instruments zu dem virtuellen Modell des Phantoms bestimmt werden kann. Somit kann über die Kraftmessung und die Kollisionsdetektion bestimmt werden, ob das Instrument mit dem Phantom interagiert. Beide Informationen können genutzt werden, um den aktuellen Kontext der Operation zu bestimmen. Die Oberflächenrekonstruktion repräsentiert dabei die Deformation des umliegenden Gewebes um den Kollisionsort. Weiterhin besteht auch die Möglichkeit, die Position der Instrumentenspitze als Randbedingung auf ein biomechanisches Modell zu übertragen. Dazu wird mittels der Kollisionsdetektion erfasst, wie tief das Instrument in das virtuelle Modell eingedrungen ist. Diese Verschiebung dient dann als Eingabe für die Berechnung der Deformation des biomechanischen Modells.

Bei einer erfolgreichen Registrierung des Instruments mit dem virtuellen Modell und der Oberflächenrekonstruktion kann sehr exakt festgestellt werden, wie diese Modelle in Relation zueinander stehen. Zusammen mit der Kraftmessung ist es möglich, sehr genau den Kollisionsort sowie die dort auftretenden Kräfte auf

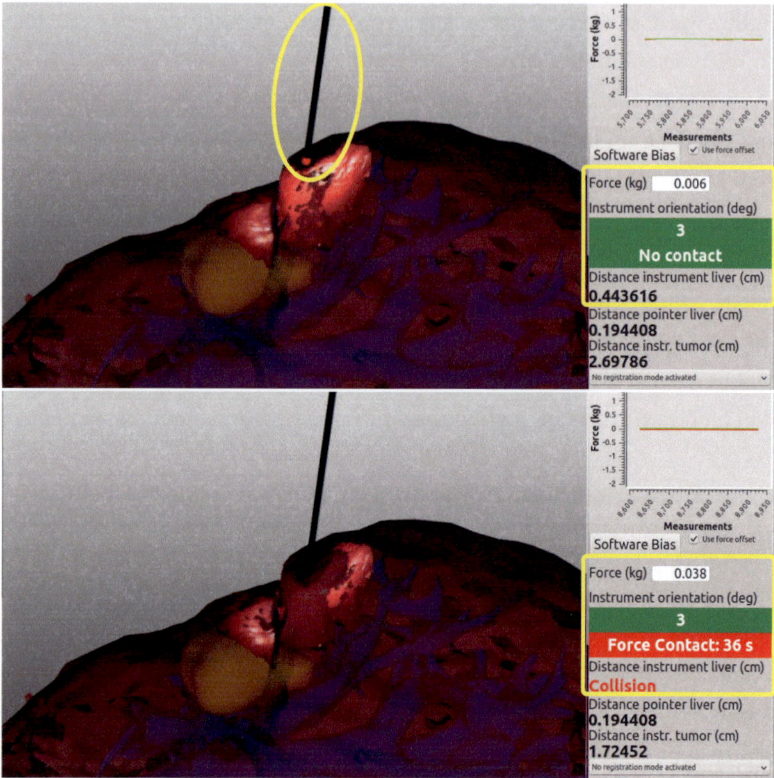

Bild 7.18: Integration des Instruments mit Kraft-Sensor mit den restlichen Komponenten: Darstellung vor (oben) und nach der Kollision des Instruments mit dem Silikonphantom (unten)

das Gewebe zu bestimmen und diese Informationen bei der biomechanischen Modellierung oder einer Situationsinterpretation zu nutzen.

7.4 Evaluation der Registrierung

In diesem Abschnitt soll zum einen die initiale Registrierung, zum anderen die Aufrechterhaltung der Registrierung, evaluiert werden. Während bei der initialen Registrierung mangels "Ground Truth Daten nur eine qualitative Analyse erfolgt, wird die Aufrechterhaltung auch quantitativ evaluiert. Die quantitative Evaluation ist dabei aufgrund der Ähnlichkeit der Methoden vergleichbar zur der in Kap. 7.2 vorgestellten Evaluation.

7.4.1 Evaluation der initialen Registrierung

Im Folgenden soll das in Kap. 6.1 und Abb. 6.4 vorgestellte Verfahren zur initialen Registrierung evaluiert werden [139]. Dazu wurden alle Komponenten in einer Gesamt-Demo integriert. Gemessen wurde bei den Experimenten der durchschnittliche Abstand der Oberflächenrekonstruktion zum virtuellen Modell. Zusätzlich wurde jeder Punkt der Oberflächenrekonstruktion abhängig von seinem Abstand zum virtuellen Modell farblich kodiert. Hierbei wurde die Tatsache genutzt, dass das virtuelle Modell ein sehr exaktes Abbild des Silikonphantoms ist und auch kleine Details erhalten geblieben sind.

Unterscheiden muss man bei der initialen Registrierung zwischen der Grobregistrierung, die die einzelnen Modelle in ungefähre Übereinstimmung bringt, und der Feinregistrierung, die das Ergebnis der Grobregistrierung als Startposition nutzt, um das Registrierungsergebnis zu verbessern. Wichtig bei der Grobregistrierung ist also, dass sie eine so gute Startposition für die Feinregistrierung generiert, damit diese möglichst zum globalen Optimum konvergiert.

Ein Teil der Grobregistrierung ist die Registrierung zwischen Endoskop und optischem Trackingsystem. Qualitativ überprüft werden kann die Genauigkeit, indem man den Pointer, der für die Registrierung genutzt wird, hier ebenfalls verwendet. Dazu wird die Pointerspitze, die exakt im Koordinatensystem des Tracking-systems bekannt ist, in das Kamerabild projiziert (grüne Kugel in Abb. 7.19 und 7.20). Im Idealfall stimmt die Projektion der Spitze immer mit der im Bild sichtbaren Spitze überein.

In der Praxis zeigte sich, dass die Genauigkeit der Übereinstimmung abnimmt, je weiter die Spitze vom Bildzentrum entfernt ist. Dies kann damit erklärt werden, dass die ursprünglichen Bilder sehr stark verzerrt sind und diese Verzerrung gerade im Randbereich der Bilder nicht vollständig korrigiert werden kann. Daraus kann man schließen, dass es insbesondere bei der Feinregistrierung Sinn macht, den Rand des Bildes und die daraus rekonstruierten Punkte nicht oder nur zum Teil zu verwenden,

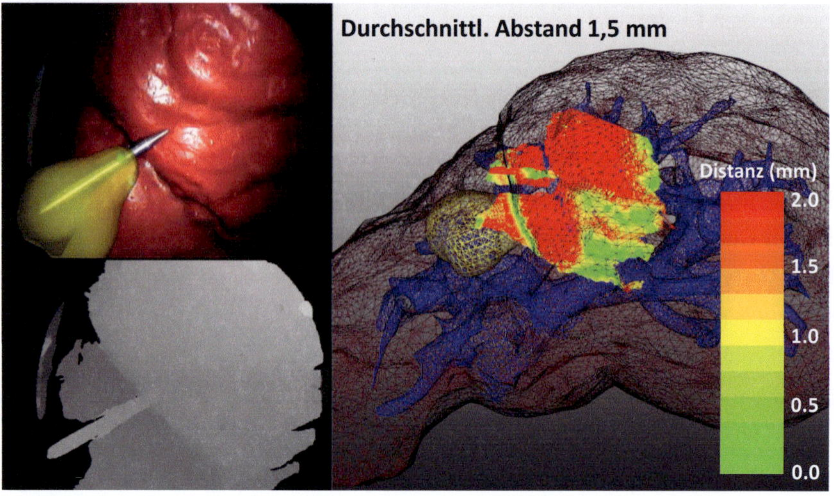

Bild 7.19: Abstand (beispielhaft) der Oberflächenrekonstruktion zum virtuellen Modell vor der initialen Registrierung

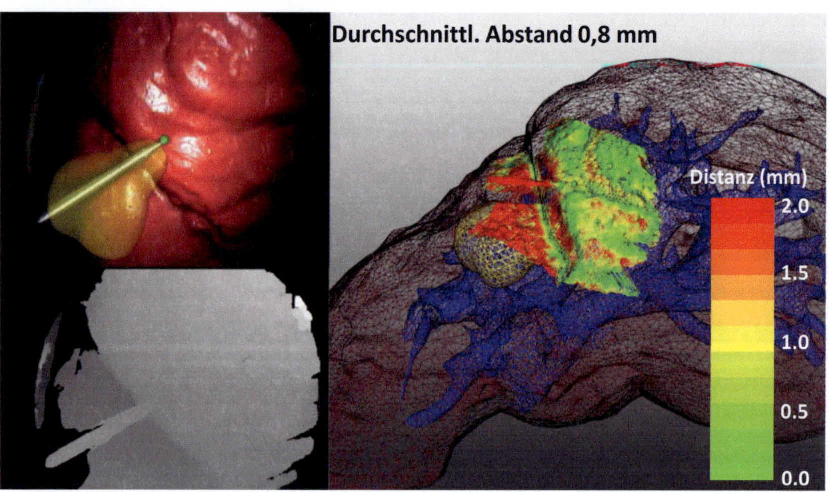

Bild 7.20: Abstand der Oberflächenrekonstruktion zum virtuellen Modell nach der Grob- und vor der Feinregistrierung

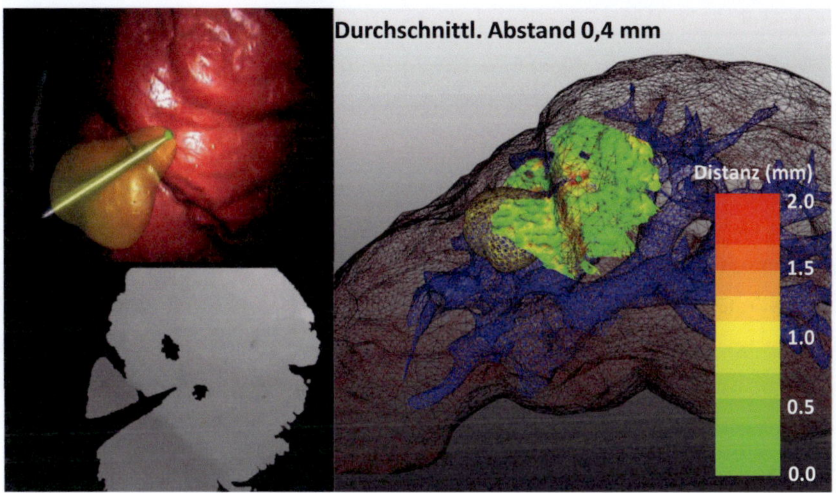

Bild 7.21: Abstand der Oberflächenrekonstruktion zum virtuellen Modell nach der Feinregistrierung

da diese ebenfalls verzerrt sind. In der Bildmitte ist die Übereinstimmung allerdings recht gut, auch bei unterschiedlichen Abständen des Pointers zur Kamera.

Bei der Registrierung des virtuellen Modells mit dem optischen Trackingsystem wurden zwei Ansätze vorgestellt. Im ersten Ansatz wurden künstliche Marker verwendet, deren Position auf dem Phantom und im virtuellen Modell exakt bekannt sind. Diese wurden in einem Offline-Prozess mit dem Pointer angefahren, um eine Registrierung zu erstellen. Im zweiten Ansatz wurden online natürliche Landmarken auf dem Silikonphantom mit dem Pointer bestimmt und diese gleichzeitig im virtuellen Modell identifiziert. Beide Ansätze lieferten kombiniert mit der Registrierung der Oberflächenrekonstruktion zum Trackingssystem eine gute Startposition für den sich anschließenden Feinregistrierungsschritt. Auch wenn der zweite Ansatz aufgrund der Wahl natürlicher Landmarken etwas ungenauerer und etwas fehleranfälliger war, lag der mittlere Abstand des Oberflächenmodells zum virtuellen Modell meist unter 1 mm (Abb. 7.20). Bei diesem Grad an Genauigkeit lieferte der Feinregistrierungsschritt für beide Ansätze dieselben Ergebnisse.

Die endgültige Genauigkeit der Registrierung nach Anwendung der Prozesskette ist schwer zu beurteilen, da hier keine "Ground TruthDaten vorliegen. Verschiedene Faktoren, z.B. die Wahl des Kameraauschnitts, die Kamerakalibrierung oder die

Wahl leicht und genau zu identifizierender Landmarken können dabei das Ergebnis verbessern oder verschlechtern. Grundsätzlich kann aber festgehalten werden, dass der mittlere Abstand der Oberfächenrekonstruktion nach Anwendung der Registrierung und bei zusätzlicher Verwendung einer Instrumenten- und Hintergrundsegmentierung meist zwischen 0,35 mm und 0,7 mm liegt (Abb. 7.21). Um dies zu erreichen, müssen bei der Feinregistrierung nur einige wenige Iterationen durchgeführt werden. Allerdings gilt dies nur für den für die Registrierung ausgewählten Kameraauschnitt. Je weiter sich die Kamera von diesem Bereich wegbewegt, desto ungenauer wird die Registrierung. Dies liegt im Wesentlichen an rotatorischen Fehlern in der Registrierung. Falls der Fall einer stark bewegten Kamera vorliegt, muss zumindest der Feinregistrierungsschritt neu durchgeführt werden.

Weiterhin kann man zur Überprüfung der Registrierungsgenauigkeit den Pointer nutzen und mit diesem über die Oberfläche des Phantoms streifen. Über die integrierte Kollisionsdetektion kann somit jederzeit der Abstand der Pointerspitze zur Oberfläche des virtuellen Modells berechnet werden. Bei mehreren Experimenten zeigte sich, dass die Pointerspitze immer innerhalb von 1 mm zur Oberfläche befand, falls diese gleichzeitig im für die Registrierung verwendeten Kameraauschnitts befand. Weiter weg nahm der Abstand zu, bewegte sich aber immer unterhalb von 4 mm.

Diese Ergebnisse sind vielversprechend, allerdings besteht hier in der Methodik sowie der Art der Evaluation noch einiges an Optimierungspotential. So kann der hier verwendete Pointer nicht intraoperativ eingesetzt werden. Weiterhin muss noch stärker untersucht werden, inwiefern intraoperativ natürliche Landmarken gefunden werden können. Zusätzlich sollten in einer Simulation "Ground TruthDaten erzeugt und diese ähnlich wie bei der Evaluation der Oberflächenrekonstruktion oder der Aufrechterhaltung der Registrierung verwendet werden. Schlussendlich können starke Weichgewebedeformationen hier noch nicht kompensiert werden. Deswegen muss hier in Zukunft noch stärker die Schnittstelle dieser Arbeit zur biomechanischen Modellierung ausgebaut werden.

Parameter	Wert
Zeitliches HRM Blockgröße	7x7
Konsistenzcheck Schwellwert	0,5
Konsistenzcheck Median-Filter	9x9
Größe Bilateral-Filter	17x17
Bilateral-Filter σ_s	8
Bilateral-Filter σ_i	1,5
Größe Joint-Bilateral-Filter	9x9
Joint-Bilateral-Filter σ_s	4
Joint-Bilateral-Filter σ_i	1,5

Tabelle 7.13: Die Werte der Parameter bei der zeitlichen Korrespondenzanalyse

7.4.2 Evaluation der Aufrechterhaltung der Registrierung

Das Ziel dieser Evaluation ist die Bewertung der Genauigkeit und Robustheit des in Kap. 6.2 und Abb. 6.15 vorgestellten Verfahrens. Im Mittelpunkt soll dabei der Vergleich der verschiedenen vorgestellten Varianten des Verfahrens stehen. Dazu wurde zum einen die Simulationsumgebung, die auch zur Evaluation der Oberflächenrekonstruktion genutzt wird (siehe Kap. 7.2), erweitert, dass mit ihr auch Sequenzen mit zeitlichen "Ground TruthDisparitäten erstellt werden können. Daneben wurde eine qualitative Betrachtung der Güte mit realen Aufnahmen von Operationen sowie eine Laufzeitbetrachtung durchgeführt.

Evaluation in der Simulationsumgebung

Ziel der Experimente in der Simulationsumgebung war es, zu untersuchen, wie die verschiedenen in Abb. 6.15 vorgestellten Varianten der Prozesskette der zeitlichen Korrespondenzanalyse bezüglich Genauigkeit und Robustheit im Vergleich abschneiden. Dazu wurden insgesamt acht verschiedene Testsequenzen generiert. Untersucht wurde dabei die Disparität zwischen zwei aufeinanderfolgenden Bildern sowie die über die gesamte Sequenz akkumulierte Disparität. Die zeitliche Korrespondenzanalyse wurde dabei mit den in Tab. 7.13 aufgeführten Werten parametrisiert.

Die erste Sequenz (ZoomRotate) besteht aus 18 Bildern, in denen sich die Kamera zuerst vom Objekt entfernt, zwischendurch eine leichte Rotation um die z-Achse der Kamera durchführt und sich dem virtuellen Objekt wieder nähert. In der zweiten Sequenz (Rotate) wird verteilt über 28 Bildern eine Rotation um die

Nr. Variante	Beschreibung
1	Basis-Variante: volle Auflösung, Nutzung des Differenz-bildes, doppeltes HRM mit anderer Durchlaufart, Bilateralfilterung, Grauwertbilder bei der Ähnlichkeitsberechnung, keine zweifache Ausführung des HRM, keine rotierten Bilder, volle Interpolation
2	kein Differenzbild
3	kein doppeltes HRM mit anderer Durchlaufart
4	keine Bilateralfilterung
5	Farbbilder bei der Ähnlichkeitsberechnung
6	zweifache Ausführung des HRM
7	Rotierte Eingabebilder
8	keine Interpolation
9	Farbbilder bei der Ähnlichkeitsberechnung, zweifache Ausführung des HRM
10	Halbe Auflösung
11	Halbe Auflösung, Farbbilder bei der Ähnlichkeits-berechnung, zweifache Ausführung des HRM

Tabelle 7.14: Die untersuchten Varianten der zeitlichen Korrespondenzanalyse: 1 = Basis-Variante, 2-11 = Variationen gegenüber der Basis-Variante (siehe Abb. 6.15)

z-Achse durchgeführt, wobei nach der Hälfte der Bilder die Rotationsrichtung umgekehrt wird. Sequenz 3 (MoveAround) besteht aus zufälligen Bewegungen der Kamera und enthält 37 Bilder. In der vierten Sequenz (Deform) bleibt die Kamera fest, während sich die Oberfläche des Objekts deformiert. Sie umfasst 23 Bilder. Bei allen Sequenzen entspricht das letzte Bild dem ersten mit derselben Kameraposition und -rotation. Alle vier Sequenzen liegen im unverrauschten sowie im verrauschten Zustand (Gaussches Rauschen mit Varianz $\sigma = 10$) vor.

Im ersten Experiment standen die aus zeitlich hintereinander folgenden Bildern berechneten Disparitätsvektoren im Mittelpunkt. Hier wurden insgesamt 11 verschiedene Varianten des Workflows untersucht, wobei hier die vier unverrauschten Sequenzen zum Einsatz kamen. Der Schwerpunkt der Evaluation lag auf der Genauigkeit der berechneten Disparitätsvektoren. Die einzelnen Varianten sind im Folgenden wie in Tab. 7.14 durchnummeriert. Sie unterscheiden sich jeweils gegenüber der Basis-Variante 1 in ein bis drei Komponenten. Berechnet wurde über alle Bilder einer Sequenz der Mittelwert, der Median sowie das 0,9-Quantil des Abstands des berechneten Disparitätsvektors vom Ground Truth für alle Pixel. Weiterhin wurde der Median der Differenz der x- und y-Komponenten der Dispari-tätsvektoren betrachtet. Die für jedes zeitliche Bildpaar berechneten Werte wurden anschließend gemittelt. Die prozentuale Verschlechterung der Varianten bezüglich der Basis-Variante bei einer Mittelung der Werte über die vier Sequenzen wird ebenfalls angegeben (Tab. 7.15 und 7.16). Bei allen Experimenten wurde ein 10 Pixel breiter Bildrand nicht betrachtet.

Tabelle 7.15: Vergleich der in Tab. 7.14 vorgestellten Varianten der zeitlichen Korrespondenzanalyse

| Evaluationskriterium | Variante | Bildsequenz | | | | Prozentuale Veränderung |
		ZoomRotate	Rotate	MoveAround	Deform	
Median der Differenz	1	0,107	0,092	0,119	0,039	100,0
der x-Komponente	2	0,129	0,100	0,121	0,040	91,5
(Pixel)	3	0,130	0,123	0,135	0,043	82,8
	4	0,201	0,219	0,219	0,067	50,6
	5	0,101	0,077	0,118	0,037	107,3
	6	0,092	0,081	**0,105**	0,036	113,7
	7	0,113	0,098	0,120	0,040	96,2
	8	0,116	0,090	0,119	0,039	98,1
	9	**0,088**	**0,068**	0,107	**0,034**	120,2
	10	0,205	0,196	0,229	0,050	52,5
	11	0,177	0,154	0,196	0,047	62,2
Median der Differenz	1	0,096	0,068	0,090	0,027	100,0
der y-Komponente	2	0,108	0,072	0,090	0,027	94,6
(Pixel)	3	0,116	0,075	0,098	0,029	88,4
	4	0,179	0,157	0,159	0,049	51,7
	5	0,090	0,062	0,085	0,026	106,8
	6	0,083	0,058	0,081	**0,024**	114,2
	7	0,103	0,068	0,096	0,028	95,3
	8	0,105	0,068	0,090	0,027	96,8
	9	**0,080**	**0,054**	**0,078**	**0,024**	119,1
	10	0,163	0,135	0,208	0,036	51,8
	11	0,146	0,106	0,181	0,032	60,4
Mittelwert der	1	0,197	0,188	0,241	0,111	100,0
Differenz der	2	0,231	0,208	0,234	0,129	91,9
Disparitätsvektoren	3	0,247	0,244	0,349	0,132	75,8
(Pixel)	4	0,371	0,396	0,419	0,193	53,4
	5	0,182	0,152	0,223	0,100	112,2
	6	0,169	0,169	0,211	0,099	113,7
	7	0,202	0,194	0,228	0,115	99,7
	8	0,209	0,189	0,241	0,111	98,3
	9	**0,158**	**0,136**	**0,198**	**0,088**	127,1
	10	0,329	0,331	0,418	0,155	59,8
	11	0,287	0,264	0,359	0,133	70,7

Diese erste Evaluation zeigt für die Basis-Variante bei allen Sequenzen sehr gute Werte (Abb. 7.22). Der Mittelwert des Abstandes der Disparitätsvektoren zum

Tabelle 7.16: Vergleich der in Tab. 7.14 vorgestellten Varianten der zeitlichen Korrespondenzanalyse

| Evaluationskriterium | Variante | ZoomRotate | Bildsequenz | | | Prozentuale |
			Rotate	MoveAround	Deform	Veränderung
0,9-Quantil der	1	0,344	0,355	0,391	0,271	100,0
Disparitätsvektoren	2	0,398	0,409	0,392	0,339	88,5
(Pixel)	3	0,422	0,483	0,511	0,329	78,0
	4	0,650	0,721	0,695	0,486	53,3
	5	0,306	0,259	0,364	0,241	116,3
	6	0,292	0,314	0,337	0,240	115,0
	7	0,346	0,386	0,362	0,280	99,1
	8	0,353	0,355	0,393	0,274	99,0
	9	**0,264**	**0,229**	**0,317**	**0,215**	132,8
	10	0,559	0,618	0,710	0,404	59,4
	11	0,477	0,476	0,601	0,330	72,2
Median der	1	0,171	0,137	0,177	0,069	100,0
Differenz der	2	0,201	0,147	0,178	0,068	93,3
Disparitätsvektoren	3	0,206	0,168	0,196	0,075	85,9
(Pixel)	4	0,325	0,320	0,321	0,116	51,2
	5	0,163	0,119	0,174	0,066	106,1
	6	0,146	0,118	0,158	0,062	114,5
	7	0,180	0,140	0,180	0,072	96,9
	8	0,186	0,135	0,177	0,070	97,5
	9	**0,142**	**0,106**	**0,158**	**0,059**	119,1
	10	0,304	0,281	0,354	0,087	54,0
	11	0,268	0,225	0,307	0,082	62,8

Ground Truth liegt immer unter 0,25 Pixeln, der Median unter 0,2 Pixeln. Wenn man zusätzlich noch das 0,9-Quantil betrachtet, zeigt sich, dass die Disparitätsbilder größtenteils sehr genau sind, es allerdings auch einige Ausreißer gibt. Diese findet man vor allem im Randbereich und in schwach texturierten Bereichen. Die Anzahl der Ausreißer ist jedoch relativ klein, was sich in einem kleinen Unterschied zwischen Mittelwert und Median äußert. Weiterhin ist auffällig, dass der Median der x-Komponente immer größer als der Median der y-Komponente ist. Diese Eigenschaft des Algorithmus ist auch in den folgenden Experimenten zu beobachten und kann bisher nicht zufriedenstellend erklärt werden.

Bei Variante 2 ohne vorherige Filterung der zeitlichen Disparitäten durch ein Differenzbild zeigt sich, dass die Ergebnisse in allen Bereichen ähnlich oder leicht schlechter als bei der Basis-Variante sind. Es gibt allerdings keine auffälligen Unterschiede zwischen den unterschiedlichen Sequenzen. Insbesondere die Deform-Sequenz, in der sich große Teile des Bildes nicht ändern, zeigt keine Auffälligkeiten.

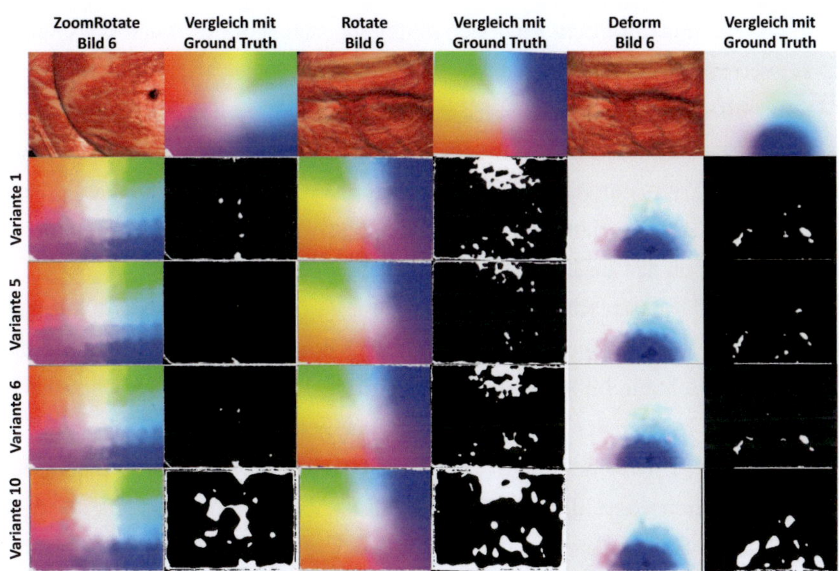

Bild 7.22: Ausgewählte Bilder der Testsequenzen für vier Varianten der zeitlichen Korrespondenz-analyse und Vergleich mit Ground Truth (Bildpunkte weiß, wenn Differenz zwischen Disparitätsvektoren > 0,5 Pixel)

Dennoch ist aufgrund des geringen Aufwandes der Filterung der Einsatz hier sinnvoll.

Variante 3 schneidet schon deutlich schlechter ab als die Basis-Variante, insbesondere beim Mittelwert und beim 0-9-Quantil. Das heißt, dass es hier mehr Ausreißer gibt und dass damit wie erwartet die doppelte Ausführung des zeitlichen HRM mit anderer Durchlaufrichtung und anschließender Fusion der Disparitätsbilder die Robustheit des Verfahrens erhöht.

Bei Variante 4 ohne Glättung der Disparitäten zeigt sich, dass dadurch die Genauigkeit erheblich leidet. Eine Bilateral-Filterung macht hier also auf jeden Fall Sinn.

Variante 5 nutzt Farb- anstatt Grauwertinformationen zur Berechnung des Ähnlichkeitsmaßes. Dies führt zu einer höheren Genauigkeit, die allerdings nicht so groß ausfällt wie erwartet (Abb. 7.22). Es stellt sich die Frage, ob der dreimal so hohe Aufwand der Berechnung hier sinnvoll ist. Allerdings zeigt sich umgekehrt zu Variante 3 der Effekt, dass die Nutzung von Farbinformationen die Robustheit insbesondere in texturarmen Regionen erhöht, da sich Mittelwert und 0,9-Quantil stärker verbessern als die Median-Werte.

Die zweifache Ausführung der Berechnung des zeitlichen HRM verwendet Variante 6, was den Aufwand in diesem Schritt verdoppelt. Diese Variante zeigt die stärksten positiven Änderungen bei der Genauigkeit, wenn nur eine Komponente gegenüber der Basis-Variante geändert wird (Abb. 7.22). Allerdings stellt sich auch hier die Frage, ob der zusätzliche Aufwand gerechtfertigt ist.

Die Nutzung rotierter Eingabebilder bei Variante 7 zeigt keine positive Veränderung der Werte sondern sogar eine leichte Verschlechterung. Damit scheint es also keine Vorzugsrichtung im Algorithmus zu geben. Auch hier bleibt der Unterschied zwischen dem Median der x- und y-Komponente bestehen.

Bei Variante 8 wird nicht beim zeitlichen HRM interpoliert. Dies erhöht den Aufwand deutlich, führt allerdings hier zu keiner Verbesserung sondern sogar zu einer leichten Verschlechterung der Ergebnisse. Die Interpolation der Disparitätswerte jeder zweiten Zeile und Spalte wirkt sich hier also positiv aus, da sich die Disparitätsvektoren im Allgemeinen lokal nur sehr leicht ändern und damit das lokale Rauschen der Werte verrringert wird.

Variante 9 zeigt wie erwartet die besten Ergebnisse, da hier die bisher besten Varianten, 5 und 6, kombiniert wurden. Die positive Veränderung ist hier schon deutlich zu merken, wird allerdings mit einem erheblich höheren Aufwand erkauft.

In Variante 10 wird nur die halbe Bildauflösung verwendet und das Disparitätsbild anschließend auf die volle Auflösung hochskaliert und die fehlenden Werte aus den bekannten Nachbarn interpoliert. Wie erwartet verschlechtert sich die Genauigkeit ca. auf die Hälfte. Variante 11 kombiniert Variante 9 und 10 und führt damit zu besseren Ergebnissen, die aber dennoch deutlich schlechter ausfallen als bei der Basis-Variante (Abb. 7.22). Die Hoffnung bei der Nutzung der halben Auflösung ist allerdings, dass neben dem deutlich verringerten Aufwand der Berechnungen vor allem die Robustheit besser wird.

Im zweiten Experiment soll die Empfindlichkeit des Verfahrens gegenüber Rauschen untersucht werden. Dazu wurden ähnlich wie bei der Evaluation der Oberflächenrekonstruktion die vier Sequenzen mit Gausschem Rauschen mit Varianz $\sigma = 10$ versehen. Untersucht wurden hier die Basis-Variante 1 sowie die Varianten 5, 6 und 10. Ergebnisse sind in Tab. 7.17, Abb. 7.23 und Abb. 7.24 zu sehen.

Tabelle 7.17: Vergleich von Variante 1, 5, 6 und 10 der zeitlichen Korrespondenzanalyse bei verrauschten Sequenzen (2. Experiment)

| Evaluationskriterium | Var. | ZoomRotate | Bildsequenz | | Deform | Prozentuale |
			Rotate	MoveAround		Veränderung
Median der Differenz	1	0,42	0,48	0,76	**0,25**	100,0
der x-Komponente	5	0,46	0,48	0,76	**0,25**	97,9
	6	0,43	0,49	0,91	0,30	89,7
	10	**0,38**	**0,47**	**0,62**	0,30	107,9
Median der Differenz	1	0,32	**0,29**	0,36	0,17	100,0
der y-Komponente	5	0,36	0,30	0,35	**0,16**	97,4
	6	0,37	0,30	0,43	0,19	88,4
	10	**0,29**	**0,29**	**0,31**	0,17	107,5
Mittelwert der	1	0,97	1,18	2,23	0,50	100,0
Differenz der	5	1,05	1,18	2,21	**0,49**	99,0
Disparitätsvektoren	6	1,00	1,17	2,37	0,59	95,1
	10	**0,73**	**0,89**	**1,28**	0,52	142,7
0,9-Quantil der	1	2,12	2,75	6,18	1,00	100,0
Disparitätsvektoren	5	2,29	2,77	6,06	**0,98**	99,6
	6	2,19	2,67	6,25	1,15	98,3
	10	**1,38**	**1,75**	**2,90**	1,02	170,9
Median der	1	0,66	0,67	1,00	0,38	100,0
Differenz der	5	0,74	0,68	1,00	**0,37**	97,1
Disparitätsvektoren	6	0,68	0,68	1,22	0,45	89,4
	10	**0,58**	**0,65**	**0,80**	0,42	110,6

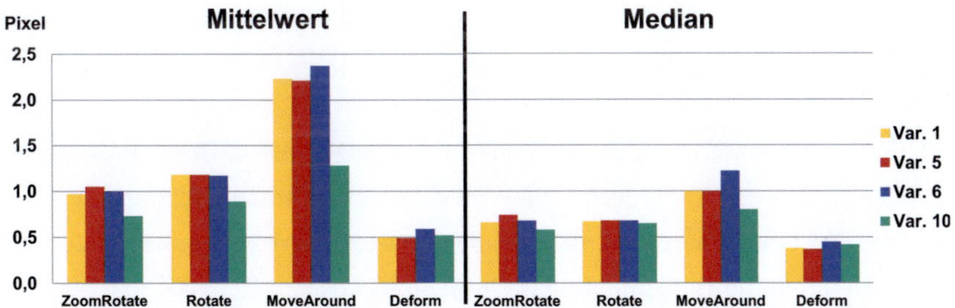

Bild 7.23: Mittelwert und Median (Pixel) für die vier untersuchten Varianten bei verrauschten Bildsequenzen (2. Experiment)

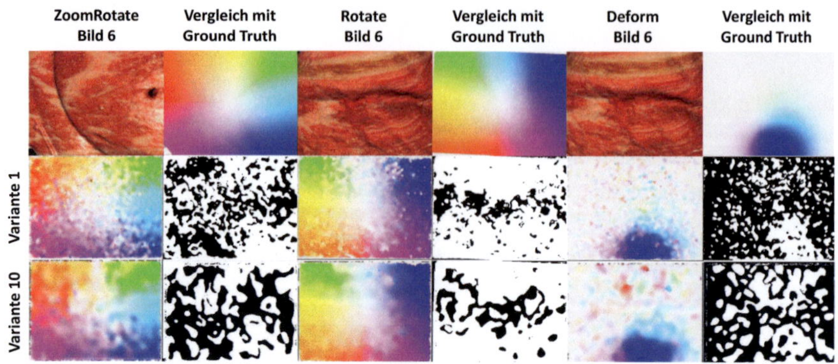

Bild 7.24: Ausgewählte Bilder der verrauschten Testsequenzen für die Basis-Variante und Variante 10 der zeitlichen Korrespondenzanalyse und Vergleich mit Ground Truth (Bildpunkte weiß, wenn Differenz zwischen Disparitätsvektoren > 0,5 Pixel)

Die Ergebnisse zeigen zum einen, dass die Verfahren bei dieser Art Rauschen deutlich ungenauer werden. Vor allem bei der MoveAround-Sequenz liegen Mittelwert und Median deutlich von den Werten im unverrauschten Fall entfernt. Der wesentliche Grund hier ist, dass durch die zufälligen Bewegungen in dieser Sequenz der zeitliche Disparitätskandidat nicht mehr nützlich ist, sondern im Gegenteil eher zu mehr Fehlern führt, da er falsche Disparitätsvektoren einbringt, die aufgrund des starken Rauschens teilweise als korrekt angesehen werden. Nur die Deform-Sequenz liefert noch zufriedenstellende Ergebnisse, da hier kaum Bewegung im Bild auftritt und somit die zeitlichen Disparitäten für Stabilität sorgen. Insgesamt schwanken die Werte deutlich stärker als im unverrauschten Fall und es sind deutlich mehr Ausreißer im Bild zu finden, wie der große Unterschied zwischen Mittelwert und Median sowie der große Wert beim 0,9-Quantil im Vergleich zum Median zeigt.

Auffällig ist weiterhin, dass Variante 5, die Farb- anstatt Grauwertbilder für die Berechnung der Ähnlichkeit nutzt, hier schlechter abschneidet als die Basis-Variante. Der Grund hierfür ist, dass bei der Verwendung von Grauwertbildern das Rauschen durch die Berechnung des Grauwertes aus den RGB-Werten geglättet wird. Dies macht die Verwendung von Grauwerten bei der Ähnlichkeitsberechnung robuster, auch wenn die absolute Genauigkeit nicht ganz so hoch ist, wie das erste Experiment zeigt.

Auch Variante 6 schneidet hier unerwartet schlecht ab. Bei allen Sequenzen führt eine mehrfache Berechnung sogar zu einer Verschlechterung der Werte gegenüber der Bais-Variante. Hier rechtfertigt der erhöhte Aufwand nicht den Einsatz dieser Variante.

Interessanterweise schneidet Variante 10, die nur die halbe Bildauflösung nutzt, in drei von vier Sequenzen am besten ab. Vor allem bei der MoveAround-Sequenz ist die Verbesserung sehr deutlich zu sehen. Obwohl diese Variante nur ungefähr halb so genau wie Variante 1 ist, wird diese Ungenauigkeit durch die deutlich höhere Robustheit bei verrauschten Daten mehr als ausgeglichen. Dies sieht man vor allem, wenn man Mittelwert und Median miteinander vergleicht, die deutlich näher beisammen liegen als bei den anderen Varianten. Nur die Deform-Sequenz liefert schlechtere Werte, da diese Sequenz nicht so rauschanfällig ist wie die anderen. Es zeigt sich aber, dass die Nutzung einer geringeren Auflösung neben dem Geschwindigkeitsgewinn auch eine signifikante Verbesserung der Robustheit beinhalten kann.

Neben der zeitlichen Korrespondenzanalyse zeitlich benachbarter Bildpaare ist es vor allem interessant zu untersuchen, wie genau und robust die akkumulierte Disparität (siehe Kap. 6.2.4) bestimmt wird. Dazu wurden ähnlich wie bei den beiden vorhergehenden Experimenten Mittelwert und Median der Differenz der Disparitätsvektoren, sowie das 0,9-Quantil und die Mediane der x- und y-Komponenten berechnet. Wesentlicher Unterschied ist hier, dass dies nur für die am Ende jeder Sequenz akkumulierten Disparitätsvektoren geschieht, während bei den vorhergehenden Experimenten die Werte für jedes Bildpaar berechnet und über alle Bildpaare gemittelt wurden.

In Experiment Nummer 3 wurden die unverrauschten Sequenzen betrachtet und vergleichbar zu Experiment 2 die Basis-Variante sowie die Varianten 5, 6 und 10 verglichen. Dasselbe wurde in Experiment 4 mit verrauschten Sequenzen gemacht. Ergebnisse sind in Tab. 7.18 und Tab. 7.19 sowie in Abb. 7.25 und Abb. 7.26 zu sehen.

Im unverrauschten Fall (Experiment 3) sind die akkumulierten Disparitäten ungefähr um den Faktor 3 ungenauer beim Vergleich zum Ground Truth als die nicht akkumulierten Disparitäten. Der Mittelwert liegt allerdings bei allen Sequenzen mit voller Auflösung unter 1 Pixel, der Median unter 0,7 Pixel. Auch hier ist der

Median der x-Komponente immer größer als der der y-Komponente. Mittelwert und 0,9-Quantil sind ebenfalls signifikant größer als der Median, was wieder für eine Anzahl an Ausreißern spricht, während die meisten Disparitäten einen ähnlichen Fehler aufweisen.

Variante 5 erzeugt im unverrauschten Fall signifikant bessere Disparitäten als die Basis-Variante. Sie schneidet auch besser ab als Variante 6, die aber ebenfalls eine Verbesserung bewirkt. In Experiment 1 war dies noch umgekehrt. Die Verbesserungen fallen bei akkumulierten Disparitäten größer aus als bei der normalen Disparitätsberechnung. Die Nutzung der halben Bildauflösung (Variante 10) führt weiterhin zu einer Verschlechterung des Ergebnisses. Allerdings ist die Verschlechterung nicht mehr so groß wie bei Experiment 1. Insbesondere der Mittelwert liegt teilweise sehr nahe am Wert der Basis-Variante. Hier scheinen sich die Fehler über die kompletten Sequenzen teilweise zu kompensieren.

Tabelle 7.18: Vergleich der akkumulierten Disparitätsvektoren von Variante 1, 5, 6 und 10 bei unverrauschten Sequenzen (3. Experiment)

| Evaluationskriterium | Var. | Bildsequenz | | | | Prozentuale |
		ZoomRotate	Rotate	MoveAround	Deform	Veränderung
Median der Differenz	1	0,34	0,29	0,46	0,09	100,0
der x-Komponente	5	**0,29**	**0,27**	**0,42**	**0,05**	114,6
	6	0,37	0,25	0,45	0,09	101,7
	10	0,31	0,79	0,57	0,14	65,2
Median der Differenz	1	0,21	0,18	0,26	0,07	100,0
der y-Komponente	5	**0,19**	0,15	**0,25**	**0,05**	112,5
	6	0,20	**0,14**	**0,25**	0,06	110,8
	10	0,33	0,44	0,71	0,12	45,0
Mittelwert der	1	0,63	0,83	0,84	0,59	100,0
Differenz der	5	**0,55**	**0,75**	**0,75**	**0,53**	112,0
Disparitätsvektoren	6	0,65	**0,75**	0,78	**0,53**	106,6
	10	0,66	1,64	1,31	0,67	67,5
0,9-Quantil der	1	1,07	1,58	1,48	1,45	100,0
Disparitätsvektoren	5	**0,95**	**1,49**	**1,24**	1,32	111,6
	6	1,08	1,61	1,36	**1,26**	105,1
	10	1,12	3,48	2,19	1,76	65,3
Median der	1	0,52	0,40	0,62	0,14	100,0
Differenz der	5	**0,43**	0,38	**0,57**	**0,11**	112,8
Disparitätsvektoren	6	0,52	**0,34**	0,60	0,14	105,0
	10	0,56	1,07	1,04	0,20	58,5

Experiment 4 zeigt ähnliche Trends bei den Ergebnissen wie Experiment 2.

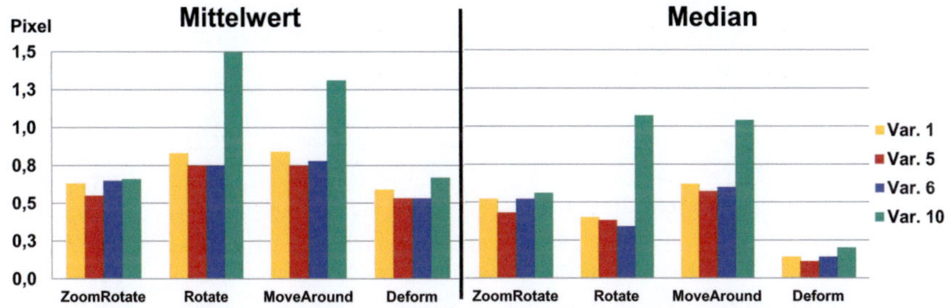

Bild 7.25: Mittelwert und Median (Pixel) der akkumulierten Disparitäten für die vier untersuchten Varianten bei unverrauschten Bildsequenzen (3. Experiment)

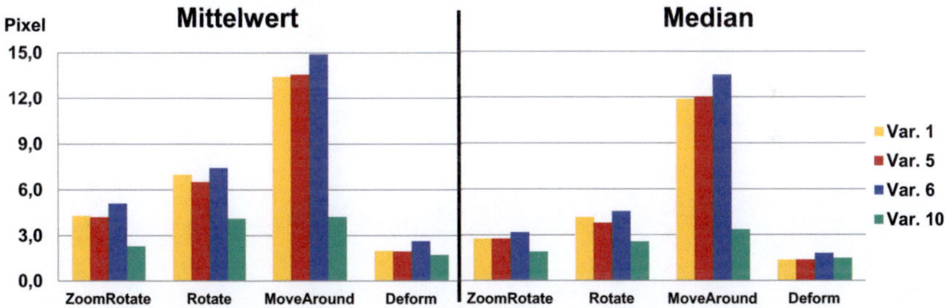

Bild 7.26: Mittelwert und Median (Pixel) der akkumulierten Disparitäten für die vier untersuchten Varianten bei verrauschten Bildsequenzen (4. Experiment)

Allerdings sind hier die Fehler bei Mittelwert und Median sowie der Abstand zwischen den Werten deutlich größer, was für deutlich mehr Ausreißer in den Daten spricht. Variante 5 zeigt vergleichbare Ergebnisse zur Basis-Variante. Auch hier kann Variante 6 das Ergebnis nicht verbessern sondern es tritt wieder eine Verschlechterung ein, die im Schnitt größer ist als in Experiment 2. Dagegen fällt hier die Nutzung der halben Bildauflösung in Variante 10 besonders positiv auf. Insbesondere bei der MoveAround-Sequenz sind die Fehler bei den ersten drei Varianten in einem sehr hohen Bereich, während Variante 10 diesen deutlich reduziert. Diese Reduktion ist auch deutlich stärker als es bei Experiment 2 der Fall war. Nur bei der Deform-Sequenz ist ein umgekehrter Trend zu beobachten. Hier schneidet interessanterweise Variante 1 beim Median am besten ab. Beim Mittelwert bleibt Variante 10 am besten, was ebenfalls dafür spricht, dass sie robuster aber weniger genau ist.

Als Fazit dieser vier Experimente kann man festhalten, dass die einzelnen Kompo-

Tabelle 7.19: Vergleich der akkumulierten Disparitätsvektoren von Variante 1, 5, 6 und 10 bei verrauschten Sequenzen (4. Experiment)

| Evaluationskriterium | Var. | ZoomRotate | Bildsequenz | | Deform | Prozentuale Veränderung |
			Rotate	MoveAround		
Median der Differenz	1	1,76	2,92	6,21	**0,97**	100,0
der x-Komponente	5	1,77	2,82	6,69	**0,97**	96,8
	6	2,15	3,20	7,67	1,34	82,6
	10	**1,47**	**1,70**	**2,65**	1,04	172,9
Median der Differenz	1	1,40	1,58	3,65	0,60	100,0
der y-Komponente	5	1,41	1,35	3,36	**0,56**	108,2
	6	1,55	1,93	4,80	0,68	80,7
	10	**0,87**	**1,09**	**1,20**	**0,56**	194,3
Mittelwert der	1	4,29	6,97	13,43	1,96	100,0
Differenz der	5	4,21	6,49	13,57	1,93	101,7
Disparitätsvektoren	6	5,10	7,42	14,90	2,60	88,8
	10	**2,30**	**4,11**	**4,23**	**1,70**	216,0
0,9-Quantil der	1	9,46	15,71	10,61	3,67	100,0
Disparitätsvektoren	5	8,69	14,60	10,57	3,79	104,8
	6	11,74	17,12	12,82	4,92	84,7
	10	**3,80**	**7,61**	**3,26**	**3,02**	223,0
Median der	1	2,73	4,16	11,85	**1,35**	100,0
Differenz der	5	2,74	3,79	12,02	1,36	100,9
Disparitätsvektoren	6	3,18	4,55	13,48	1,79	87,3
	10	**1,88**	**2,55**	**3,37**	1,46	217,0

nenten des Registrierungsalgorithmus sehr unterschiedliche Auswirkungen zeigen, abhängig davon, ob unverrauschte oder verrauschte Daten vorliegen. Einige Komponenten wie z.B. die Verwendung von Farbinformationen bei der Berechnung des Ähnlichkeitsmaßes erhöhen zwar die Genauigkeit, sind aber deutlich unrobuster. Den gegenteiligen Effekt kann man bei der Nutzung der halben Bildauflösung feststellen. Bei der Wahl einiger Komponente muss deshalb genau dessen Auswirkung auf reale Bilder getestet werden, da hier nicht genau bekannt ist, wie stark sie beispielsweise verrauscht sind, da hier immer ein Kompromiss zwischen Genauigkeit und Robustheit gefunden werden muss. Andere Komponenten wie beispielsweise die Glättung der Disparitäten haben allerdings immer einen positiven Effekt. Interessant ist auch, dass die x-Komponente des Disparitätsvektors fast immer einen deutlich größeren Fehler liefert als die y-Komponente. Ob dies an einem Fehler im Algorithmus oder an einer unterschiedlich guten Bildinterpolation in x- oder y-Richtung bei der Anpassung der Bildauflösung liegt, muss weiter untersucht werden. Insgesamt kann man aber festhalten, dass das vorgestellte Verfahren eine sehr hohe Genauigkeit erreichen kann. Im Vergleich zur Oberflächenrekonstruktion, die fast den selben Grundalgorithmus nutzt, ist die Robustheit aber deutlich reduziert. Dennoch kann man auch bei den akkumulierten Disparitäten größtenteils gute Ergebnisse erzielen.

Evaluation mit realen Daten

Neben der Evaluation in der Simulationsumgebung wurde die zeitliche Korrespondenzanalyse auch mit realen Bildern von Eingriffen mit dem daVinci-System evaluiert. Das Ziel hier war es, eine qualitative Aussage über die Genauigkeit und Robustheit der Korrespondenzanalyse unter OP-Bedingunen zu treffen. Im Fokus standen dabei der Vergleich der in den vorherigen Experimenten definierten Varianten der Korrespondenzanalyse (Tab. 7.14), wobei hier wie in Experiment 2 - 4 in der Simulationsumgebung nur die Basis-Variante 1, sowie die Variante 5 (Nutzung von Farbinformationen), 6 (doppeltes HRM) und 10 (Nutzung der halben Auflösung) verglichen wurden. Weiterhin wurde die Laufzeit dieser Varianten untersucht.

Bei der Anwendung realer Daten kann zumindest qualitativ der Einfluss weiterer Störquellen wie Glanzlichter, Rauch, Interlacing durch schnelle Bewegungen oder unscharfe Bilder auf die zeitliche Korrespondenzanalyse untersucht werden (Abb. 7.27). Falls keine besonderen Störungen vorhanden sind, können rauscharme Disparitätsvektoren erzeugt werden, unabhängig davon, ob die Kamera sich beispielsweise seitlich bewegt, sich entfernt oder nähert oder ob Deformationen auftreten. Auch Rauch sorgt für relativ wenige Artefakte im Disparitätsbild. Die meisten Probleme bereiten Interlacing-Artefakte, die dadurch entstehen, dass die zwei Halbbilder, aus denen das Bild zusammengesetzt wird, zu leicht unterschiedlichen Zeitpunkten aufgenommen wurden. Hier ist das Disparitätsbild stark verrauscht.

Während sich die Varianten 1, 5 und 6 recht ähnlich sind, unterscheidet sich Variante 10, die die halbe Bildauflösung nutzt, deutlich im Ergebnis. Die Disparitätsbilder sind deutlich glatter, sind aber insbesondere an der Grenzfläche von sich unterschiedlich bewegenden Bereichen ungenauer. So gehen beispielsweise feine Details an Instrumenten eher verloren. Insgesamt sind die Grenzbereiche vor allem bei Instrumenten etwas faserig. Problematisch sind auch sehr homogene Regionen,

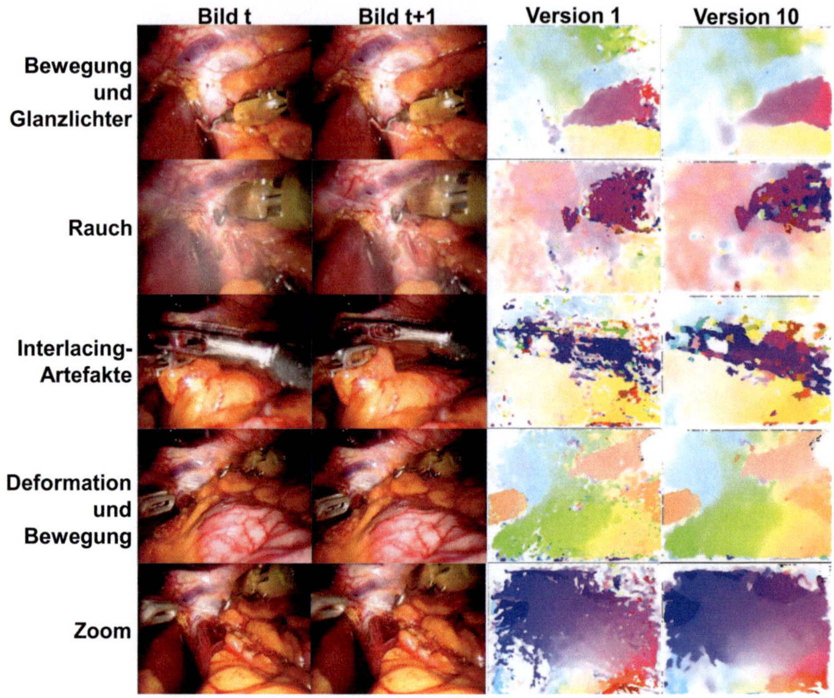

Bild 7.27: Erzeugte Disparitätsvektoren von Variante 1 und 10 bei unterschiedlichen Bildpaaren

die in Bewegung sind. Hier kann die Anwendung des Differenzbildes teilweise zu fehlerhaften Disparitäten führen.

Zusätzlich wurden die akkumulierten Disparitäten über einen größeren Zeitraum betrachtet. Dabei zeigt sich, dass die Korrespondenz über kurze Zeiträume recht gut ist, während bei der Akkumulation der Disparitäten über mehrere 100 Bildpaare die Genauigkeit nachlässt (Abb. 7.28 und 7.29). Wenn man hier die einzelnen Varianten miteinander vergleicht, zeigt sich kein großer Unterschied im Ergebnis nach 300 bzw. 600 Bildern. Die Position des verfolgten Punktes an einer Objektgrenze, wobei ein Objekt eine sehr homogene Textur aufweist, wird bei allen Varianten sehr schnell ungenau, während der zweite Punkt in der Nähe eines Blutgefäßes recht akkurat verfolgt wird.

Allgemein zeigt sich bei der Betrachtung mehrerer Sequenzen, dass es insbesondere an Objektgrenzen schnell zu einer Verschiebung der korrespondierenden Pixel

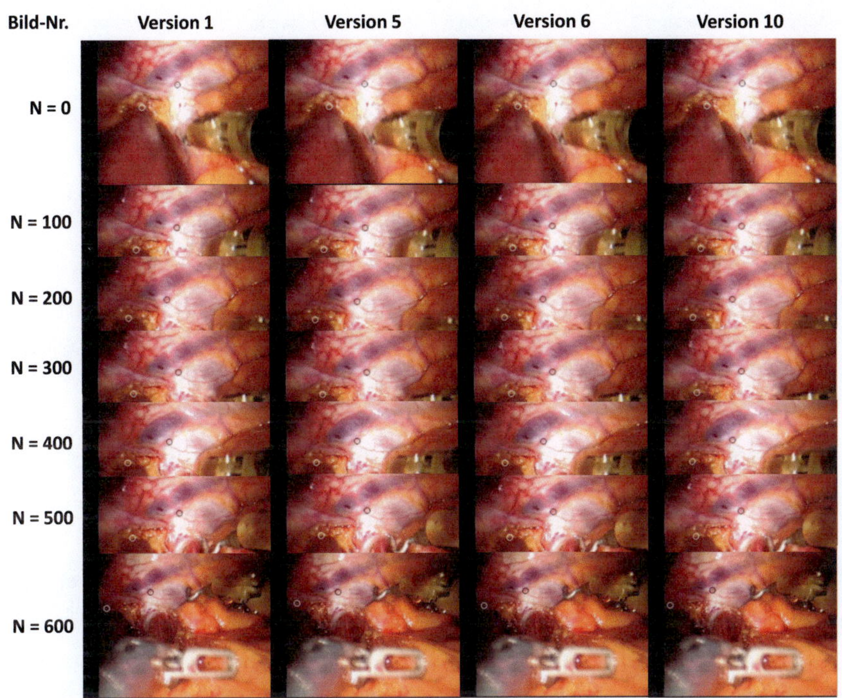

Bild 7.28: Akkumulierte Disparität für reale Aufnahmen mit dem daVinci-Stereo-Endoskop über 600 Bildpaare: Verfolgung von zwei Bildpunkten

kommt. Auch können einzelne schlechte Disparitätsbilder das Ergebnis der Akkumulation stark negativ verändern. Dies sind zum einen durch Interlacing verrauschte Bilder. Abhilfe könnte man hier schaffen, indem eine Detektion dieser Bilder durchgeführt wird und diese bei der Berechnung der zeitlichen Korrespondenzen ausgespart werden. Weiterhin sind teilweise sehr starke Veränderungen zwischen den Bildern zu beobachten, die eine zeitliche Korrespondenzanalyse erschweren. Dies kann an sehr schnellen Bewegungen oder an einer geringen Bildaufnahme- und Bildverarbeitungsrate liegen. Ebenfalls problematisch sind Instrumentenbewegungen über das Bild hinweg. Sie verursachen Verdeckungen und weisen damit dem verdeckten Pixel falsche Werte zu. Somit ist hier die akkumulierte Disparität ungültig. Hier müsste dieses detektiert werden und die Akkumulation in diesem Fall ausgesetzt werden. Allerdings funktioniert das nur, wenn sich der verdeckte

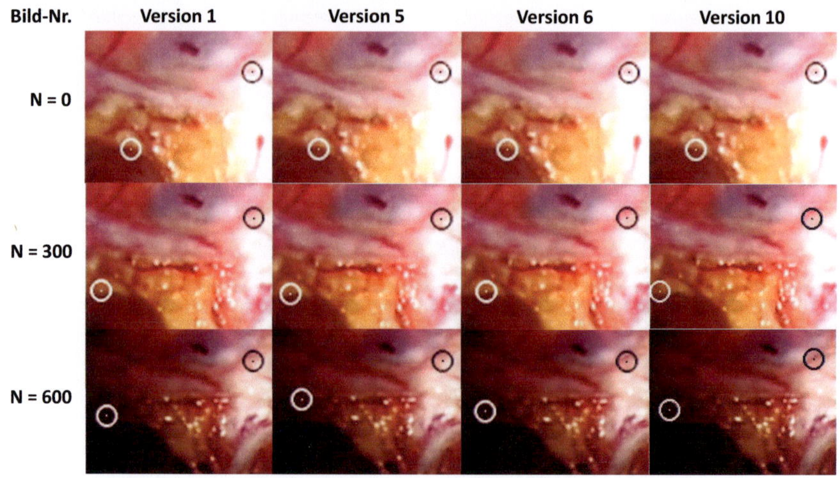

| Bild-Nr. | Version 1 | Version 5 | Version 6 | Version 10 |

Bild 7.29: Nahansicht der verfolgten Bildpunkte aus Abb. 7.28

Punkt in diesem Moment nicht bewegt. Falls eine Bewegung auftritt, müsste diese prädiziert werden, um eine gültige Disparität rekonstruieren zu können.

In einer weiteren Evaluation wurde die Laufzeit der zeitlichen Korrespondenzanalyse bei der Verwendung realer Bilder untersucht. In Tabelle 7.20 sind die verschiedenen Laufzeiten der vier untersuchten Varianten bei einer Bildauflösung von 640x480 aufgeführt. Grundsätzlich gilt, dass die einzelnen Komponenten der zeitlichen Korrespondenzanalyse im Gegensatz zur Oberflächenrekonstruktion nicht in allen Bereichen laufzeitoptimiert wurden. Die Berechnung des Differenzbildes, das zeitliche HRM und der Konsistenzcheck sind nur auf der CPU implementiert. Lediglich bei der Bilateralfilterung wird auf eine modifizierte Version der in der Oberflächenrekonstruktion vorgestellten GPU-Implementierung zurückgegriffen, bei der anstatt eines skalaren Disparitätswerts ein Disparitätsvektor geglättet und korrigiert wird. Bei den CPU-Komponenten wurde allerdings, so weit es möglich war, eine Parallelisierung mit OpenMP durchgeführt, so dass bis zu vier CPU-Kerne genutzt werden können.

Auffällig ist, dass die einzelnen Komponenten in ihrer Ausführungszeit zum Teil ziemlich stark schwanken. Eine Erklärung ist die Parallelisierung mit OpenMP, die durch die Auslastung aller CPU-Kerne mitunter ein nichtdeterministisches Verhalten aufzeigt. Insbesondere beim Konsistenzcheck hängt die Laufzeit allerdings auch stark von der Bildqualität und damit der Verrauschtheit des Ergebnisses des zeitlichen HRM ab. Falls viele Disparitätsvektoren als fehlerhaft detektiert werden, muss auch oft korrigiert werden, wobei hier die Median-Filterung stark ins Gewicht fällt. Ähnliches kann man bei der Joint-Bilateral-Filterung, wenn auch in schwächerem Maße, beobachten. Die Akkumulation der Disparitäten fällt im Vergleich zum restlichen Workflow kaum ins Gewicht. Auch die Berechnung des Differenzbildes spielt keine Rolle. Der Löwenanteil der Zeit geht beim zeitlichen HRM und beim Konsistenzcheck verloren. Hier besteht also das größte Optimierungspotential.

Wie erwartet sind Variante 5 und 6 deutlich langsamer als die Basis-Variante, wobei die Nutzung von Farbinformationen und die doppelte HRM-Berechnung ähnlich viel Zeit beanspruchen. Kombiniert man beides, verdoppelt sich noch einmal die Laufzeit beim zeitlichen HRM. Variante 10 ist wie erwartet hier der klare Sieger. Es ist um mehr als den Faktor 3 schneller als die Basis-Variante und läuft damit annähernd in Echtzeit.

Tabelle 7.20: Laufzeitvergleich für Variante 1, 5, 6 und 10 für die Auflösung 640x480

Komponente	Vers. 1	Vers. 5	Vers. 6	Vers. 10
Zeitliches HRM (ms)	70 - 100	140 - 180	140 - 180	25 - 40
Differenzbild (ms)		1		1
Konsistenzcheck (ms)		25 - 100		5 - 30
Bilateralfilterung (ms)		14 - 17		5
Disp.-akkumulierung (ms)		12		4
Insgesamt (fps)	4 - 8	3 - 5	3 - 5	13 -25

Zusammenfassung

Ziel der Evaluation der zeitlichen Korrespondenzanalyse war es zu untersuchen, wie die verschiedenen Varianten, die in Kap. 6.2.3 vorgestellt wurden, im Vergleich bei synthetischen und realen Aufnahmen bezüglich Genauigkeit, Robustheit und Laufzeit abschneiden. Ein weiterer Schwerpunkt lag auf der Genauigkeit und Robustheit der akkumulierten Disparität (Kap. 6.2.4).

Es zeigte sich, dass die unterschiedlichen Varianten sich sehr stark in ihrer Güte bezüglich Genauigkeit und Robustheit unterscheiden, wobei sich oftmals hohe Genauigkeit und Robustheit gegenseitig ausschließen. So kann die Nutzung von mehr Bildinformationen zwar deutlich genauer sein, ist aber auch anfälliger gegenüber Störungen. Im Gegensatz dazu führt eine Reduzierung der Bildauflösung nicht nur zu einer kürzeren Laufzeit, sondern auch zu einer höheren Robustheit, auch wenn die Genauigkeit darunter leidet.

Als Hauptproblem für die Disparitätsberechnung bei realen Bildern haben sich Interlacing-Artefakte herausgestellt. Eine Möglichkeit, dieses Problem zu vermeiden, ist, ausgehend von der vollen Auflösung der Kamera, die Verwendung von Halbbildern. Alternativ dazu kann man versuchen, die fehlerhaften Bilder zu detektieren und von der Berechnung auszunehmen.

Insgesamt kann man mit dem hier vorgestellten Verfahren eine sehr hohe Genauigkeit der Disparitätsberechnung im Subpixelbereich erreichen. Allerdings bleibt noch viel Raum für Verbesserungen. Insbesondere die Laufzeit kann durch eine bessere Parallelisierung optimiert werden. Auch muss die Robustheit bei Störquellen, wie homogene Regionen, Rauch oder Glanzlichter, weiter verbessert werden. Weiterhin kann die Berechnung der akkumulierten Disparität, z.B. durch ein Instrumenten- und Merkmalstracking, weiter stabilisiert werden.

8 Schlussbetrachtung

In der vorliegenden Arbeit wurden Methoden zur intraoperativen Modellierung und Registrierung für ein chirurgisches Assistenzsystem entwickelt, das in der Laparoskopie eingesetzt werden soll. Im Folgenden werden die wesentlichen Beiträge kurz zusammengefasst und diskutiert. Abschließend wird ein Ausblick über weiterführende Arbeiten sowie Möglichkeiten zur vollständigen Integration mit weiteren Komponenten des Assistenzsystems gegeben.

8.1 Zusammenfassung

Laparoskopische Eingriffe bieten aufgrund der zahlreichen Herausforderungen für den Chirurgen eine gute Motivation für die Entwicklung eines Assistenzsystems, das den Chirurgen bei der Ausführung unterstützt, in dem es eine präoperative Planung des Eingriffes mit intraoperativen Sensordaten verknüpft und daraus Assistenzfunktionen generiert. Die wesentlichen Fragestellungen, die in dieser Arbeit betrachtet wurden, sind zum einen die Repräsentation der intraoperativen Szene in Form eines Modells basierend auf intraoperativen Sensordaten, zum anderen die Registrierung dieses Modells mit einem präoperativen Planungsmodell, um dieses anpassen zu können.

Um für diese Fragestellungen Lösungen entwickeln zu können, wurde zuerst allgemein der Stand der computer-gestützten minimal-invasiven Chirurgie betrachtet sowie wesentliche Forschungsbeiträge bezüglich dieser Fragestellungen beleuchtet und bewertet. Darauf aufbauend wurden die in dieser Arbeit entwickelten Lösungen detailliert vorgestellt und ausführlich bezüglich Genauigkeit, Robustheit und Geschwindigkeit evaluiert. Die wesentlichen Beiträge der Arbeit werden im Folgenden kurz zusammengefasst. Sie lassen sich in zwei Gruppen unterteilen, in Methoden für die intraoperative Modellierung und Methoden für die intraoperative Registrierung. Alle hier vorgestellten Methoden sind in ein gemeinsames Framework, das MediAssist-System, integriert.

8.1.1 Beiträge zur intraoperativen Modellierung

Im Bereich der intraoperativen Modellierung stand die Rekonstruktion der Oberfläche aus Stereoendoskopbildern im Mittelpunkt. Dazu wurden verschiedene Methoden und Workflows für die drei wesentlichen Probleme Kamerakalibrierung, Korrespondenzanalyse und 3D-Rekonstruktion entwickelt und vorgestellt.

Im Bereich der Kamerakalibrierung wurde ein Konzept entwickelt, um eine möglichst robuste und genaue Kalibrierung aus einer Menge an Aufnahmen eines Kalibrierobjektes (Schachbrett) zu erstellen. Als eigentlicher Kalibrieralgorithmus wurde ein Standardverfahren aus der Literatur verwendet. Zusätzlich wurden verschiedene Kriterien aufgestellt, um die Güte einer Kalibrierung quantitativ zu bewerten. Auf Basis dieser Kriterien wurde ein Ranking-Verfahren entwickelt, um mehrere automatisch erstellte Kalibrierungen miteinander zu vergleichen und die besten Kalibrierungen auszuwählen. Dieses Ranking-Verfahren wurde bezüglich seiner Praktikabilität evaluiert und zeigte dabei, dass mit ihm zum einen die Güte einer erstellten Kalibrierung objektiv bewertet werden kann, zum anderen die Chance deutlich ansteigt, eine gute Kalibrierung in kurzer Zeit zu erstellen.

Ein Kernbeitrag der vorliegenden Arbeit ist die Entwicklung eines akkuraten und robusten Verfahrens, das die intraoperative Oberfläche in Echtzeit rekonstruieren kann. Dazu wurde ein Workflow bestehend aus Methoden zur Korrespondenzanalyse, Disparitätskorrektur und -verbesserung, 3D-Rekonstruktion sowie Modellgenerierung und -glättung erstellt. Ein Kernbestandteil ist dabei die Adaption des Korrespondenzanalyseverfahrens, das Hybride Rekursive Matching, an die besonderen Herausforderungen endoskopischer Bilder. Zusätzlich wurde der Bilateralfilter als Glättungs- und Korrekturfilter eingesetzt. Bei der Oberflächengenerierung wurde ein implizites Vernetzungsverfahren sowie das "Least Squares Verfahren zur Oberflächennormalenerzeugung und -verfeinerung genutzt. Um den Echtzeitanforderungen zu genügen, wurden alle Verfahren umstrukturiert und zum Teil neu entwickelt, um sie auf die GPU portieren zu können. Schlussendlich wurde ein hybrides hierarchisches Verfahren vorgestellt, das die Vorteile der CPU- und der GPU- Lösungen kombiniert.

Die einzelnen Komponenten sowie der gesamte Workflow wurden ausführlich auf Basis von synthetischen sowie realen Daten evaluiert. Dazu wurde eine Simulationsumgebung entwickelt, mit deren Hilfe eine quantitative Bewertung bezüglich Genauigkeit und Robustheit möglich war. Die Ergebnisse zeigen, dass das hier entwickelte Oberflächenrekonstruktionsverfahren sehr gute Ergebnisse, auch im Vergleich mit Verfahren aus der Literatur, erzeugt. Da bisher kein ähnliches Verfahren für diesen Anwendungsbereich so ausführlich evaluiert wurde, ist dieses Verfahren zum aktuellen Zeitpunkt die Referenz im Bereich der Oberflächenrekonstruktion aus Stereoendoskopbildern.

Zusätzlich wurde als weitere Sensormodalität ein Kraft-Momenten-Sensor in ein laparoskopisches Greifinstrument integriert. Für diesen wurde ein Kalibrierungskonzept entworfen, um sicherzustellen, dass die gemessenen Kräfte der Realität entsprechen. Eine Integration in das Gesamtsystem fand ebenfalls statt. Die Evaluation der Integration zeigte, dass Messungen genau und wiederholbar sind, falls die Funktionalität des Greifers nicht genutzt wird. Es ist allerdings nicht möglich, gleichzeitig den Greifer zu nutzen und korrekte Kräfte zu messen. Anhand der Position des Instruments, einer Kollisionsdetektion und der gemessenen Kräfte wurden weiterhin beispielhaft einfache situationsabhängige Assistenzen generiert.

8.1.2 Beiträge zur intraoperativen Registrierung

Eine Kernaufgabe eines Assistenzsystems ist es, sicherzustellen, dass die präoperative Planung mit der intraoperativen Realität übereinstimmt. Deswegen wurden Komponenten entwickelt, die dieses gewährleisten sollen. Unterschieden wurde dabei in dieser Arbeit zwischen der initialen Registrierung, um das präoperative Planungsmodell mit dem intraoperativen Sensormodell initial in Übereinstimmung zu bringen, sowie der Aufrechterhaltung der Registrierung, um, ausgehend von einer erfolgreichen Registrierung, Änderungen in der Szene auf das Planungsmodell zu übertragen. Die initiale Registrierung basiert dabei auf rigiden Methoden, während die Aufrechterhaltung der Registrierung auch mit Weichgewebedeformationen, also nicht-rigiden Änderungen der Szene, umgehen kann.

Bei der initialen Registrierung wurde ein Konzept entwickelt, um das intraoperativ erstellte Oberflächenmodell mit einem präoperativen virtuellen Planungsmodell und der Kraftsensorik mittels eines optischen Trackingsystems zu registrieren. Ziel war es, alle Modalitäten in einem gemeinsamen Weltkoordinatensystem darzustellen. Dazu wurde zuerst ein semiautomatischer merkmalsbasierter Ansatz zur Grobregistrierung der Modalitäten mithilfe der 3D-Informationen der rekonstruierten Punktwolke sowie eines Pointerinstrumentes vorgestellt. Im Anschluss wurde ein oberflächenbasierter Feinregistrierungsschritt präsentiert, bei dem eine Segmentierung des zu registrierenden Bereiches der Punktwolke auf Basis der Farbbilder sowie der Oberflächeninformationen mit einem Iterative Closest Point Verfahren kombiniert wurde. Evaluiert wurden diese Verfahren anhand eines Demoaufbaus, bei dem ein Silikonphantom einer menschlichen Leber zum Einsatz kam. Die Evaluation zeigte dabei eine ausreichend hohe Genauigkeit bei der Grobregistrierung, um eine gute Startposition für die Feinregistrierung zu schaffen. Falls das Phantom nicht oder nur leicht deformiert ist, funktioniert auch die Feinregistrierung sehr gut. Bei starken initialen Deformationen kann sie aber nicht erfolgreich eingesetzt werden, sondern es bedarf noch eines weiteren Registrierungsschrittes.

Die Aufrechterhaltung der Registrierung hat das Ziel, die Änderungen in der Oberflächenrekonstruktion nach einer erfolgreichen initialen Registrierung zu erfassen, um diese auf das virtuelle Modell übertragen zu können. Dies wird erreicht, in dem für jeden 3D-Punkt der Oberflächenrekonstruktion seine Verschiebung zwischen zwei Punkten bestimmt wird. Dazu wurde eine modifizierte Version des Korrespondenzanalyseverfahrens sowie ein kompletter Workflow entwickelt, der Verschiebungen von Pixeln zwischen zwei zeitlich folgenden Kamerabildern sowie über einen längeren Zeitraum bestimmt. Im Rahmen dieser Arbeit wurden dazu verschiedene Varianten implementiert und mittels der Simulationsumgebung sowie des Silikonphantoms bezüglich Genauigkeit und Robustheit evaluiert. Die Ergebnisse sind sehr vielversprechend. So kann bei einer Deformation des Phantoms das Verschiebungsfeld über einen kurzen Zeitraum sehr genau mit wenigen Iterationen rekonstruiert werden. Allerdings besteht hier auch noch Optimierungspotential vor allem bezüglich der Laufzeit des Verfahrens und der Robustheit bei stark verrauschten Bildern.

8.2 Ausblick

Die hier präsentierten Verfahren liefern eine gute Grundlage, um auch im Bereich der Laparoskopie chirurgische Assistenzsysteme in den Operationsablauf zu integrieren und insbesondere das Problem der Anpassung der präoperativen Planung zu lösen. Es bestehen dabei einige Anknüpfungspunkte an weitere Arbeiten im Bereich der Szenenanalyse und der kontextabhängigen Situationsinterpretation sowie der biomechanischen Modellierung zur Weichgewebesimulation.

Bezüglich der intraoperativen Oberflächenrekonstruktion besteht im Wesentlichen bei der Verknüpfung einzelner Bereiche im Bild mit bekannten Strukturen Optimierungsbedarf. Auch wenn in dieser Arbeit eine einfache Instrumenten- und Hintergrundsegmentierung umgesetzt ist, die vor allem im verwendeten Demo-Aufbau sehr gut funktioniert, würde es hier Sinn machen, Verfahren für komplexere Szenen mit unterschiedlichen Instrumenten, weiterem OP-Zubehör und vielen unterschiedlichen Weichgewebestrukturen einzusetzen. Weiterhin kann der pixelbasierte Ansatz zur Korrespondenzanalyse mit merkmalsbasierten Ansätzen kombiniert werden, um die Robustheit weiter zu erhöhen. Dennoch ist die Verwendung der Oberflächenmodellierung für einen klinischen Einsatz mit einem Stereoendoskop schon jetzt praktikabel. Beispielsweise sind schon jetzt einfache Informationen wie Abstände zwischen Instrumenten und Gewebe oder Längenvermessungen möglich.

Die Kraft-Sensor-Integration ist aufgrund ihrer starken Einschränkungen unbefriedigend. So können im Wesentlichen nur Kräfte entlang des Instrumentenschaftes genau bestimmt werden, die Funktionalität des Instrumentes kann nicht gemeinsam mit den Kraftmessungen genutzt werden und die Integration macht einen Einsatz in einem realistischen minimal-invasiven Setting unmöglich. Hier wäre es sinnvoll, einen passenden miniaturisierten Sensor zu entwickeln und in die Instrumentenspitze zu integrieren, was allerdings mit erheblichem Aufwand verbunden ist. Weiterhin werden die gemessenen Kräfte im Moment nur für einfache Assistenzen wie beispielsweise Warnungen bei Kontakt oder zu großen Kräften genutzt. Eine Kopplung der gemessenen Kräfte mit einem biomechanischen Modell wäre hier wünschenswert.

Der größte Handlungsbedarf besteht im Bereich der Registrierung. Die vorgestellte initiale Registrierung ist nur im rigiden oder annähernd rigiden Fall möglich.

Weiterhin hängt vor allem der Grobregistrierungsschritt davon ab, eindeutig identifizierbare Merkmale in den Kamerabildern und im virtuellen Modell zu finden. Im Rahmen der Feinregistrierung können auch alternative oberflächenbasierte Verfahren entwickelt werden, die eine anisotrope oder nicht-rigide Registrierung ermöglichen. Denkbar wäre hier beispielsweise der Einsatz von parametrischen Modellen und einer Registrierung mittels Basisfunktionen, z.B. radialen Basisfunktionen wie den Thin Plate Splines. Um die Methoden klinisch einsetzen zu können, müsste auf jeden Fall auch ein speziell für ein minimal-invasives Setting entwickeltes Pointerinstrument genutzt werden, wobei dies keine Herausforderung darstellen sollte.

Die Aufrechterhaltung der Registrierung ermöglicht es, Punkte in der Oberflächenrekonstruktion im undeformierten und deformierten Zustand zueinander in Relation zu setzen. Eine wesentliche Anknüpfung an die biomechanische Modellierung wäre es, diese Relationen als Verschiebungsrandbedingungen auf das Modell zu übertragen. Dies wäre ein entscheidender Schritt in der Verwendung solcher Modelle, da eine realistische Simulation gut gewählte und akkurate Randbedingungen benötigt. Das Verfahren an sich kann ebenfalls noch deutlich verbessert werden. Neben einer Geschwindigkeitsoptimierung durch eine Portierung des Verfahrens auf die GPU vergleichbar zur Oberflächenrekonstruktion muss vor allem die Robustheit erhöht werden. Hier ist eine Kombination mit einem Verfahren zur Detektion und Verfolgung von Merkmalen sowie ein ähnlich hierarchischer Aufbau wie im Stereofall sinnvoll. Dennoch sind die hier vorgestellten Methoden schon mit klinischen Bildern verwendbar.

Insbesondere im Bereich der Registrierung müssen auch umfassendere Evaluationen durchgeführt werden, bei denen die Genauigkeit und Robustheit auch bei starken nichtrigiden Transformationen der Modelle bewertet werden kann. Ein Schritt in diese Richtung ist die Entwicklung eines neuen, komplexeren Phantoms, das einen Torso mit allen wesentlichen Bauchorganen enthält, die teilweise auch stark deformierbar sind (Abb. 8.1). Weiterhin müssen die hier vorgestellten Verfahren und mögliche zukünftige Erweiterung der Registrierung in Kombination mit der biomechanischen Modellierung evaluiert werden. Allerdings ist hier noch ein weiter Weg zu gehen, bevor die klinische Einsetzbarkeit gezeigt werden kann.

Schlussendlich muss es das Ziel sein, alle Methoden in einem System zu integrieren, das abhängig von der aktuellen Situation dem Chirurg Assistenzfunktionen zur Verfügung stellt. Diese müssen auf Basis aktueller intraoperativer Sensorinformation sowie deren Verknüpfung mit der präoperativen Planung und einer Wissensbasis gewonnen werden. Die hier vorgestellten Verfahren können einen wertvollen Beitrag leisten, um dieses Ziel zu erreichen.

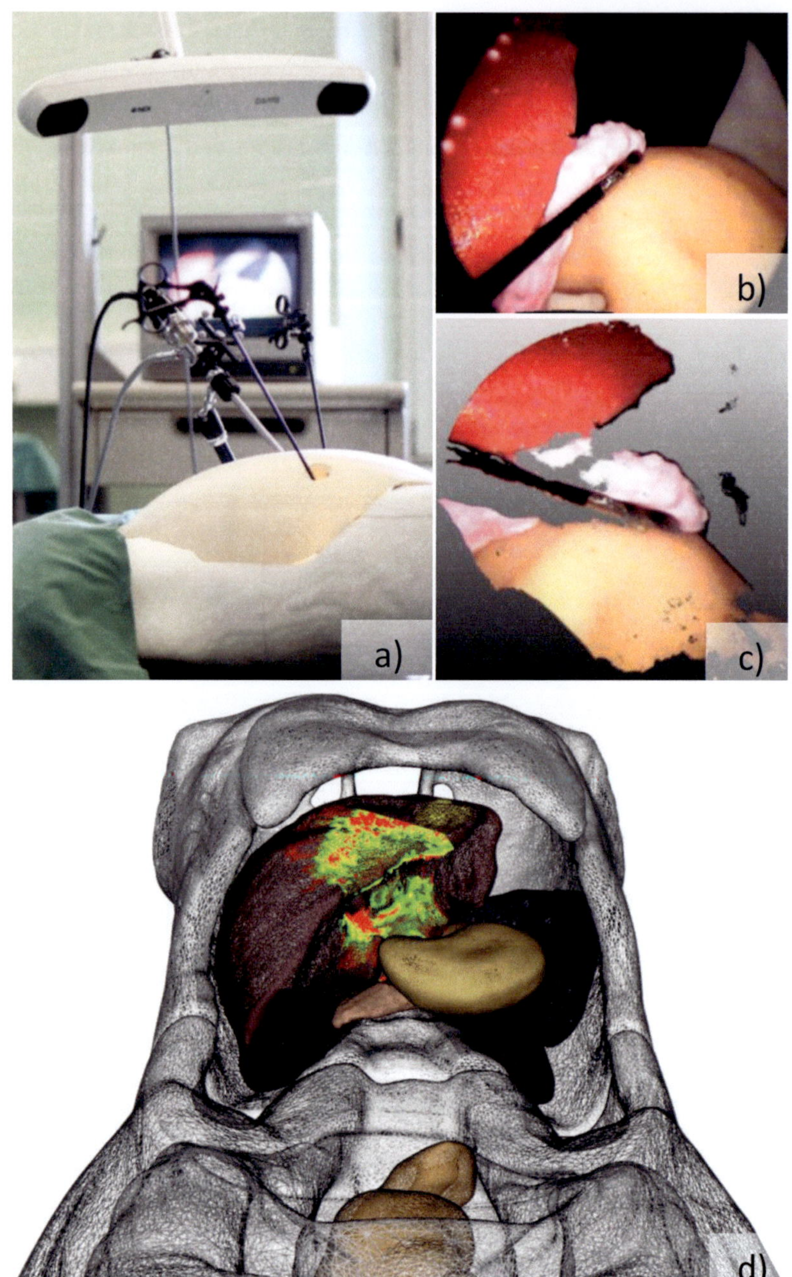

Bild 8.1: Überblick über das neue Phantom: a) Demo-Aufbau; b) Endoskopbild; c) Rekonstruierte Oberfläche; d) Virtuelles Modell des Phantoms mit Oberflächenrekonstruktion und Abstandsberechnung

Abbildungsverzeichnis

Tabellenverzeichnis

Literaturverzeichnis

[1] B. Ahn and J. Kim. Measurement and characterization of soft tissue behavior with surface deformation and force response under large deformations. *Medical image analysis*, 14(2):138–148, 2010.

[2] I. Albitar, P. Graebling, and C. Doignon. Robust structured light coding for 3d reconstruction. In *Computer Vision, 2007. ICCV 2007. IEEE 11th International Conference on*, pages 1–6. Ieee, 2007.

[3] A. Almhdie, C. Léger, M. Deriche, and R. Lédée. 3d registration using a new implementation of the icp algorithm based on a comprehensive lookup matrix: Application to medical imaging. *Pattern Recognition Letters*, 28(12):1523–1533, 2007.

[4] A. Almhdie, C. Léger, M. Deriche, L. Nguyen, and R. Lédée. The comprehensive icp (cicp) algorithm and its application to the multidmoal registration of 3d surfaces of the heart. In *Systems, Signals and Image Processing, 2008. IWSSIP 2008. 15th International Conference on*, pages 499–502. IEEE, 2008.

[5] H. Altamar, R. Ong, C. Glisson, D. Viprakasit, M. Miga, S. Herrell, and R. Galloway. Kidney deformation and intraprocedural registration: a study of elements of image-guided kidney surgery. *Journal of Endourology*, 25(3):511–517, 2011.

[6] N. Atzpadin, P. Kauff, and O. Schreer. Stereo analysis by hybrid recursive matching for real-time immersive video conferencing. *Circuits and Systems for Video Technology, IEEE Transactions on*, 14(3):321–334, 2004.

[7] M. Audette. Anatomical surface identifcation, range-sensing and registration for characterizing intrasurgical brain deformations. *PhD McGill University*, 2003.

[8] M. Audette, F. Ferrie, and T. Peters. An algorithmic overview of surface registration techniques for medical imaging. *Medical Image Analysis*, 4(3):201–217, 2000.

[9] M. Audette, K. Siddiqi, and T. Peters. Level-set surface segmentation and fast cortical range image tracking for computing intrasurgical deformations. In *Medical Image Computing and Computer-Assisted Intervention–MICCAI99*, pages 788–797. Springer, 1999.

[10] P. Azad, T. Gockel, and R. Dillmann. *Computer Vision: principles and practice*, volume 78. elektor, 2008.

[11] G. Barnett, R. Maciunas, and D. Roberts. Computer-assisted neurosurgery. *Clinical Neurosurgery*, 53:267, 2006.

[12] T. Baron et al. Natural orifice transluminal endoscopic surgery. *British journal of surgery*, 94(1):1, 2007.

[13] M. Baumhauer, M. Feuerstein, H. Meinzer, and J. Rassweiler. Navigation in endoscopic soft tissue surgery: Perspectives and limitations. *Journal of Endourology*, 22(4):751–766, 2008.

[14] H. Becker, A. Melzer, M. Schurr, and G. Buess. 3-d video techniques in endoscopic surgery. *Endoscopic surgery and allied technologies*, 1(1):40, 1993.

[15] P. Besl and N. McKay. A method for registration of 3-d shapes. *IEEE Transactions on pattern analysis and machine intelligence*, pages 239–256, 1992.

[16] W. Birkfellner. *Lokalisierungssysteme*, chapter 8, pages 177–189. Urban & Fischer Verlag, 2010. Book chapter (14).

[17] E. Bogatyrenko, P. Pompey, and U. Hanebeck. Efficient physics-based tracking of heart surface motion for beating heart surgery robotic systems. *International journal of computer assisted radiology and surgery*, 6(3):387–399, 2011.

[18] G. Bradski and A. Kaehler. *Learning OpenCV: Computer vision with the OpenCV library*. O'Reilly Media, Inc., 2008.

[19] Brainlab. Curve image guided system, Juni 2012.

[20] N. Brandenburg, M. Karl, P. Kauff, and O. Schreer. Method of analyzing in real time the correspondence of image characteristics in corresponding video images, Jan. 31 2002. US Patent App. 10/066,045.

[21] I. Brouwer, J. Ustin, L. Bentiey, A. Dhruv, and F. Tendick. Measuring in vivo animal soft tissue properties for haptic modeling in surgical. *Medicine meets virtual reality 2001: outer space, inner space, virtual space*, 81:69, 2001.

[22] I. Brouwer, J. Ustin, L. Bentley, A. Sherman, N. Dhruv, F. Tendick, et al. Measuring in vivo animal soft tissue properties for haptic modeling in surgical simulation. *STUDIES IN HEALTH TECHNOLOGY AND INFORMATICS*, pages 69–74, 2001.

[23] D. Brown. Close-range camera calibration. *Photogrammetric engineering*, 37(8):855–866, 1971.

[24] M. Brown, D. Burschka, and G. Hager. Advances in computational stereo. *Pattern Analysis and Machine Intelligence, IEEE Transactions on*, 25(8):993–1008, 2003.

[25] G. Buonaccorsi, A. Lacey, and N. Thacker. Characterisation of a stereo matching and object location system report for bae systems. Technical report, Medical School, University of Manchester, 2003.

[26] D. Burschka, M. Li, M. Ishii, R. Taylor, and G. Hager. Scale-invariant registration of monocular endoscopic images to ct-scans for sinus surgery. *Medical Image Analysis*, 9(5):413–426, 2005.

[27] A. Cao, R. Thompson, P. Dumpuri, B. Dawant, R. Galloway, S. Ding, and M. Miga. Laser range scanning for image-guided neurosurgery: Investigation of image-to-physical space registrations. *Medical physics*, 35:1593, 2008.

[28] D. Cash, M. Miga, T. Sinha, R. Galloway, and W. Chapman. Compensating for intraoperative soft-tissue deformations using incomplete surface data and finite elements. *Medical Imaging, IEEE Transactions on*, 24(11):1479–1491, 2005.

[29] D. Cash, T. Sinha, W. Chapman, H. Terawaki, M. Miga, and R. Galloway Jr. Incorporation of a laser range scanner into an image-guided surgical system. *Medical Imaging*, pages 269–280, 2003.

[30] H. Chui and A. Rangarajan. A new point matching algorithm for non-rigid registration. *Computer Vision and Image Understanding*, 89(2):114–141, 2003.

[31] N. Clancy, D. Stoyanov, G. Yang, and D. Elson. An endoscopic structured lighting probe using spectral encoding. In *Proceedings of SPIE*, volume 8090, page 809002, 2011.

[32] D. Claus and A. Fitzgibbon. A rational function lens distortion model for general cameras. In *Computer Vision and Pattern Recognition, 2005. CVPR 2005. IEEE Computer Society Conference on*, volume 1, pages 213–219. IEEE, 2005.

[33] K. Cleary and T. Peters. Image-guided interventions: technology review and clinical applications. *Annual review of biomedical engineering*, 12:119–142, 2010.

[34] L. Clements, W. Chapman, B. Dawant, R. Galloway Jr, and M. Miga. Robust surface registration using salient anatomical features for image-guided liver surgery: Algorithm and validation. *Medical physics*, 35:2528, 2008.

[35] T. Collins, B. Compte, and A. Bartoli. Deformable shape-from-motion in laparoscopy using a rigid sliding window. *Proc.. of Medical Image Understandings and Analysis (MIUA 11). To appear*, 2011.

[36] S. De, J. Rosen, A. Dagan, B. Hannaford, P. Swanson, and M. Sinanan. Assessment of tissue damage due to mechanical stresses. *The International Journal of Robotics Research*, 26(11-12):1159–1171, 2007.

[37] F. Devernay, F. Mourgues, and E. Coste-Maniere. Towards endoscopic augmented reality for robotically assisted minimally invasive cardiac surgery. In *Proceedings of Medical Imaging and Augmented Reality*, 2001.

[38] G. Dogangil, B. Davies, and F. Rodriguez y Baena. A review of medical robotics for minimally invasive soft tissue surgery. *Proc Inst Mech Eng H*, 224(5):653–79, 2010.

[39] T. dos Santos, A. Seitel, H. Meinzer, and L. Maier-Hein. Correspondences search for surface-based intra-operative registration. *Medical Image Computing and Computer-Assisted Intervention–MICCAI 2010*, pages 660–667, 2010.

[40] Y. Drew. A closer look at gpus. *Communications of the ACM*, 51(10), 2008.

[41] P. Dumpuri, L. Clements, B. Dawant, and M. Miga. Model-updated image-guided liver surgery: Preliminary results using surface characterization. *Progress in biophysics and molecular biology*, 103(2):197–207, 2010.

[42] G. Eggers. *Bild-zu-Patient-Registrierung*, chapter 9, pages 191–206. Urban & Fischer Verlag, 2010.

[43] H. Elhawary and A. Popovic. Robust feature tracking on the beating heart for a robotic-guided endoscope. *The International Journal of Medical Robotics and Computer Assisted Surgery*, 2011.

[44] Endocontrol. Viky, Februar 2013.

[45] S. Eulenstein and P. M. Schlag. *Typen von Navigationssystemen*, chapter 10, pages 207–213. Urban & Fischer Verlag, 2010. Book chapter (14).

[46] M. Feuerstein. *Augmented Reality in Laparoscopic Surgery–New Concepts for Intraoperative Multimodal Imaging*. Technische Universität München, 2007.

[47] H. Feußner, S. Can, A. Fiolka, A. Schneider, and D. Wilhelm. Leistungsfähigkeit, risiken und vorteile des einsatzes der robotik in medizinischoperativen disziplinen. *Bundesgesundheitsblatt-Gesundheitsforschung-Gesundheitsschutz*, 53(8):831–838, 2010.

[48] B. Flannery, W. Press, S. Teukolsky, and W. Vetterling. Numerical recipes in c. *Press Syndicate of the University of Cambridge, New York*, 1992.

[49] S. Giannarou. Vip laparoscopic/endoscopic video dataset, April 2013.

[50] S. Gioux, A. Mazhar, D. Cuccia, A. Durkin, B. Tromberg, and J. Frangioni. Three-dimensional surface profile intensity correction for spatially modulated imaging. *Journal of biomedical optics*, 14:034045, 2009.

[51] P. Gomes. Surgical robotics: Reviewing the past, analysing the present, imagining the future. *Robotics and Computer-Integrated Manufacturing*, 27(2):261–266, 2011.

[52] O. Grasa, J. Civera, and J. Montiel. Ekf monocular slam with relocalization for laparoscopic sequences. In *Robotics and Automation (ICRA), 2011 IEEE International Conference on*, pages 4816–4821. IEEE, 2011.

[53] G. Grevers, A. Leunig, A. Klemens, and H. Hagedorn. Cas of the paranasal sinuses–technology and clinical experience with the vector-vision-compact-system in 102 patients]. *Laryngo-rhino-otologie*, 81(7):476, 2002.

[54] G. Grevers, A. Leunig, A. Klemens, and H. Hagedorn. Computerassistierte chirurgie der nasennebenhoehlen- technologie und klinische erfahrungen mit dem vector-vision-compact®-system an 102 patienten. *Laryngo-Rhino-Otologie*, 81(7):476–483, 2002.

[55] W. Grimson, G. Ettinger, S. White, T. Lozano-Perez, W. Wells Iii, and R. Kikinis. An automatic registration method for frameless stereotaxy,

image guided surgery, and enhanced reality visualization. *Medical Imaging, IEEE Transactions on*, 15(2):129–140, 1996.

[56] A. Groch, S. Haase, M. Wagner, T. Kilgus, H. Kenngott, H. Schlemmer, J. Hornegger, H. Meinzer, and L. Maier-Hein. Optimierte endoskopische time-of-flight oberflächenrekonstruktion durch integration eines struktur-durch-bewegung-ansatzes. *Bildverarbeitung für die Medizin 2012*, pages 39–44, 2012.

[57] H. Gumprecht, D. Widenka, and C. Lumenta. Brainlab vectorvision neuronavigation system: technology and clinical experiences in 131 cases. *Neurosurgery*, 44(1):97, 1999.

[58] G. Guthart and J. Salisbury Jr. The intuitivetm telesurgery system: overview and application. In *Robotics and Automation, 2000. Proceedings. ICRA00. IEEE International Conference on*, volume 1, pages 618–621. Ieee, 2000.

[59] U. Hagn, R. Konietschke, A. Tobergte, M. Nickl, S. Jörg, B. Kübler, G. Passig, M. Gröger, F. Fröhlich, U. Seibold, et al. Dlr mirosurge: a versatile system for research in endoscopic telesurgery. *International journal of computer assisted radiology and surgery*, 5(2):183–193, 2010.

[60] R. Hartley, A. Zisserman, and I. ebrary. *Multiple view geometry in computer vision*, volume 2. Cambridge Univ Press, 2003.

[61] M. Hayashibe, N. Suzuki, and Y. Nakamura. Laser-scan endoscope system for intraoperative geometry acquisition and surgical robot safety management. *Medical Image Analysis*, 10(4):509–519, 2006.

[62] J. Helferty and W. Higgins. Combined endoscopic video tracking and virtual 3d ct registration for surgical guidance. In *Image Processing. 2002. Proceedings. 2002 International Conference on*, volume 2, pages II–961. IEEE, 2002.

[63] A. Herline, J. Herring, J. Stefansic, W. Chapman, R. Galloway Jr, and B. Dawant. Surface registration for use in interactive, image-guided liver surgery. *Computer Aided Surgery*, 5(1):11–17, 2000.

[64] H. Hirschmueller. Stereo processing by semiglobal matching and mutual information. *IEEE Transactions on Pattern Analysis and Machine Intelligence*, pages 328–341, 2008.

[65] D. Holz, R. Schnabel, D. Droeschel, J. Stückler, and S. Behnke. Towards semantic scene analysis with time-of-flight cameras. *RoboCup 2010: Robot Soccer World Cup XIV*, pages 121–132, 2011.

[66] H. Hoppe, T. DeRose, T. Duchamp, J. McDonald, and W. Stuetzle. Surface reconstruction from unorganized points. *Computer graphics-Ney York-Association for computing machinery*, 26:71–71, 1992.

[67] B. Horn. Closed-form solution of absolute orientation using unit quaternions. *JOSA A*, 4(4):629–642, 1987.

[68] M. Hu, G. Penney, M. Figl, P. Edwards, F. Bello, R. Casula, D. Rueckert, and D. Hawkes. Reconstruction of a 3d surface from video that is robust to missing data and outliers: Application to minimally invasive surgery using stereo and mono endoscopes. *Medical image analysis*, 2010.

[69] M. Hu, G. Penney, D. Rueckert, P. Edwards, F. Bello, R. Casula, M. Figl, and D. Hawkes. Non-rigid reconstruction of the beating heart surface for minimally invasive cardiac surgery. *Medical Image Computing and Computer-Assisted Intervention–MICCAI 2009*, pages 34–42, 2009.

[70] M. Hu, S. Thompson, S. Johnsen, K. Gurusamy, B. Davidson, and D. Hawkes. 3d reconstruction of internal organ surfaces for minimally invasive laparoscopic surgery. *Proceedings of MICCAI 2007*, 1:68–77, 2007.

[71] G. Jin, S. Lee, J. Hahn, S. Bielamowicz, R. Mittal, and R. Walsh. Active illumination based 3d surface reconstruction and registration for image guided medialization laryngoplasty. *Proceedings of SPIE Medical Imaging: Visualization and Image-Guided Procedures*, 6509:650908–1, 2007.

[72] T. Kalteis, M. Handel, H. Bathis, L. Perlick, M. Tingart, and J. Grifka. Imageless navigation for insertion of the acetabular component in total hip

arthroplasty: Is it as accurate as ct-based navigation? *Journal of Bone and Joint Surgery-British Volume*, 88(2):163, 2006.

[73] N. Kattavenos, B. Lawrenson, T. Frank, M. Pridham, R. Keatch, and A. Cuschieri. Force-sensitive tactile sensor for minimal access surgery. *Minimally Invasive Therapy & Allied Technologies*, 13(1):42–46, 2004.

[74] P. Kauff, N. Brandenburg, M. Karl, and O. Schreer. Fast hybrid block-and pixel-recursive disparity analysis for real-time applications in immersive tele-conference scenarios. In *Proceedings of 9 th International Conference in Central Europe on Computer Graphics Visualization and Computer Vision*, pages 198–205, 2001.

[75] A. Kaufman and J. Wang. 3d surface reconstruction from endoscopic videos. *Visualization in Medicine and Life Sciences*, pages 61–74, 2008.

[76] K. Keller and J. Ackerman. Real-time structured light depth extraction. In *Proc of Three Dimensional Image Capture and Applications III SPIE*, pages 11–18, 2000.

[77] H. Kenngott. *Entwicklung und Evaluation eines Navigationssystems für die Weichgewebechirurgie am Beispiel der minimal invasiven, transhiatalen, Telemanipulator-gestützten Ösophagektomie.* PhD thesis, Chirurgische Universitätsklinik Heidelberg, 2010.

[78] H. Kenngott, L. Fischer, F. Nickel, J. Rom, J. Rassweiler, and B. Müller-Stich. Status of robotic assistance: a less traumatic and more accurate minimally invasive surgery? *Langenbeck's Archives of Surgery*, pages 1–9, 2012.

[79] E. Kolenovic, W. Osten, R. Klattenhoff, S. Lai, C. von Kopylow, and W. Jüptner. Miniaturized digital holography sensor for distal three-dimensional endoscopy. *Applied optics*, 42(25):5167–5172, 2003.

[80] S. Kommu, P. Rimington, C. Anderson, and A. Rané. Initial experience with the endoassist camera-holding robot in laparoscopic urological surgery. *Journal of Robotic Surgery*, 1(2):133–137, 2007.

[81] J. Kristin, R. Geiger, F. Knapp, J. Schipper, and T. Klenzner. Anwendung eines aktiven haltearms in der endoskopischen kopf-hals-chirurgie. *HNO*, pages 1–7, 2011.

[82] P. Lamata, T. Morvan, M. Reimers, E. Samset, and J. Declerck. Addressing shading-based laparoscopic registration. In *World Congress on Medical Physics and Biomedical Engineering, September 7-12, 2009, Munich, Germany*, pages 189–192. Springer, 2009.

[83] T. Langø, S. Vijayan, A. Rethy, C. Våpenstad, O. Solberg, R. Mårvik, G. Johnsen, and T. Hernes. Navigated laparoscopic ultrasound in abdominal soft tissue surgery: technological overview and perspectives. *International Journal of Computer Assisted Radiology and Surgery*, pages 1–15, 2011.

[84] R. Lathrop, D. Hackworth, and R. Webster. Minimally invasive holographic surface scanning for soft-tissue image registration. *Biomedical Engineering, IEEE Transactions on*, 57(6):1497–1506, 2010.

[85] W. Lau, N. Ramey, J. Corso, N. Thakor, and G. Hager. Stereo-based endoscopic tracking of cardiac surface deformation. *Medical Image Computing and Computer-Assisted Intervention–MICCAI 2004*, pages 494–501, 2004.

[86] S. Lee, M. Lerotic, V. Vitiello, S. Giannarou, K. Kwok, M. Visentini-Scarzanella, and G. Yang. From medical images to minimally invasive intervention: Computer assistance for robotic surgery. *Computerized Medical Imaging and Graphics*, 34(1):33–45, 2010.

[87] S. Leiri, M. Uemura, K. Konishi, R. Souzaki, Y. Nagao, N. Tsutsumi, T. Akahoshi, K. Ohuchida, T. Ohdaira, M. Tomikawa, et al. Augmented reality navigation system for laparoscopic splenectomy in children based on preoperative ct image using optical tracking device. *Pediatric Surgery International*, pages 1–6, 2011.

[88] Y. Liu. Improving icp with easy implementation for free-form surface matching. *Pattern Recognition*, 37(2):211–226, 2004.

[89] R. Machucho-Cadena and E. Bayro-Corrochano. 3d reconstruction of tumors for applications in laparoscopy using conformal geometric algebra. In *2010 International Conference on Pattern Recognition*, pages 2532–2535. IEEE, 2010.

[90] L. Maier-Hein, A. M. Franz, T. R. dos Santos, M. Schmidt, M. Fangerau, H. Meinzer, and J. M. Fitzpatrick. Convergent iterative closest-point algorithm to accomodate anisotropic and inhomogenous localization error. *Pattern Analysis and Machine Intelligence, IEEE Transactions on*, 34(8):1520–1532, 2012.

[91] L. Maier-Hein, P. Mountney, A. Bartoli, H. Elhawary, D. Elson, A. Groch, A. Kolb, M. Rodrigues, J. Sorger, S. Speidel, and D. Stoyanov. Optical techniques for 3d surface reconstruction in computer-assisted laparoscopic surgery. *submitted to Medical Image Analysis*, 2013.

[92] A. Malti, A. Bartoli, and T. Collins. Template-based conformal shape-from-motion from registered laparoscopic images. In *Proceedings of the Medical Image Understanding and Analysis Conference*, 2011.

[93] R. Marmulla, G. Eggers, and J. Muhling. Laser surface registration for lateral skull base surgery. *Minimally invasive neurosurgery*, 48(3):181–185, 2005.

[94] S. Mattoccia, S. Giardino, and A. Gambini. Accurate and efficient cost aggregation strategy for stereo correspondence based on approximated joint bilateral filtering. *Computer Vision–ACCV 2009*, pages 371–380, 2010.

[95] H. Mayer, I. Nagy, A. Knoll, E. Schirmbeck, and R. Bauernschmitt. Upgrading instruments for robotic surgery. In *Australasian Conference on Robotics & Automation*, 2004.

[96] Medtronic. Medtronic stealthstation® treatment guidance system fact sheet, Juni 2012.

[97] L. Mettler, M. Ibrahim, and W. Jonat. One year of experience working with the aid of a robotic assistant (the voice-controlled optic holder aesop) in

gynaecological endoscopic surgery. *Human Reproduction*, 13(10):2748–2750, 1998.

[98] M. Miga, T. Sinha, D. Cash, R. Galloway, and R. Weil. Cortical surface registration for image-guided neurosurgery using laser-range scanning. *Medical Imaging, IEEE Transactions on*, 22(8):973–985, 2003.

[99] D. Mirota, M. Ishii, and G. Hager. Vision-based navigation in image-guided interventions. *Annual review of biomedical engineering*, 13:297–319, 2011.

[100] D. Mirota, H. Wang, R. Taylor, M. Ishii, and G. Hager. Toward video-based navigation for endoscopic endonasal skull base surgery. *Medical Image Computing and Computer-Assisted Intervention–MICCAI 2009*, pages 91–99, 2009.

[101] J. Montagnat, H. Delingette, and N. Ayache. A review of deformable surfaces: topology, geometry and deformation. *Image and Vision Computing*, 19(14):1023–1040, 2001.

[102] K. Mori, D. Deguchi, K. Akiyama, T. Kitasaka, C. Maurer, Y. Suenaga, H. Takabatake, M. Mori, and H. Natori. Hybrid bronchoscope tracking using a magnetic tracking sensor and image registration. *Medical Image Computing and Computer-Assisted Intervention–MICCAI 2005*, pages 543–550, 2005.

[103] P. Mountney, B. Lo, S. Thiemjarus, D. Stoyanov, and G. Zhong-Yang. A probabilistic framework for tracking deformable soft tissue in minimally invasive surgery. *LECTURE NOTES IN COMPUTER SCIENCE*, 4792:34, 2007.

[104] P. Mountney, D. Stoyanov, A. Davison, and G. Yang. Simultaneous stereoscope localization and soft-tissue mapping for minimal invasive surgery. *LECTURE NOTES IN COMPUTER SCIENCE*, 4190:347, 2006.

[105] P. Mountney, D. Stoyanov, and G. Yang. Recovering tissue deformation and laparoscope motion for minimally invasive surgery. 2011.

[106] P. Mountney and G. Yang. Soft tissue tracking for minimally invasive surgery: Learning local deformation online. In *Proceedings of the 11th International Conference on Medical Image Computing and Computer-Assisted Intervention, Part II*, pages 364–372. Springer, 2008.

[107] P. Mountney and G. Yang. Motion compensated slam for image guided surgery. *Medical Image Computing and Computer-Assisted Intervention–MICCAI 2010*, pages 496–504, 2010.

[108] F. Mourgues, F. Devemay, and E. Coste-Maniere. 3d reconstruction of the operating field for image overlay in 3d-endoscopic surgery. In *Augmented Reality, 2001. Proceedings. IEEE and ACM International Symposium on*, pages 191–192. IEEE, 2001.

[109] D. Mucha, B. Kosmecki, and T. Krüger. *Das Konzept der Navigation*, chapter 7, pages 267–285. Urban & Fischer Verlag, 2010. Book chapter (14).

[110] S. A. Müller, L. Maier-Hein, A. Tekbas, A. Seitel, S. Ramsauer, B. Radeleff, A. M. Franz, R. Tetzlaff, A. Mehrabi, I. Wolf, et al. Navigated liver biopsy using a novel soft tissue navigation system versus ct-guided liver biopsy in a porcine model: a prospective randomized trial. *Academic radiology*, 17(10):1282–1287, 2010.

[111] D. Münch, B. Combes, and S. Prima. A modified icp algorithm for normal-guided surface registration. In *Proceedings of SPIE*, volume 7623, 2010.

[112] T. Nagelhus Hernes, F. Lindseth, T. Selbekk, A. Wollf, O. Solberg, E. Harg, O. Rygh, G. Tangen, I. Rasmussen, S. Augdal, et al. Computer-assisted 3d ultrasound-guided neurosurgery: technological contributions, including multimodal registration and advanced display, demonstrating future perspectives. *The International Journal of Medical Robotics and Computer Assisted Surgery*, 2(1):45–59, 2006.

[113] S. Najarian, M. Fallahnezhad, and E. Afshari. Advances in medical robotic systems with specific applications in surgerya review. *Journal of Medical Engineering &# 38; Technology*, 35(1):19–33, 2011.

[114] T. Okatani and K. Deguchi. Shape reconstruction from an endoscope image by shape from shading technique for a point light source at the projection center. *Computer Vision and Image Understanding*, 66(2):119–131, 1997.

[115] T. Ortmaier. *Roboterassistierte minimal-invasive Chirurgie*, chapter 14, pages 267–285. Urban & Fischer Verlag, 2010.

[116] J. Owens, M. Houston, D. Luebke, S. Green, J. Stone, and J. Phillips. Gpu computing. *Proceedings of the IEEE*, 96(5):879–899, 2008.

[117] S. Paris and F. Durand. A fast approximation of the bilateral filter using a signal processing approach. *International journal of computer vision*, 81(1):24–52, 2009.

[118] S. Paris, P. Kornprobst, J. Tumblin, and F. Durand. A gentle introduction to bilateral filtering and its applications. In *ACM SIGGRAPH 2007 courses*, page 1. ACM, 2007.

[119] J. Penne, K. Höller, M. Stürmer, T. Schrauder, A. Schneider, R. Engelbrecht, H. Feußner, B. Schmauss, and J. Hornegger. Time-of-flight 3-d endoscopy. *Medical Image Computing and Computer-Assisted Intervention–MICCAI 2009*, pages 467–474, 2009.

[120] M. Peterhans, A. vom Berg, B. Dagon, D. Inderbitzin, C. Baur, D. Candinas, and S. Weber. A navigation system for open liver surgery: design, workflow and first clinical applications. *The International Journal of Medical Robotics and Computer Assisted Surgery*, 7(1):7–16, 2011.

[121] T. Peters and K. Cleary. *Image-Guided Interventions: Technology and Applications*. Springer Verlag, 2008.

[122] G. Picod, A. Jambon, D. Vinatier, and P. Dubois. What can the operator actually feel when performing a laparoscopy? *Surgical endoscopy*, 19(1):95–100, 2005.

[123] R. Polet and J. Donnez. Using a laparoscope manipulator (lapman®) in laparoscopic gynecological surgery. *Surgical technology international*, 17:187–91, 2008.

[124] P. Pott. Meroda, the medical robotics database, Juni 2012.

[125] P. Pott and M. Schwarz. Robotik, navigation, telechirurgie: Stand der technik und marktübersicht robots, navigation, telesurgery: State of the art and market overview. *Z Orthop Ihre Grenzgeb*, 140(2):218–231, 2002.

[126] P. Pratt, E. Mayer, J. Vale, D. Cohen, E. Edwards, A. Darzi, and G. Yang. An effective visualisation and registration system for image-guided robotic partial nephrectomy. *Journal of Robotic Surgery*, pages 1–9, 2012.

[127] P. Pratt, D. Stoyanov, M. Visentini-Scarzanella, and G. Yang. Dynamic guidance for robotic surgery using image-constrained biomechanical models. In *Proceedings of the 13th international conference on Medical image computing and computer-assisted intervention: Part I*, pages 77–85. Springer-Verlag, 2010.

[128] P. Puangmali, K. Althoefer, L. Seneviratne, D. Murphy, and P. Dasgupta. State-of-the-art in force and tactile sensing for minimally invasive surgery. *Sensors Journal, IEEE*, 8(4):371–381, 2008.

[129] A. Raabe, R. Krishnan, R. Wolff, E. Hermann, M. Zimmermann, and V. Seifert. Laser surface scanning for patient registration in intracranial image-guided surgery. *Neurosurgery*, 50(4):797, 2002.

[130] H. Rashid and P. Burger. Differential algorithm for the determination of shape from shading using a point light source. *Image and Vision Computing*, 10(2):119–127, 1992.

[131] T. Rauth, P. Bao, R. Galloway, J. Bieszczad, E. Friets, D. Knaus, D. Kynor, and A. Herline. Laparoscopic surface scanning and subsurface targeting: Implications for image-guided laparoscopic liver surgery. *Surgery*, 142(2):207–214, 2007.

[132] R. Richa, A. Bo, and P. Poignet. Towards robust 3d visual tracking for motion compensation in beating heart surgery. *Medical Image Analysis*, 15:302–315, 2011.

[133] C. Richards, J. Rosen, B. Hannaford, C. Pellegrini, and M. Sinanan. Skills evaluation in minimally invasive surgery using force/torque signatures. *Surgical Endoscopy*, 14(9):791–798, 2000.

[134] C. Richardt, D. Orr, I. Davies, A. Criminisi, N. Dodgson, and A. Criminisi. Real-time spatiotemporal stereo matching using the dual-cross-bilateral grid. *Computer Vision–ECCV 2010*, pages 510–523, 2010.

[135] S. Röhl. Dynamische stereorekonstruktion endoskopischer bildfolgen. Diplomarbeit, Universität Karlsruhe, 2008.

[136] S. Röhl, S. Bodenstedt, C. Küderle, S. Suwelack, H. Kenngott, B. Müller-Stich, R. Dillmann, and S. Speidel. Fusion of intraoperative force sensoring, surface reconstruction and biomechanical modeling. In *Proceedings of SPIE*, volume 8316, page 83160L, 2012.

[137] S. Röhl, S. Bodenstedt, S. Suwelack, H. Kenngott, B. Müller-Stich, R. Dillmann, and S. Speidel. Real-time surface reconstruction from stereo endoscopic images for intraoperative registration. *Proceedings of SPIE Medical Imaging*, 7964:796414, 2011.

[138] S. Röhl, S. Bodenstedt, S. Suwelack, H. Kenngott, B. Müller-Stich, R. Dillmann, and S. Speidel. Dense gpu-enhanced surface reconstruction from stereo endoscopic images for intraoperative registration. *Medical Physics*, 39(3), 2012.

[139] S. Röhl, B. Müller-Stich, R. Dillmann, and S. Speidel. Ar-enhanced registration of intra- and preoperative models in a laparoscopic setting. In *MICCAI*

Workshop Augmented Environments & Computer-Assisted Interventions, 2012.

[140] S. Röhl, S. Speidel, D. Gonzalez-Aguirre, S. Suwelack, H. Kenngott, T. Asfour, M.-S. B., and R. Dillmann. From stereo image sequences to smooth and robust surface models using temporal information and bilateral postprocessing. In *IEEE International conference on Robotics and Biomimetics*, 2011.

[141] S. Ross. *A first course in probability*. Prentice Hall, 2010.

[142] S. Rusinkiewicz and M. Levoy. Efficient variants of the icp algorithm. In *3dim*, page 145. Published by the IEEE Computer Society, 2001.

[143] J. Salvi, C. Matabosch, D. Fofi, and J. Forest. A review of recent range image registration methods with accuracy evaluation. *Image and Vision Computing*, 25(5):578–596, 2007.

[144] E. Samur, M. Sedef, C. Basdogan, L. Avtan, and O. Duzgun. A robotic indenter for minimally invasive measurement and characterization of soft tissue response. *Medical Image Analysis*, 11(4):361–373, 2007.

[145] J. Sanders and E. Kandrot. *CUDA by example: an introduction to general-purpose GPU programming*. Addison-Wesley Professional, 2010.

[146] A. Saucedo, F. Mendoza Santoyo, M. De la Torre-Ibarra, G. Pedrini, and W. Osten. Endoscopic pulsed digital holography for 3d measurements. *Optics Express*, 14(4):1468–1475, 2006.

[147] C. Schaller, J. Penne, and J. Hornegger. Time-of-flight sensor for respiratory motion gating. *Medical physics*, 35:3090, 2008.

[148] D. Scharstein and R. Szeliski. A taxonomy and evaluation of dense two-frame stereo correspondence algorithms. *International journal of computer vision*, 47(1):7–42, 2002.

[149] K. Schicho, M. Figl, R. Seemann, M. Donat, M. Pretterklieber, W. Birkfellner, A. Reichwein, F. Wanschitz, F. Kainberger, H. Bergmann, et al.

Comparison of laser surface scanning and fiducial marker-based registration in frameless stereotaxy. technical note. *Journal of neurosurgery*, 106(4):704, 2007.

[150] A. Schlaefer and A. Schweikard. *Robotiksysteme für die Radiochirurgie*, chapter 16, pages 295–302. Urban & Fischer Verlag, 2010. Book chapter (14).

[151] P. M. Schlag, S. Eulenstein, and T. Lange. *Computer-Assistierte Chirurgie*. Urban & Fischer Verlag, 2010.

[152] J. Schlaier, J. Warnat, and A. Brawanski. Registration accuracy and practicability of laser-directed surface matching. *Computer Aided Surgery*, 7(5):284–290, 2002.

[153] S. Schostek, C. Ho, D. Kalanovic, and M. Schurr. Artificial tactile sensing in minimally invasive surgery-a new technical approach. *Minimally Invasive Therapy & Allied Technologies*, 15(5):296–304, 2006.

[154] O. Schreer. *Stereoanalyse und Bildsynthese*. Springer, 2005.

[155] J. Schwaiger, M. Markert, N. Shevchenko, and T. Lueth. The effects of real-time image navigation in operative liver surgery. *International journal of computer assisted radiology and surgery*, pages 1–12, 2011.

[156] U. Seibold, B. Kubler, and G. Hirzinger. Prototype of instrument for minimally invasive surgery with 6-axis force sensing capability. In *Robotics and Automation, 2005. ICRA 2005. Proceedings of the 2005 IEEE International Conference on*, pages 496–501. IEEE, 2005.

[157] A. Seitel, K. Yung, S. Mersmann, T. Kilgus, A. Groch, T. dos Santos, A. Franz, M. Nolden, H. Meinzer, and L. Maier-Hein. Mitk-tof: Range data within mitk. *International journal of computer assisted radiology and surgery*, pages 1–10, 2012.

[158] R. Shamir, M. Freiman, L. Joskowicz, S. Spektor, and Y. Shoshan. Surface-based facial scan registration in neuronavigation procedures: a clinical study. *Journal of neurosurgery*, 111(6):1201–1206, 2009.

[159] G. Sharp, S. Lee, and D. Wehe. Icp registration using invariant features. *Pattern Analysis and Machine Intelligence, IEEE Transactions on*, 24(1):90–102, 2002.

[160] T. Sinha, B. Dawant, V. Duay, D. Cash, R. Weil, R. Thompson, K. Weaver, and M. Miga. A method to track cortical surface deformations using a laser range scanner. *Medical Imaging, IEEE Transactions on*, 24(6):767–781, 2005.

[161] O. Smith. Eigenvalues of a symmetric 3×3 matrix. *Communications of the ACM*, 4(4):168, 1961.

[162] N. Soper, L. Swanström, and W. Eubanks. *Mastery of endoscopic and laparoscopic surgery*. Lippincott Williams & Wilkins, 2008.

[163] S. Speidel. *Analyse endoskopischer Bildsequenzen für ein laparoskopisches Assistenzsystem*. KIT Scientific Publishing, 2010.

[164] J. Steinbring. Dynamische stereorekonstruktion mittels cuda. Master's thesis, Karlsruher Institut für Technologie, 2010.

[165] D. Stoyanov. Stereoscopic scene flow for robotic assisted minimally invasive surgery. *Medical Image Computing and Computer-Assisted Intervention–MICCAI 2012*, pages 479–486, 2012.

[166] D. Stoyanov. Surgical vision. *Annals of Biomedical Engineering*, pages 1–14, 2012.

[167] D. Stoyanov, A. Darzi, and G. Yang. A practical approach towards accurate dense 3d depth recovery for robotic laparoscopic surgery. *Computer Aided Surgery*, 4(10):199–208, Juli 2005.

[168] D. Stoyanov, G. Mylonas, F. Deligianni, A. Darzi, and G. Yang. Soft-tissue motion tracking and structure estimation for robotic assisted mis procedures.

Medical Image Computing and Computer-Assisted Intervention–MICCAI 2005, pages 139–146, 2005.

[169] D. Stoyanov, M. Scarzanella, P. Pratt, and G. Yang. Real-time stereo reconstruction in robotically assisted minimally invasive surgery. *Medical Image Computing and Computer-Assisted Intervention–MICCAI 2010*, pages 275–282, 2010.

[170] C. Stüer, F. Ringel, M. Stoffel, A. Reinke, M. Behr, and B. Meyer. Robotic technology in spine surgery: Current applications and future developments. *Intraoperative Imaging*, pages 241–245, 2011.

[171] L. Su, B. Vagvolgyi, R. Agarwal, C. Reiley, R. Taylor, and G. Hager. Augmented reality during robot-assisted laparoscopic partial nephrectomy: Toward real-time 3d-ct to stereoscopic video registration. *Urology*, 2009.

[172] G. Sung and I. Gill. Robotic laparoscopic surgery: a comparison of the da vinci and zeus systems. *Urology*, 58(6):893–898, 2001.

[173] S. Suwelack, H. Talbot, S. R
öhl, R. Dillmann, and S. Speidel. A biomechanical liver model for intraoperative soft tissue registration. In *Proceedings of SPIE Medical Imaging*, volume 7964, page 79642I, 2011.

[174] A. Tankus, N. Sochen, and Y. Yeshurun. Shape-from-shading under perspective projection. *International Journal of Computer Vision*, 63(1):21–43, 2005.

[175] C. Teutsch. Model-based analysis and evaluation of point sets from optical 3d laser scanners. *Magdeburge Schriften zur Visualisierung*, 2007.

[176] P. Therapeutics. Explorer - intraoperative soft tissue tracking, Juni 2012.

[177] F. Torres, J. Angulo, and F. Ortiz. Automatic detection of specular reflectance in colour images using the ms diagram. In *Computer Analysis of Images and Patterns*, pages 132–139. Springer, 2003.

[178] J. Totz, P. Mountney, D. Stoyanov, and G. Yang. Dense surface reconstruction for enhanced navigation in mis. *Medical Image Computing and Computer-Assisted Intervention–MICCAI 2011*, pages 89–96, 2011.

[179] A. Trejos, R. Patel, and M. Naish. Force sensing and its application in minimally invasive surgery and therapy: a survey. *Proceedings of the Institution of Mechanical Engineers, Part C: Journal of Mechanical Engineering Science*, 224(7):1435–1454, 2010.

[180] B. Vagvolgyi, L. Su, R. Taylor, and G. Hager. Video to ct registration for image overlay on solid organs. *Proc. Augmented Reality in Medical Imaging and Augmented Reality in Computer-Aided Surgery (AMIARCS)*, pages 78–86, 2008.

[181] P. van Bergen. *Vergleichsstudie endoskopischer 2-D- und 3-D-Videosysteme.* PhD thesis, Universität Tübingen, 1999.

[182] G. Van Den Bergen, G. Van, et al. Efficient collision detection of complex deformable models using aabb trees. In *J. Graphics Tools*. Citeseer, 1998.

[183] O. van der Meijden and M. Schijven. The value of haptic feedback in conventional and robot-assisted minimal invasive surgery and virtual reality training: a current review. *Surgical endoscopy*, 23(6):1180–1190, 2009.

[184] E. van der Putten, R. Goossens, J. Jakimowicz, and J. Dankelman. Haptics in minimally invasive surgery-a review. *Minim Invasive Ther Allied Technol*, 17(1):3–16, 2008.

[185] O. Van Kaick, H. Zhang, G. Hamarneh, and D. Cohen-Or. A survey on shape correspondence. In *Computer Graphics Forum*, volume 30, pages 1681–1707. Wiley Online Library, 2011.

[186] G. Wang, J. Han, and X. Zhang. Three-dimensional reconstruction of endoscope images by a fast shape from shading method. *Measurement Science and Technology*, 20:125801, 2009.

[187] H. Wang, D. Mirota, M. Ishii, and G. Hager. Robust motion estimation and structure recovery from endoscopic image sequences with an adaptive scale kernel consensus estimator. In *Computer Vision and Pattern Recognition, 2008. CVPR 2008. IEEE Conference on*, pages 1–7. IEEE, 2008.

[188] H. Woern and O. Weede. Optimizing the setup configuration for manual and robotic assisted minimally invasive surgery. In *World Congress on Medical Physics and Biomedical Engineering, September 7-12, 2009, Munich, Germany*, pages 55–58. Springer, 2009.

[189] T. Yamamoto, B. Vagvolgyi, K. Balaji, L. Whitcomb, and A. Okamura. Tissue property estimation and graphical display for teleoperated robot-assisted surgery. In *Robotics and Automation, 2009. ICRA'09. IEEE International Conference on*, pages 4239–4245. Ieee, 2009.

[190] L. Yang and J. Han. 3d shape reconstruction of medical images using a perspective shape-from-shading method. *Measurement Science and Technology*, 19:065502, 2008.

[191] Q. Yang, L. Wang, and N. Ahuja. A constant-space belief propagation algorithm for stereo matching. In *Computer Vision and Pattern Recognition (CVPR), 2010 IEEE Conference on*, pages 1458–1465. IEEE, 2010.

[192] Z. Zhang. A flexible new technique for camera calibration. *IEEE Transactions on Pattern Analysis and Machine Intelligence 22*, pages 1330–1334, 2000.